Springer-Lehrbuch

B. Heyn, B. Hipler, G. Kreisel,
H. Schreer, D. Walther

Anorganische Synthesechemie

Ein integriertes Praktikum

Zweite Auflage

Mit 13 Abbildungen und 11 Tabellen

Springer-Verlag Berlin Heidelberg New York
London Paris Tokyo Hong Kong Barcelona

Dr. sc. Bodo Heyn
Dr. Bernd Hipler
Dr. Günter Kreisel
Dr. Heike Schreer
Doz. Dr. sc. Dirk Walther

Friedrich-Schiller-Universität Jena
Sektion Chemie, August-Bebel-Str. 2
DDR-6900 Jena

Lehrmaterial der Friedrich-Schiller-Universität
Jena – DDR

Bisher erschienen unter
ISBN-13: 978-3-540-52907-1   e-ISBN-13: 978-3-642-75914-7
DOI: 10.1007/ 978-3-642-75914-7

CIP-Kurztitelaufnahme der Deutschen Bibliothek
Anorganische Synthesechemie : e. integriertes Praktikum / B. Heyn ... –
Berlin ; Heidelberg ; New York ; Tokyo : Springer, 1986
NE: Heyn, Bodo [Mitverf.]

Satzarbeiten: H. Hagedorn, Berlin
Druckarbeiten: Saladruck, Berlin
Bindearbeiten: Lüderitz & Bauer, Berlin
2152/3020-543210

Vorwort der Verfasser

Unser Buch Anorganische Synthesechemie: Ein integriertes Praktikum hat seit seinem Erscheinen regen Zuspruch insbesondere seitens der Studenten höherer Semester gefunden.

Gerade die didaktische und chemische Vielfalt, die sich hinter dem Wort „integriert" verbirgt und die dieses Buch von anderen unterscheidet, wurde von den Studierenden als neuer Aspekt der Ausbildung verstanden und positiv aufgenommen. Die Erfahrungen der letzten drei Jahre haben gezeigt, daß es möglich ist, mit Hilfe des vorliegenden Buches zwei ineinander übergehende Praktika des Vordiploms und des Hauptstudiums zu gestalten.

Dabei konnten Reaktionsverhalten und Syntheseprinzipien klassischer anorganischer, metallorganischer und organischer Verbindungen ebenso vermittelt werden wie die Notwendigkeit eigener analytischer Kontrolle der synthetisierten Präparate.

Die Tatsache, daß zu einem Syntheseerfolg auch eine sachgerechte Entsorgung und geeignetes Recycling gehören, hat bei Studenten und Praktikumsassistenten gleichermaßen erstauntes Interesse hervorgerufen. Dies lag jedoch durchaus in der Absicht der Verfasser.

Mit der Herausgabe einer billigen flexiblen Ausgabe der Anorganischen Synthesechemie hoffen wir, vielen potentiellen Interessenten entgegenzukommen und den Kreis der Leser und Benutzer dieses Buches spürbar zu erweitern.

Jena, im Juni 1990   Die Verfasser

Geleitwort

Die Anorganische Chemie ist in den Praktika der Semester vor dem Vordiplom an vielen Universitäten noch als die klassische Chemie in wäßrigen Lösungen – mit einem Schwerpunkt in der Analytik – vertreten. Das ist auch vernünftig, beschränkt es doch die notwendige Platzausrüstung auf ein vertretbares Maß und mindert zugleich das experimentelle Risiko. Aber es prägt auch ein Bild von Anorganischer Chemie, welches im Hinblick auf aktuelle und zukünftige Forschung unzutreffend ist. Ein Korrektiv muß daher in den weiterführenden, primär synthetisch orientierten Praktika erfolgen. Genau hier setzt das vorliegende Buch ANORGANISCHE SYNTHESECHEMIE: Ein integriertes Praktikum von B. Heyn, B. Hipler, G. Kreisel, H. Schreer und D. Walther an, und zwar in einer didaktischen und chemischen Vielfalt, die der einfache Titel im Worte „integriert" verbirgt.

Eine moderne anorganische Synthesechemie muß berücksichtigen, daß Wasser und Bestandteile der Luft höchst aktive Reaktionspartner sein können; sie müssen also gegebenenfalls ausgeschlossen werden. Reaktionsvermittlung kann durch Lösungsmittel unterschiedlichster Eigenschaften bis hin zu Salzschmelzen erfolgen; und Solvensmoleküle als Liganden finden sich in vielen Ausgangsverbindungen für weiterführende Synthesen. Das Buch bietet zahlreiche Beispiele für Reaktionstypen und Verbindungen, die zu mehrstufigen Synthesen wachsenden Schwierigkeitsgrades zusammengestellt werden können.

Die strenge Grenze zwischen anorganischer und organischer Chemie wird besonders im Bereich der molekularen Chemie mehr und mehr zu einem historischen Relikt, welches zwar in der Systematik der Ausbildung vielerorts noch einen wichtigen Platz einnimmt, der Berufsqualifikation zukünftiger Chemiker aber nicht mehr entspricht. In dem vorliegenden Buch wird diese Grenze bewußt überschritten, und dies nicht nur im 9. Kapitel über metallinduzierte und metallkatalysierte organische Reaktionen. Bei genauerem Hinsehen bemerkt man bald, daß auch viele der einfacheren Präparate – eine Einteilung in drei Schwierigkeitsgrade wird angegeben – von großem Nutzen auch für Forschungslaboratorien sind, in denen metallorganisch gearbeitet wird. Die verläßliche Beschreibung interessanter Ausgangsprodukte ist für Anfänger dieser Forschungsrichtung sehr hilfreich, und so stellt das „Integrierte Praktikum" auch einen Übergang zu den frühen Stadien metallorganischer Forschungsarbeiten dar. Das wird auch durch den Mut der Autoren deutlich, Synthesevorschriften selbst aus der allerneuesten Literatur und aus eigenen Forschungsbereichen mit einzubringen. Dadurch wird das Buch zweifellos der traditionell sehr starken deutschen metallorganischen Chemie mit ihrer anorganischen Komponente, aber auch den modernen Tendenzen zur metallassistierten organischen Synthese gerecht. Man wird nicht erwarten, daß diese weitführenden Aspekte erschöpfend behandelt sind, sondern im Sinne eines Praktikumsbuches eher exemplarisch.

Richtungweisend ist das Buch aber noch in anderer Hinsicht: Der Student früherer (und auch heutiger) Jahre lernte, daß eine möglichst hohe Produktausbeute gleichzusetzen war mit Syntheseerfolg. Weder war die Frage nach Abfall und Nebenproduktverbleib noch die Bewertung nach Zeit und Kosten ein wichtiger Teilaspekt. Ja, oftmals war nicht einmal die Ausbeute ein wichtiges Kriterium, manchem Praktikumsassistenten reichten einige schöne Kristalle. Hier werden zu vielen Präparaten Anregungen und Angaben zu Entsorgung und Recycling gemacht. Die vorangestellten Abschnitte zur Arbeitssicherheit geben dem Studenten wichtige Hinweise, warum die Entsorgung nach vollbrachter Synthese wichtig sein mag, zunächst aber natürlich für das zweckmäßige Verhalten am Arbeitsplatz und im Umgang mit den Stoffen.

Der Vergleich verschiedener Synthesewege und ggf. auch die Bedeutung des Produkts überhaupt wird bei etlichen Präparaten unter einem eigenen Abschnitt „ökonomische Bewertung" durchgeführt. Zusammen mit den Sicherheits- und Entsorgungsfragen muß man sich hier als Student mit Kriterien auseinandersetzen, die vor kurzem noch als wenig „wissenschaftlich" galten. Obschon parallel zu einem deutlich entwickelten Umweltbewußtsein ökologische und ökonomische Fragestellungen immer häufiger Eingang in theoretische Lehrveranstaltungen finden, da hiermit ja auch überwiegend chemische Fragestellungen verknüpft sind, wird dergleichen im Praktikum leider oft noch als lästig empfunden. Für einen Industriechemiker sind indes Kosten-Nutzen-Rechnungen, Gesamtstoffbilanzen und Lösungen zu Entsorgungsfragen tägliche Realität. Es ist also gerade diesem Aspekt des Buches ein besonderer Erfolg zu wünschen; er stellt aber auch einen besonders hohen Anspruch an Studierende und Lehrende.

Die „ANORGANISCHE SYNTHESECHEMIE – Ein integriertes Praktikum" ist nach Konzept und Inhalt in erster Linie für ein anspruchsvolles Praktikum im Hauptstudium geeignet und sollte zudem anregen, die vielfältigen und umfangreichen Erfahrungen, die an vielen Orten in Fortgeschrittenenpraktika erwachsen sind, unter solchen Kriterien ähnlich zu verarbeiten.

Hamburg, Juni 1986   Heindirk tom Dieck

Prof. Dr. Heindirk tom Dieck
Institut für Anorganische und Angewandte Chemie
der Universität Hamburg
Martin-Luther-King-Platz 6
2000 Hamburg 13

Inhaltsverzeichnis

Chemische Abkürzungen

acac	Acetylacetonat-Anion, [$CH_3C(O)CHCOCH_3$]
bipy	2,2'-Bipyridin
Cp	Cyclopentadienylanion, $C_5H_5{}^-$
COD	1,5-Cyclooctadien, C_8H_{12}
COT	1,3,5,7-Cyclooctatetraen, C_8H_8
dien	Diolefin
DMF	Dimethylformamid
DMSO	Dimethylsulfoxid
E	Element
El	Elektrophil
en	Ethylendiamin
Et	Ethyl-Rest
HMDS	Hexamethyldisiloxan
Kat	Katalysator
L	Ligand
L-L	zweizähliger Ligand
M	Metall
m	Metallkomplexrumpf
Mes	Mesityl-Rest, $C_9H_{11}{}^-$
Ph	Phenyl-Rest
py	Pyridin
R, R', R''	Organyl-Reste
THF	Tetrahydrofuran
TMS	Tetramethylsilan
xant	Xanthogenat
X	Halogenid- oder Hydroxidion

Präparateverzeichnis

Aluminium

1	2	3	4	5	6	7	
B				•			Aluminiumbromid 5
B				•			Aluminiumchlorid 12
A				•			Aluminiumethylat, Tris(ethoxy)-aluminium 115
A				•			Aluminiumisopropylat, Tris(i-propoxy)-aluminium 114
A				•			Aluminiummethylat, Tris(methoxy)-aluminium 115

Blei

1	2	3	4	5	6	7	
B							Diphenylblei(IV)-acetat 61
C				•		•	Hexaphenyldiblei 60

Chrom

1	2	3	4	5	6	7	
A				•			Acetylacetonato-chrom(III)-chlorid-2-Tetrahydrofuran 24
B							Bis(acetylacetonato)-chrom(II) 144
C				•	•		Bis(cyclopentadienyl)-chrom, Chromocen 88
B				•	•		Chrom(II)-acetat 144
B					•		Chrom(II)-acetat-Wasser 143
B	•			•	•	•	Chrom(II)-chlorid-2-Tetrahydrofuran 31
A				•	•		Chrom(III)-chlorid-3-Tetrahydrofuran 23
B				•	•		Cyclopentadienyl-chrom(III)-chlorid-Tetrahydrofuran 89
C				•	•	•	Dilithium-chrom-pentaphenyl-3-Diethylether 68
A							Tris(acetylacetonato)-chrom(III) 127
A							Tris(3-bromacetylacetonato)-chrom(III) 128
A							Tris(ethylxanthogenato)-chrom(III) 141
B	•			•			Zink-Chrom(III)-oxid 185

Cobalt

1	2	3	4	5	6	7	
B				•	•		Aktives Cobalt 182
B				•	•		Bis(cyclopentadienyl)-cobalt, Cobaltocen 92
A					•		Chloro-tris(triphenylphosphin)-cobalt(I) 102
A				•			Cobalt(II)-bromid 5

| 1 | 2 | 3 | 4 | 5 | 6 | 7 |

---

1 Aufwand (A: gering; B: mittel; C: hoch);   2 Hohe Temperatur;
3 Druckgasflasche (außer Schutzgas);   4 Autoklav;   5 Feuchtigkeitsschluß;
6 Schutzgas;   7 Ökonomische Bewertung.

Cobalt

1 Aufwand (A: gering; B: mittel; C: hoch);   2 Hohe Temperatur;
3 Druckgasflasche (außer Schutzgas);   4 Autoklav;   5 Feuchtigkeitsschluß;
6 Schutzgas;   7 Ökonomische Bewertung.

Magnesium

	A	●			●				Kaliumtetrachloromagnesat 107
	B				●				Magnesiumbromid 13
	B				●				Magnesiumbromid-2-Tetrahydrofuran 14
	B				●				Magnesiumchlorid 14
	C		●	●	●	●	●		Magnesiumhydrid 40

Mangan

| |A| | | |●| | | | Mangan(II)-chlorid-2-Tetrahydrofuran 25 |
| |A| | | |●| | | | Mangan(II)-iodid-2-Tetrahydrofuran 26 |

Molybdän

	B				●	●			Bis(cyclopentadienyl)-molybdän(IV)-chlorid 47
	C				●	●			Bis(cyclopentadienyl)-molybdän(IV)-hydrid 46
	B	●	●		●	●	●		Molybdän(V)-chlorid 6
	B	●			●				Molybdän(II)-chlorid, $[Mo_6Cl_8]Cl_4$ 187
	B								Molybdän(II)-chlorid-bromid, $[Mo_6Cl_8]Br_4$ 188
	A								Molybdän(II)-chlorid-2-Pyridin, $[Mo_6Cl_8]Cl_4(py)_2$ 188
	B				●	●			Molybdän(III)-chlorid-3-Tetrahydrofuran 33
	B	●							Molybdän(IV)-oxid 185
	C				●	●			Tetralithium-dimolybdän-octamethyl-4-Tetrahydrofuran 34

Natrium

| |A|●| | | | | | | Natriumborosilicatglas 193 |
| |B| | | |●|●| | | Natriumcyclopentadienid-Lösung 80 |

Nickel

	B				●	●			Aktives Nickel 182
	B				●	●			(2,2'-Bipyridin)-(1,5-cyclooctadien)-nickel(0) 75
	B				●	●			(2,2'-Bipyridin)-bis(triphenylphosphit)-nickel(0) 76
	B				●		●		Bis(acetylacetonato)-nickel(II) 120
	A								Bis(acetylacetonato)-bis(pyridin)-nickel(II) 122
	B				●	●			Bis(cyclopentadienyl)-nickel, Nickelocen 90
	C				●	●	●		Bis(1,5-cyclooctadien)-nickel(0) 74
	A								Bis(ethylxanthogenato)-nickel(II) 141
	B				●	●			Bis[glyoxal-bis(t-butylimin)]-nickel(0) 130
	B				●	●			Bis[glyoxal-bis(cyclohexylimin)]-nickel(0) 131

|1|2|3|4|5|6|7|

1 Aufwand (A: gering; B: mittel; C: hoch);   2 Hohe Temperatur;
3 Druckgasflasche (außer Schutzgas);   4 Autoklav;   5 Feuchtigkeitsschluß;
6 Schutzgas;   7 Ökonomische Bewertung.

Nickel

Niob

Palladium

Phosphor

Phosphor

|C| | |●|●| | Tricyclohexylphosphin 63
|A| | | | | | Tricyclohexylphosphinoxid 64

Platin

|A| | | | | | cis-Dichloro-diammin-platin 98

Rhenium

|A|●| | | | | Rhenium(IV)-oxid 185

Schwefel

|A| | |●|●| | 1-Oxo-3,5-trithiadiazol 153
|A| | |●| | | N-Sulfinylanilin 150
|A| | |●| | | N-Sulfinyl-p-methylanilin 151
|A| | |●| | | N-Sulfinyl-p-tolylsulfonamid 151
|C| | |●|●| | Thiodithiazyldichlorid 152

Silber

|A|●| | | | | Kaliumpentaiodotetraargentat(I), Silberionenleiter 192

Silicium

|C| | |●| | | Diphenylsilandiol 55
|A|●| | | | | Natriumborosilicatglas 193
|B| | |●|●| | Orthokieselsäureethylester, Tetrakis(ethoxy)-silan 116

Titan

|A| | |●|●| | Acetylacetonato-titan(III)-chlorid-2-Tetrahydrofuran 36
|B| | |●|●| | Bis(cyclopentadienyl)-titan(III)-chlorid 83
|B| | |●|●| | Bis(cyclopentadienyl)-titan(IV)-chlorid 81
|B| | |●|●| | Bis(cyclopentadienyl)-titandiphenyl 66
|A| | | | | | Bis(cyclopentadienyl)-titan(IV)-thiocyanat 82
|B| | |●|●| | 1,1-Bis(cyclopentadienyl)-2-trimethylsilyl-3-phenyl-
             benzotitanol 68
|B| | | | | | Cyclopentadienyl-methoxy-titan(IV)-chlorid 84
|B| | |●|●| | Cyclopentadienyl-titan(IV)-chlorid 83
|B| | |●|●| | Titan(IV)-butylat, Tetrakis(n-butoxy)-titan 114
|B| | |●|●| | Titan(IV)-isopropylat, Tetrakis(i-propoxy)-titan 113

|1|2|3|4|5|6|7|

---

1 Aufwand (A: gering; B: mittel; C: hoch);   2 Hohe Temperatur;
3 Druckgasflasche (außer Schutzgas);   4 Autoklav;   5 Feuchtigkeitsschluß;
6 Schutzgas;   7 Ökonomische Bewertung.

| 1 | 2 | 3 | 4 | 5 | 6 | 7 |

Zinn

| B | | | | | | | Triphenyl(3-hydroxypropyl)-zinn 44
| A | | | ● | | | | Zinn(IV)-chlorid-2-Tetrahydrofuran 15

Zirkonium

| C | | | ● | ● | | Bis(cyclopentadienyl)-butadien-zirkonium 76
| B | | | ● | ● | | Bis(cyclopentadienyl)-zirkonium(IV)-chlorid 84
| A | | | | | | Bis(cyclopentadienyl)-zirkonium(IV)-cyanat 85
| C | | | ● | ● | | Bis(cyclopentadienyl)-zirkonium(IV)-hydridchlorid 45
| A | | | ● | | | Zirkonium(IV)-chlorid-2-Tetrahydrofuran 17

Organische Verbindungen

| B | | | ● | ● | | 1-Bromoctan 160
| C | ● | | ● | ● | | 1,5-Cyclooctadien 162
| B | | | ● | | | Cyclooctatetraen-1,3,6,8-tetracarbonsäuremethylester 165
| B | | | ● | ● | | Dimesitylketon 72
| B | | | ● | ● | | Diphenylmesitylmethylradikal 72
| B | | | ● | ● | | Ethylbenzen 176
| B | ● | ● | ● | ● | | 2-Ethyliden-6-hepten-5-olid 168
| B | | | ● | ● | | o-Hydroxystyren 174
| B | | | | | | 2-Methyl-4,6-diphenyl-pyridin 169
| B | ● | | ● | | | E,E-1,3,6-Octatrien 104
| B | | | ● | ● | | Phenylacetaldehyd 158
| B | ● | ● | | | | 3-Phenylpropionsäureethylester 171
| B | | | ● | ● | ● | Stilben 155
| B | | | ● | ● | ● | 1,3,5,7-Tetrakis(hydroxymethyl)-cycloocta(1,3,5,7)tetraen 163
| B | | | ● | ● | ● | 1,3,6,8-Tetrakis(2-methyl-2-hydroxyethyl)-cyclooctatetraen 165
| B | | | ● | ● | ● | 1,4,5,8-Tetrakis(p-tolyloxymethyl)-cyclooctatetraen 165
| B | ● | ● | | | | Tri-octa-2,7-dienylamin 166
| C | ● | | ● | ● | | 4-Vinylcyclohexen 162

| 1 | 2 | 3 | 4 | 5 | 6 | 7 |

---

1 Aufwand (A: gering; B: mittel; C: hoch);   2 Hohe Temperatur;
3 Druckgasflasche (außer Schutzgas);   4 Autoklav;   5 Feuchtigkeitsschluß;
6 Schutzgas;   7 Ökonomische Bewertung.

Einführung

Das Konzept, anorganische Synthesechemie als integriertes Praktikum zu vermitteln, wurde aus der Erkenntnis heraus geschaffen, daß tradierte Formen der Anleitung zur Synthese anorganischer Verbindungen – das Nacharbeiten gegebener Präparatevorschriften – modernen Entwicklungen der Chemie nicht mehr im erforderlichen Umfang gerecht wird. Syntheseplanung und -durchführung heißt heute auch, Abprodukte schadlos zu beseitigen, Synthesevarianten nach ökonomischen Kriterien zu bewerten und die Syntheseprodukte möglichst umfassend – auch mit modernen Meßmethoden – zu charakterisieren.

Somit faßt das integrierte Praktikum Synthesechemie nicht als isoliertes Teilgebiet auf, sondern als komplexes System, dessen Teilstrukturen

- Gewinnung eines Zielproduktes
- Charakterisierung des Produkts
- Untersuchungen zur Reaktivität anhand charakteristischer Umsetzungen
- Recycling und Entsorgung
- ökonomische Bewertung der Synthese

eng miteinander verflochten sind.

Aufbauend auf dieser Konzeption wurden bereits seit einigen Jahren an der Sektion Chemie der Friedrich-Schiller-Universität Jena, die traditionell hohe Ansprüche an die Ausbildung in Synthesechemie stellt, verschiedene Praktika neu gestaltet und erprobt. Das vorliegende Buch ist das Resultat der positiven Erfahrungen mit dieser Konzeption.

Aufgenommen wurden anorganische Synthesen ganz unterschiedlichen Schwierigkeitsgrades, so daß sowohl Anfänger als auch Fortgeschrittene aus einer breiten Palette von insgesamt 220 Synthesevorschriften auswählen können, die in elf nach Stoffklassen geordneten Kapiteln enthalten sind. Jedes Kapitel wird mit allgemeinen Bemerkungen zur Substanzklasse eingeleitet, in denen Syntheseprinzipien, charakteristische Eigenschaften und Reaktionen sowie Verwendungsmöglichkeiten der in diesem Kapitel behandelten Verbindungen knapp zusammengefaßt sind. Es kann natürlich nicht das Anliegen dieser Kapitel sein, ein Lehrbuch zu ersetzen, doch soll – ganz im Sinne des integrierten Praktikums – bewußt der Blick auf allgemeine Zusammenhänge gelenkt werden.

Jeder Einzelvorschrift sind kurze Hinweise auf den Arbeitsschutz vorangestellt, die auf notwendige Vorsichtsmaßnahmen oder besonders gefährliche Chemikalien aufmerksam machen.

Die präparativen Vorschriften sind relativ knapp gehalten, doch ermöglichen sie in jedem Fall ein problemloses Nacharbeiten. Vorschläge zur Charakterisierung schließen sich an, die vorwiegend der Reinheitskontrolle dienen und elementaranalytische und typische physikalische Meßmethoden (magnetische Messungen, IR-, NMR-,

UV/VIS-Spektroskopie und Massenspektrometrie, sowie Gaschromatographie) umfassen.

Unsere Erfahrungen zeigen, daß durch Anwendung dieser in den meisten Laboratorien zugänglichen Meßmethoden eine saubere Arbeitsweise wesentlich gefördert werden kann.

Die Angaben zur Entsorgung bzw. zum Recycling sind als Vorschläge aufzufassen. Sie werden bei jeder Synthesevorschrift mit angegeben, um zu dokumentieren, daß diese Prozesse essentieller Bestandteil der Gesamtsynthese sind, denen offensichtlich noch immer zu wenig Aufmerksamkeit geschenkt wird.

Kurze Beschreibungen analoger Synthesen zum Hauptpräparat ermöglichen die Aufnahme vieler weiterer Synthesevorschriften auf knappem Raum ohne Informationsverlust, da nur die Modifizierungen von der ausführlich angegebenen Vorschrift des Hauptpräparates erfaßt werden, alle anderen Verfahrensweisen aber Gültigkeit besitzen.

Hinweise zu den Synthesevarianten dienen dem Ziel, gegebenenfalls selbst Entscheidungen über einen einzuschlagenden Weg zu treffen.

Die Aufnahme bestimmter ökonomischer Bewertungskriterien für Synthesevarianten oder -teilschritte an einigen Stellen dieses Buches dürfte ein Novum für Synthesepraktika sein. Unsere Erfahrungen zeigen, daß bei sinnvoller Anwendung solcher Kriterien eine rationelle Arbeitsweise und sparsamer Chemikalienverbrauch gefördert werden können, was auch im Sinne einer möglichst praxisnahen Ausbildung ist.

Die am Schluß jeder Synthesevorschrift angegebenen Literaturstellen ermöglichen das Auffinden weiterer Details zu den angegebenen Verbindungen und vermitteln auch eingehendere Informationen über die angegebenen Meßverfahren.

Alle Präparationsvorschriften wurden eingehend überprüft und z.T. gegenüber der Originalvorschrift modifiziert, sei es, um Ausbeuten zu verbessern oder um sie unter Praktikumsbedingungen durchführen zu können.

Die Auswahl der Präparate erfolgte nach zwei Kriterien: Zum einen, um die Breite der anorganischen Chemie zu demonstrieren – von der Chemie „einfacher" Salze über die metallorganische Chemie bis zur Festkörperchemie – zum anderen, um typische experimentelle Methoden zu lehren (Reaktionen unter Druck, Feuchtigkeitsausschluß, unter anaeroben Bedingungen, bei extrem hohen oder niedrigen Temperaturen usw.). Die einzelnen Präparate lassen sich nach dem Baukastenprinzip leicht zu Mehrstufenpräparaten zusammensetzen.

Das Kapitel „Metallinduzierte und metallkatalysierte organische Synthesen" stellt bewußt die Verbindung zur organischen Chemie her und macht auf ein bislang in der Ausbildung häufig vernachlässigtes modernes Grenzgebiet aufmerksam.

Die Hinweise zur anaeroben Arbeitstechnik (s. Kap. 12) sind so gestaltet, daß innerhalb relativ kurzer Zeit diese Technik erlernt werden kann.

Bemerkungen zu den Analysenmethoden, die sich lediglich auf die für den Synthesechemiker wichtige Probenpräparation beschränken und auf theoretische Erläuterungen bewußt verzichten, sowie Hinweise zur ökonomischen Bewertung der Synthesen beschließen das Buch.

Wir danken Herrn Dr. G. Pfaff (Jena) für die Bearbeitung des Kapitels „Festkörperreaktionen und Reaktionen in Schmelzen", sowie Herrn Prof. Dr. E. Uhlig (Jena) und Dr. W. Seidel (Jena) für ihre fördernden Diskussionen.

Jena, im September 1985   Die Verfasser

1 Metallhalogenide

Allgemeines zur Stoffklasse

Wasserfreie Metallhalogenide werden häufig als Lewis-Säuren (z. B. $TiCl_4$, $AlBr_3$), als Ausgangsprodukte zur Synthese der reinen Metalle, zur Herstellung von Metallkomplexverbindungen, sowie als Ausgangsprodukte für die Darstellung von Metallorganoverbindungen verwendet. Wasserfreie Metallhalogenide werden nach folgenden allgemeinen Verfahren synthetisiert:

> Entwässerung von Metallhalogenid-hydraten mittels thermischer Wasserabspaltung oder Reaktion mit Säurehalogeniden
> Reaktionen von Metallen mit Halogen oder Halogenwasserstoff
> Umsetzungen von Metalloxiden mit Halogenüberträgern
> (z. B. UCl_4 aus UO_3 mit Hexachlorpropen).

Für spezielle Einsatzzwecke, z. B. zur Herstellung von Metallorganoverbindungen ist es vielfach vorteilhaft, statt wasserfreier Metallhalogenide deren Etherkomplexe, insbesondere die Addukte mit Tetrahydrofuran (THF) einzusetzen, die folgende Vorzüge besitzen:
Tetrahydrofurankomplexe $MX_x(THF)_y$ sind in den meisten Fällen leicht in reiner Form herzustellen und in jedem Fall als feste, meist wohlkristallisierte Verbindungen einsetzbar, während viele wasserfreie Metallhalogenide nicht immer frei von Verunreinigungen zu gewinnen sind. Manche von ihnen sind auch flüssig – wie z. B. $TiCl_4$, VCl_4, $SnCl_4$ – und daher weniger gut dosierbar.
Da THF-Addukte eine geringere Lewis-Acidität als wasserfreie Metallhalogenide aufweisen, können bei Umsetzungen in organischen Lösungsmitteln unerwünschte Nebenreaktionen mit dem Solvens vermieden werden. Während polymere Metallhalogenide (insbesondere der 6.–8. Nebengruppe) meist nur wenig in organischen Lösungsmitteln (wie THF) löslich sind, besitzen deren THF-Addukte generell eine höhere Löslichkeit und sind auch reaktiver gegenüber Metallorganoreagenzien.
Zur Synthese der THF-Addukte werden folgende Methoden angewendet:

> Komplexbildung wasserfreier Salze mit Tetrahydrofuran (mit polymeren, also schwerlöslichen Metallhalogeniden häufig als Heißextraktion durchgeführt; mit stark Lewis-aciden Metallhalogeniden unter Kühlung oder Verdünnung mit einem inerten Lösungsmittel vorgenommen).
> Reaktion von Metallen mit Halogenierungsmitteln in Tetrahydrofuran.
> Reduktion wasserfreier Metallsalze höherer Oxidationszahlen des Zentralatoms in Tetrahydrofuran.

1.1 Wasserfreie Metallhalogenide durch Entwässerung der Hydrate

Kupfer(II)-chlorid [1]

> Bei der Hydrolyse von Thionylchlorid entstehen HCl und SO_2, so daß alle Operationen unter dem Abzug durchzuführen sind.

$$CuCl_2(H_2O)_2 + 2\,SOCl_2 \longrightarrow CuCl_2 + 2\,SO_2 + 4\,HCl$$

0,1 mol (17,1 g) Kupfer(II)-chlorid-2-Wasser werden in einem 250 cm³-Zweihalskolben mit aufgesetztem Rückflußkühler mit 50 cm³ Thionylchlorid versetzt. Die durch den Kühler entweichenden Gase werden in ein 1000 cm³ Becherglas mit Wasser geleitet. Zwischen Becherglas und Reaktionsapparatur ist eine Sicherheitswaschflasche geschaltet, die das Zurücksteigen von Wasser in den Reaktionskolben verhindert.
Nach dem Abklingen der ersten Reaktion wird noch etwa zwei Stunden auf dem Wasserbad bis zur Beendigung der Gasentwicklung am Rückfluß erhitzt. Danach wird die Schlauchverbindung zwischen Kühler und Waschflasche sofort gelöst.
Das überschüssige Thionylchlorid (Kp. 79 °C) wird anschließend abdestilliert und das Reaktionsprodukt im Wasserbad bei 100 °C im Wasserstrahlpumpenvakuum getrocknet. Zwischen Wasserstrahlpumpe und Rundkolben befindet sich ein Absorptionsrohr mit Kaliumhydroxid.
Das Umfüllen des wasserfreien Salzes muß unter Feuchtigkeitsausschluß erfolgen.
Ausbeute, Eigenschaften; quantitativ; gelbes, hygroskopisches Pulver.

> Das abdestillierte Thionylchlorid kann wiederverwendet werden. Die wäßrige Lösung von HCl und SO_2 wird vorsichtig neutralisiert und dann in das Abwasser gegeben.

Charakterisierung

Der Metallgehalt einer Probe wird nach Lösen in Wasser komplexometrisch, Chlorid argentometrisch bestimmt.
IR-Spektrum (Nujol): keine Absorption um 3400 cm⁻¹ für ν_{O-H}

Reaktionen

Den Acetonitrilkomplex $[CuCl_2(CH_3CN)]_2$ erhält man durch Lösen des wasserfreien Salzes in trockenem Acetonitril bei Raumtemperatur. Nach kurzer Zeit fallen hellgelbe hygroskopische Kristalle aus. Ausbeute 70% bezogen auf $CuCl_2$. Die Verbindung ist dimer mit Chlorobrücken zwischen den beiden Zentralatomen [2].
Führt man die Reaktion bei 75 °C durch, erhält man nach langsamem Abkühlen rote Kristalle der Zusammensetzung $(CuCl_2)_2(CH_3CN)_3$. In dieser Verbindung sind die Zentralatome über doppelte Chlorobrücken verknüpft [2].

Analoge Synthesen

Cobalt(II)-chlorid [1]

$$CoCl_2(H_2O)_6 + 6\,SOCl_2 \longrightarrow CoCl_2 + 6\,SO_2 + 12\,HCl$$

In analoger Weise wie für $CuCl_2$ beschrieben, erhält man aus $0,1\,mol$ (23,8 g) Cobalt(II)-chlorid-6-Wasser und $85\,cm^3$ Thionylchlorid wasserfreies Cobalt (II)-chlorid als blaues, hygroskopisches Pulver in quantitativer Ausbeute.

Nickel(II)-chlorid [1]

$$NiCl_2(H_2O)_6 + 6\,SOCl_2 \longrightarrow NiCl_2 + 6\,SO_2 + 12\,HCl$$

$0,1\,mol$ (23,8 g) Nickel (II)-chlorid-6-Wasser und $85\,cm^3$ Thionylchlorid werden, wie für $CuCl_2$ beschrieben, zu wasserfreiem Nickel(II)-chlorid umgesetzt, das als gelbes, hygroskopisches Pulver in quantitativer Ausbeute erhalten wird.

Literatur

[1] H. Hecht, Z. Anorg. Allg. Chem. **254** (1947) 37.
[2] R. D. Willett u. R. E. Rundle, J. Chem. Phys. **40** (1964) 838.

1.2 Wasserfreie Metallhalogenide durch Synthese aus Metall und Halogen

Aluminiumbromid [1]

> Vorsicht beim Arbeiten mit Brom! Stark ätzend (Gummihandschuhe, Schutzbrille, Abzug)! $AlBr_3$ reagiert mit Wasser explosionsartig. Vorsicht beim Reinigen der Glasgeräte, Ethanol verwenden!

$$3\,Br_2 + 2\,Al \longrightarrow 2\,AlBr_3$$

In einem $1000\,cm^3$-Dreihalskolben, dessen Boden mit Glaswolle bedeckt ist, werden $0,5\,mol$ (13,5 g) Aluminiumgrieß gegeben. Bei aufgesetztem Luftkühler, versehen mit einem Calciumchloridrohr, werden durch einen Tropftrichter $0,75\,mol$ (120 g) Brom vorsichtig zugetropft, nachdem der Kolben mit dem Brenner auf etwa $100\,°C$ vorgewärmt wurde. Die Reaktion ist sehr heftig und läuft unter Aufglühen des Aluminiums ab. Nach beendeter Bromzugabe wird unter gelindem Erwärmen des Reaktionskolbens im Schutzgasstrom nicht umgesetztes Brom vertrieben. Anschließend wird das $AlBr_3$ mit dem Brenner über eine aufgesetzte Destillationsbrücke abdestilliert.

Ausbeute, Eigenschaften; 85%; farblose, glänzende Blättchen, löslich in den meisten organischen Lösungsmitteln. Hydrolyse an feuchter Luft, sehr heftige Reaktion mit Wasser.

Bei Vertreiben des überschüssigen Broms wird der Gasstrom durch eine wäßrige Natronlauge geleitet, um das Brom zu absorbieren. Diese Lösung kann dann in das Abwasser gegeben werden. Die Aluminiumrückstände aus dem Reaktionskolben werden nach Reinigung mit Ethanol und anschließend Wasser nicht weiter behandelt, sondern im Gemisch mit der Glaswolle deponiert.

Charakterisierung

Nach der Hydrolyse einer Probe wird Aluminium komplexometrisch bestimmt und der Bromidgehalt argentometrisch ermittelt.
Fp. 97,5 °C; **Kp.** 255 °C.

Reaktionen, Verwendung

Die Addition von NH_3-Gas führt zunächst zur Verflüssigung des eingesetzten $AlBr_3$; nach dem Abpumpen des NH_3-Gases im Vakuum erhält man ein kristallines Produkt der Zusammensetzung $AlBr_3(NH_3)_6$ [2].
Wenn man feinverteiltes $AlBr_3$ langsam mit frisch ketyliertem, eiskaltem Diethylether Zur Reaktion bringt, erhält man das Diethylether-Addukt.
$AlBr_3$ reagiert exotherm auch mit Etherdämpfen und wandelt sich dabei in das Addukt um [3].

Literatur

[1] G. Brauer, Handbuch d. Präp. Anorg. Chemie, Bd. 2, S. 826; F. Enke Verlag Stuttgart, 1978.
[2] F. Ephraim u. S. Millmann, Chem. Ber. **50** (1917) 534.
[3] W. A. Plotnikow, Z. Anorg. Allg. Chem. **56** (1908) 53.

Molybdän(V)-chlorid [1]

Vorsicht beim Arbeiten mit Chlorgas! Stark schleimhautreizend! MAK_D Chlor $= 0,1 \, mg/m^3$, Atemschutzmaske bereitlegen, unverbrauchtes Chlor mit wäßriger Natronlauge auswaschen! Es sind die Arbeitsschutzbestimmungen für den Umgang mit ortsbeweglichen Druckgasbehältern zu beachten (Sicherheitsgefäße zwischen Stahlflasche und Apparatur, Überdrucksicherung!).

$$2 \, Mo + 5 \, Cl_2 \longrightarrow 2 \, MoCl_5$$

0,1 mol (9,6 g) trockenes Molybdänpulver werden in ein Kieselglasrohr vorn locker eingelegt. Dann leitet man einen Strom von gereinigtem Chlorgas (P_2O_5-Rohr, H_2SO_4-Waschflasche) über das Molybdän. Mit dem Bunsenbrenner wird – beginnend auf der Seite der Gaszuführung – erhitzt, wobei die Reaktion durch das Aufglimmen des Molybdäns sowie die entstehenden braunroten Dämpfe angezeigt wird. Das $MoCl_5$ kristallisiert am Ende des Kieselglasrohres aus und wird unter strömendem Schutzgas in ein Vorratsgefäß übergeführt.
Ausbeute, Eigenschaften; 80%; schwarz-glänzende Kristalle, hydrolyseempfindlich.

Das nicht verbrauchte Chlorgas wird in wäßrige Natronlauge geleitet und diese nach Neutralisation ins Abwasser gegeben.

Charakterisierung

Der Chloridgehalt wird nach Auflösen einer Probe in Wasser argentometrisch ermittelt.
Fp. 194 °C
Magnetisches Verhalten: $\mu_{eff} = 1,54$ B.M.

Reaktionen, Verwendung

Molybdän(V)-chlorid ist Substitutionsreaktionen oft unter gleichzeitiger Reduktion zugänglich.
Synthese von **Bis(cyclopentadienyl)-molybdän(IV)-hydrid** (s. S. 46)
Synthese von **Bis(cyclopentadienyl)-molybdän(IV)-chlorid** (s. S. 47)
Durch Reduktion entstehen niederwertige Molybdänhalogenide.
Synthese von **Molybdän(III)-chlorid-3-Tetrahydrofuran** (s. S. 33)
Synthese von $[Mo_6Cl_8]Cl_4$ (s. S. 187)

Analoge Synthese

$$W + 3\,Cl_2 \longrightarrow WCl_6$$

In gleicher Weise wie für $MoCl_5$ beschrieben stellt man WCl_6 her [2].
(**Ausbeute:** 85%; schwarz-glänzende Kristalle, gut löslich in Benzen, hydrolyseempfindlich).

Literatur

[1] G. Brauer, Handbuch d. Präp. Anorg. Chemie, Bd. 3, S. 1534; F. Enke Verlag Stuttgart, 1981.
[2] G. Brauer, Handbuch d. Präp. Anorg. Chemie, Bd. 3, S. 1558; F. Enke Verlag Stuttgart, 1981.

1.3 Wasserfreie Metallhalogenide durch Halogenübertragung

Kupfer(I)-chlorid [1]

Das Arbeiten mit SO_2-Gas muß unter dem Abzug erfolgen! Arbeitsschutzbestimmungen für den Umgang mit ortsbeweglichen Druckgasbehältern beachten (Sicherheitsgefäße und Überdrucksicherung anbringen)!

$$2\,CuSO_4(H_2O)_5 + 2\,NaCl + SO_2 + 2\,H_2O \longrightarrow$$
$$2\,CuCl + Na_2SO_4 + 2\,H_2SO_4 + 5\,H_2O$$

In einem $500\,cm^3$-Dreihalskolben mit Gaseinleitungsrohr und Hahnschliff werden 0,2 mol (49,9 g) Kupfer(II)-sulfat-5-Wasser und 0,5 mol (29,0 g) Natriumchlorid bei 60–

70 °C in Wasser gelöst. Unter kräftigem Umschütteln wird solange SO_2 eingeleitet, bis sich kein Kupfer(I)-chlorid mehr aus der Lösung abscheidet. Das Produkt wird abfiltriert, mit SO_2-Wasser und dann mit Eisessig gewaschen. Durch Trocknen im Vakuum wird noch anhaftendes Lösungsmittel entfernt.

Ausbeute, Eigenschaften; 85%; weiße, kristalline Substanz, schwerlöslich in Wasser.

Überschüssiges SO_2-Gas wird nach Passieren der Reaktionslösung durch eine Gaswaschflasche mit Wasser geleitet. Das entstehende SO_2-Wasser wird zum Waschen des Präparates benutzt. Die vereinigten Waschflüssigkeiten werden nach Neutralisation ins Abwasser gegeben.

Charakterisierung

Der Kupfergehalt einer Probe wird komplexometrisch gegen Murexid bestimmt. **Fp.** 432 °C

Reaktionen, Verwendung

Kupfer(I)-chlorid geht mit LEWIS-Basen Additionsreaktionen ein [2]. Es wird als Katalysator in der organischen Synthese zur Chlorierung aromatischer Verbindungen verwendet (SANDMEYER-Reaktion).

Analoge Synthesen

Kupfer(I)-bromid

$$2\,CuSO_4(H_2O)_5 + 2\,KBr + SO_2 + 2\,H_2O \longrightarrow$$
$$2\,CuBr + 2\,H_2SO_4 + K_2SO_4 + 5\,H_2O$$

Die Durchführung erfolgt analog der des CuCl. Anstelle des NaCl werden 60,0 g KBr eingesetzt. Die Isolierung und Lagerung von CuBr soll unter Lichtausschluß erfolgen. (**Ausbeute:** 85%; farblose, in Wasser unlösliche Kristalle, **Fp.** 498 °C). Viele Reaktionen sind denen des CuCl analog [2], CuBr katalysiert die Bromierung von Aromaten (SANDMEYER-Reaktion).

Kupfer(I)-iodid

$$2\,CuSO_4(H_2O)_5 + 2\,KI + SO_2 + 2\,H_2O \longrightarrow$$
$$2\,CuI + Na_2SO_4 + 2\,H_2SO_4 + 5\,H_2O$$

Die Darstellung des CuI erfolgt analog der des CuCl, anstelle des NaCl werden 83,5 g KI eingesetzt. Man erhält nach dieser Synthese ein rein weißes Kristallpulver. (**Ausbeute:** 85%; unlöslich in Wasser; **Fp.** 605 °C).

Kupfer(I)-iodid ist u. a. Ausgangsstoff für verschiedene Kupferkatalysatoren (Synthesen mit kupferorganischen Verbindungen s. S. 176).

Viele Komplexbildungsreaktionen sind denen des CuCl und CuBr analog. Reduktion und Komplexbildung ohne Isolierung des Kupfer(I)-halogenids vollzieht man bei der Synthese des dimeren **2,2'-Bipyridin-kupfer(I)-iodids,** wenn man 20 mmol (3,63 g) Kupfer(II)-acetat, gelöst in 50 cm³ Wasser mit 20 mmol (1 g) Hydrazinhydrat reduziert, die Lösung mit einem Überschuß 2,2'-Bipyridin, gelöst in Ethanol, versetzt und anschließend mit einer gesättigten wäßrigen Natriumiodidlösung die rote kristalline Komplexverbindung ausfällt [3].

Literatur

[1] G. Brauer, Handbuch d. Präp. Anorg. Chemie, Bd. 2, S. 972; F. Enke Verlag Stuttgart, 1978.
[2] Gmelin Handbuch der Anorganischen Chemie, Kupfer Teil B; Verlag Chemie Weinheim 1958.
[3] F. G. Mann, D. Purdle u. A. F. Wells, J. Chem. Soc. 1936, 1503.

Vanadium(V)-oxidchlorid [1]

Vorsicht beim Umgang mit Vanadiumverbindungen! Vanadium(V)-oxidstäube sind cancerogen. Arbeiten mit Thionylchlorid (s. S. 4).

$$V_2O_5 + 3\,SOCl_2 \longrightarrow 2\,VOCl_3 + 3\,SO_2$$

0,1 mol (18,2 g) V_2O_5 werden in einem 250 cm³-Zweihalskolben unter Feuchtigkeitsausschluß mit 0,3 mol (22 cm³) Thionylchlorid 6–8 Stunden am Rückfluß gekocht. Das Reaktionsprodukt wird anschließend direkt aus dem Reaktionskolben abdestilliert. **Ausbeute, Eigenschaften**; 80% bezogen auf V_2O_5; hellgelbe Flüssigkeit (rot, wenn verunreinigt).

Das entstehende SO_2 wird in Wasser eingeleitet (Sicherheitswaschflasche) und dieses nach Neutralisation ins Abwasser gegeben.

Charakterisierung

Kp. 127 °C; **Fp.** −77 °C

Reaktionen, Verwendung

$VOCl_3$ reagiert mit zahlreichen N-Donatoren (Nitrile, 2,2′-Bipyridin, tertiäre Amine) unter Adduktbildung, mit Acetylaceton unter Substitution eines oder zweier Chloroliganden und Bildung von $VOCl_2(acac)$ bzw. $VOCl(acac)_2$. Mit Methanol in Gegenwart von Ammoniak erhält man **Tris(methoxy)-oxo-vanadium(V)** $VO(OCH_3)_3$ [2].

$$VOCl_3 + 3\,CH_3OH + 3\,NH_3 \longrightarrow VO(OCH_3)_3 + 3\,NH_4Cl$$

Zur Darstellung dieser Verbindung tropft man zu einer siedenden Lösung von 0,1 mol (17,3 g) $VOCl_3$ in 1000 cm³ Benzen die stöchiometrische Menge Methanol. Dabei entstehen Chlorwasserstoff und ein dunkelbraunes, mit Benzen nicht völlig mischbares Öl. Dieses verschwindet vollkommen, wenn man trockenes Ammoniakgas unter Umschütteln in das Benzen leitet. Nach Abfiltrieren des Ammoniumchlorids unter Feuchtigkeitsausschluß und Abdampfen des größten Teiles des Benzens kristallisiert $VO(OCH_3)_3$ aus. (**Ausbeute, Eigenschaften:** 50%; gelbe Nadeln, **Fp.** (Zers): 93 °C, sublimierbar, **Röntgenstrukturanalyse:** lineares Polymeres [3]).

Literatur

[1] H. Hecht, G. Jander u. H. Schlapmann, Z. Anorg. Allg. Chem. **254** (1947) 255.
[2] H. Funk, W. Weiss u. N. Zeising, Z. Anorg. Allg. Chem. **295** (1958) 327.
[3] C. N. Caughlan, H. M. Smith u. K. Watenpaugh, Inorg. Chem. **5** (1966) 2131.

Eisen(II)-chlorid [1]

> Bei der Reaktion entsteht HCl-Gas, das durch Einleiten in wäßrige Natronlauge neutralisiert werden muß. Abzug benutzen!

$$C_6H_5Cl + 2\,FeCl_3 \longrightarrow C_6H_4Cl_2 + 2\,FeCl_2 + HCl$$

Man gibt in einen 500 cm^3-Dreihalskolben mit Rührer und Rückflußkühler 0,5 mol (81,0 g) wasserfreies $FeCl_3$ und danach 1 mol (112,5 g) Chlorbenzen. Die Mischung wird bis knapp unter den Siedepunkt des Chlorbenzens (ca. 125 °C) und nach einer halben Stunde weiter bis auf 140 °C erwärmt. Dabei wird die anfangs schwarze viskose Reaktionlösung dünnflüssig und heller. Es entsteht das sandfarbene Eisen(II)-chlorid, das nach 2–3 Stunden abgesaugt, mit Chloroform gewaschen und im Vakuum getrocknet wird.
Ausbeute, Eigenschaften; 98%; sandfarbene, selten weiße Kristalle, oxidationsempfindlich.

Das HCl-Gas, das bei der Reaktion entweicht, wird zur Neutralisation durch wäßrige Natronlauge geleitet. Aus der Mutterlauge wird das noch enthaltene Chlorbenzen abdestilliert (Kp. 132 °C) und dessen Reinheit gaschromatographisch überprüft. Der Destillationsrückstand ist ein Gemisch chlorierter Benzene und wird zur Deponie gegeben.
Das Chloroform aus den Waschlösungen wird durch Destillation zurückgewonnen, der Rückstand deponiert.

Charakterisierung

Nach der Hydrolyse wird der Eisengehalt komplexometrisch gegen Sulfosalicylsäure bestimmt. Die Chloridbestimmung erfolgt argentometrisch.

Reaktionen

Beim Extrahieren des $FeCl_2$ mit THF bildet sich ein Addukt der Zusammensetzung $FeCl_2(THF)_{1,5}$.
Synthese von $FeCl_2(THF)_{1,5}$ (s. S. 30).

Literatur

[1] P. Kovacic u. N. O. Brace, Inorg. Synth. **6** (1960) 172.

Eisen(II)-bromid [1]

> Der bei der Reaktion entstehende Wasserstoff muß ins Freie abgeleitet werden.

$$Fe + 2\,HBr + 6\,H_2O \longrightarrow FeBr_2(H_2O)_6 + H_2$$
$$FeBr_2(H_2O)_6 \longrightarrow FeBr_2 + 6\,H_2O$$

Zu 1 mol (55,9 g) Eisenpulver werden in einen 1000 cm^3-Dreihalskolben versehen, mit Rührer, Rückflußkühler und Gasableitung, aus einem Tropftrichter ca. 350 cm^3 48% iger HBr zugetropft. Nach Beendigung der Wasserstoffentwicklung wird unter Schutzgas von unumgesetztem Eisenpulver abfiltriert. Die klare grüne Lösung wird zur Trockne eingeengt und anschließend bei 400 °C im Schutzgasstrom vollständig entwässert.

Ausbeute, Eigenschaften; 95%; lichtgelbe bis dunkelbraune Kristalle, oxidations- und feuchtigkeitsempfindlich.

Das nicht umgesetzte Eisenpulver kann nach Waschen mit Wasser und Trocknen für weitere Reaktionen verwendet werden. Wasserstoff wird ins Freie geleitet.

Charakterisierung

Der Bromidgehalt wird argentometrisch bestimmt, während der Eisengehalt nach oxidierendem Aufschluß komplexometrisch gegen Sulfosalicylsäure ermittelt wird. **Fp.** 684 °C

Synthesevarianten

Die Darstellung von Eisen(II)-bromid kann auch durch Überleiten von HBr im Stickstoffstrom über reinstes, mit Wasserstoff reduziertes Eisen bei 800 °C im Kieselglasrohr erfolgen. Das Eisen(II)-bromid sublimiert dabei an das kalte Rohrende.

Reaktionen, Verwendung

Wasserfreies Eisen(II)-bromid geht mit verschiedenen LEWIS-Basen leicht Additionsverbindungen ein. So erhält man durch Extraktion des wasserfreien FeBr$_2$ mit THF die farblosen bis leicht gelblichen Blättchen des FeBr$_2$(THF)$_2$, dessen THF-Gehalt gaschromatographisch nach der beschriebenen Methode (s. S. 218) bestimmt werden kann.

Literatur

[1] F. Schimmel, Chem. Ber. **62** (1929) 963.

Aluminiumchlorid [1]

Aluminiumchlorid reagiert sehr heftig mit Wasser, Vorsicht! Alle Operationen
sind unter dem Abzug durchzuführen (HCl-Gas, Wasserstoffentwicklung!). Vor
der Reaktion ist die Apparatur gründlich mit HCl-Gas zu spülen, um die Luft
völlig zu verdrängen und damit eine Knallgasreaktion zu vermeiden! Chlorwasserstoff ist stark schleimhautreizend; unverbrauchtes Gas mit Natronlauge
neutralisieren!
Arbeitsschutzbestimmungen für den Umgang mit ortsbeweglichen Druckgasbehältern beachten (Sicherheitsgefäße und Überdrucksicherung anbringen)!

$$2\,Al + 6\,HCl \longrightarrow 2\,AlCl_3 + 3\,H_2$$

Der in ein Porzellanschiffchen gefüllte Aluminiumgrieß wird in einem Kieselglasrohr
im kräftigen HCl-Strom so erhitzt, daß sich weiße Dämpfe von $AlCl_3$ im gezeigten
Apparaturteil A niederschlagen. Das entstandene Aluminiumchlorid wird mit Hilfe der
an der Apparatur befindlichen Glasstäbe a und b in die Ampulle gefüllt, die dann
abgeschmolzen wird.

Ausbeute, Eigenschaften: 45%; farblose, durchsichtige, hexagonale Tafeln, sehr
hygroskopisch, sublimierbar bei 183 °C.

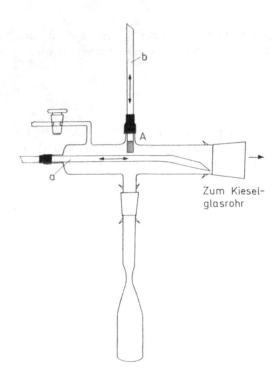

Bild 1.1 Apparaturteil A zur Herstellung von Aluminiumchlorid; Glasstäbe
a, b

Unumgesetzter Aluminiumgrieß kann nach Waschen mit Wasser und Trocknen für weitere Reaktionen verwendet werden. Das überschüssige HCl-Gas wird durch Einleiten in verdünnte Natronlauge entfernt und die Lösung neutralisiert, bevor sie ins Abwasser gegeben wird. Der entstehende Wasserstoff wird ins Freie geleitet.

Charakterisierung

Nach Hydrolyse einer Probe erfolgt die Aluminiumbestimmung komplexometrisch und die Chloridbestimmung argentometrisch.
Fp. 193 °C

Reaktionen, Verwendung

Zur Addition von Diethylether an $AlCl_3$ vermischt man unter Kühlung bei -15 °C äquimolare Mengen beider Substanzen, um bei dieser Temperatur ein kristallines Ether-Addukt $AlCl_3$(Ether) zu erhalten. Bei Raumtemperatur verflüssigt sich dieses Addukt [2].
Die Reaktion von 2 g Nitrobenzen in 10 cm³ Ligroin mit 15 mmol (2,0 g) $AlCl_3$ ergibt nach Erwärmen auf dem Wasserbad zwei flüssige Phasen, von denen die untere nach Abkühlung in Form büschelförmiger Kristalle zu $AlCl_3(PhNO_2)_2$ erstarrt [3]. Wasserfreies Aluminiumchlorid wird vielfach als Lewis-Säure verwendet.

Literatur

[1] F. Stockhausen u. L. Gattermann, Chem. Ber. **25** (1892) 3521.
[2] G. B. Frankforter u. E. A. Daniels, J. Amer. Chem. Soc. **37** (1915) 2563.
[3] F. Stockhausen u. L. Gattermann, Chem. Ber. **25** (1892) 3523.

Magnesiumbromid [1]

Wegen der Giftigkeit des Dibromethans unter dem Abzug arbeiten! Das bei der Reaktion entstehende Ethylen ist in den Abzugsschacht oder direkt ins Freie zu leiten! Beim Arbeiten mit Diethylether ist dessen niedrige Zündtemperatur zu beachten (Abwesenheit von Zündquellen sichern!).

$$Mg + Br\text{-}CH_2\text{-}CH_2\text{-}Br \longrightarrow MgBr_2 + CH_2 = CH_2$$

Wegen der Feuchtigkeitsempfindlichkeit des Präparates sind alle Operationen am besten mittels Schlenktechnik durchzuführen!
0,25 mol (6 g) Magnesiumspäne (nach GRIGNARD) werden in einem 500 cm³-Dreihalskolben mit Rührer und Rückflußkühler, der nach oben durch einen mit Paraffinöl gefüllten Blasenzähler abgeschlossen wird, mit 200 cm³ trockenem Diethylether versetzt. Durch einen Tropftrichter werden 0,25 mol (47 g) Dibromethan zugetropft, so daß der Ether gelinde siedet. Der Reaktionsverlauf kann durch die Ethylenentwicklung verfolgt werden. Nach etwa 1,5 Stunden ist die Zugabe von Dibromethan beendet, anschließend wird noch 30 min gerührt, dann unter Ausschluß

von Luftfeuchtigkeit die Lösung in ein Schlenkgefäß filtriert. Nach dem Abdestillieren des Ethers verbleibt eine weiße Masse, die nach der Filtration zunächst mit kaltem Ether, dann mit Pentan gewaschen und zunächst 2 Stunden bei Raumtemperatur und anschließend 4 Stunden bei 140 °C im Ölpumpenvakuum getrocknet wird. Dabei wird der Kristallether vollständig abgespalten. Die Aufbewahrung des Magnesiumbromids erfolgt im Schlenkgefäß, auch ein Einschmelzen in eine Ampulle unter Feuchtigkeitsausschluß ist möglich.

Ausbeute, Eigenschaften: 90% bezogen auf Magnesium; weißes, mikrokristallines Pulver, sehr hygroskopisch, gut löslich in Methanol und Ethanol, sowie in Tetrahydrofuran.

Der durch Destillation gewonnene Diethylether ist nach gaschromatographischer Reinheitskontrolle wiederzuverwenden.
Wäßrige Rückstände können in das Abwasser gegeben werden.

Charakterisierung

Der Magnesiumgehalt wird komplexometrisch bestimmt.

Synthesevarianten

$MgBr_2$ kann aus Magnesium und Brom in Diethylether hergestellt werden, doch können durch Reaktion des Broms mit dem Lösungsmittel bromierte Produkte auftreten, die das Präparat verunreinigen [2].
Durch Umsetzung von Magnesiumchlorid-6-Wasser im Bromwasserstoffstrom läßt sich Magnesiumbromid ebenfalls synthetisieren, der apparative Aufwand ist allerdings relativ hoch [2].

Reaktionen, Verwendung

Synthese von **aktivem Magnesiummetall** (s. S. 179).
Magnesiumbromid-2-Tetrahydrofuran wird durch Lösen von 0,1 mol (18,6 g) $MgBr_2$ in 80 cm³ Tetrahydrofuran, Filtration und Abdestillieren des THF in der Kälte hergestellt. Man erhält $MgBr_2(THF)_2$ als weiße, hygroskopische Kristalle in quantitativer Ausbeute.

Analoge Synthesen

Magnesiumchlorid

$$Mg + Cl\text{-}CH_2\text{-}CH_2\text{-}Cl \longrightarrow MgCl_2 + CH_2 = CH_2$$

Wie für die Synthese von Magnesiumbromid beschrieben, werden 0,25 mol (6,0 g) Magnesiumspäne (nach GRIGNARD) in 150 cm³ trockenem THF tropfenweise unter Rühren mit 0,25 mol (25,0 g) Dichlorethan versetzt. Nach beendeter Ethylenentwicklung wird das THF im Vakuum abdestilliert. Das verbleibende Produkt wird im Vakuum bei 130 °C getrocknet (**Ausbeute:** nahezu quantitativ; weiße hygroskopische Kristalle).

Literatur

[1] C. L. Stevens u. S. J. Dykstra, J. Amer. Chem. Soc. **76** (1954) 4402.
[2] G. Brauer, Handbuch d. Präp. Anorg. Chemie, Bd. 2, S. 905; F. Enke Verlag Stuttgart, 1978.

1.4 Tetrahydrofurankomplexe durch Komplexbildung der wasserfreien Salze mit Tetrahydrofuran

Zinn(IV)-chlorid-2-Tetrahydrofuran [2, 3]

Tetrahydrofuran ist ein Nieren- und Lebergift. Es bildet mit Luft explosible Gemische (Abwesenheit von Zündquellen sichern!). Zinn(IV)-chlorid spaltet durch Hydrolyse HCl ab! („Spiritus fumans Libavii") (Abzug!) Wärmetönung der Reaktion: 101 kJ mol^{-1} [1].

$$SnCl_4 + 2\,THF \longrightarrow SnCl_4(THF)_2$$

In einem 500 cm^3-Dreihalskolben, versehen mit Rührer und Rückflußkühler, löst man 100 mmol (26,0 g) SnCl$_4$ in 200 cm^3 Methylenchlorid (für das *cis*-Produkt Pentan) und tropft unter Rühren und Kühlen langsam 200 mmol (14,2 g) THF, verdünnt mit 50 cm^3 des gleichen Lösungsmittels, zu. Man rührt noch 30 Minuten und sammelt das ausgefallene Produkt auf einer G3-Fritte. Es wird mit Methylenchlorid bzw. Pentan gewaschen und im Vakuum getrocknet.
Ausbeute, Eigenschaften; 95% bezogen auf SnCl$_4$; weiße Kristalle, löslich in THF. Je nach Darstellungsart soll das *cis*- oder *trans*-Produkt entstehen [3].

Die Waschflüssigkeit und die Mutterlauge werden vereinigt und durch fraktionierte Destillation fast bis zur Trockne eingeengt. Nach gaschromatographischer Reinheitskontrolle können das Methylenchlorid oder das Pentan wiederverwendet werden. Der verbleibende Rückstand wird vorsichtig hydrolysiert und bei Ausbeuten größer als 95% verworfen, ansonsten wird abfiltriert und die Zinnoxidhydroxide werden zu SnO$_2$ verglüht und verworfen.

Charakterisierung

Chlorid bestimmt man argentometrisch nach Lösen der Verbindung in Wasser.
THF wird gaschromatographisch nach dem beschriebenen Standardverfahren bestimmt.
Fp. 180 °C nach [1]
trans-SnCl$_4$(THF)$_2$
IR-Spektrum (CH$_2$Br$_2$): 344 [3]; (Nujol): 341; (Benzen): 385, 344 [4]
RAMAN-Spektrum (CH$_2$Br$_2$): 316, 256 [3]
cis-SnCl$_4$(THF)$_2$
RAMAN-Spektrum (CH$_2$Br$_2$): 333, 292 [3]
Das ^{35}Cl-**NMR-Spektrum** zeigt zwei unterschiedliche Chlor-Signale, was auf *cis*-ständiges THF hindeutet [2].

Synthesevarianten

$SnCl_4(THF)_2$ läßt sich auch durch Oxidation von $SnCl_2$ in THF darstellen [5]:

$$SnCl_2 \xrightarrow{O_2, THF} [SnOCl_2(THF)_2] \xrightarrow[-SnO_2]{} SnCl_4(THF)_2$$

Reaktionen, Verwendung

Durch Substitution können aus $SnCl_4(THF)_2$ Tetraorganylzinnverbindungen dargestellt werden (s. S. 57f.).
Derivate wie $SnCl_2(acac)_2$ [6] werden ebenfalls erhalten:

Bis(acetylacetonato)-zinn(IV)-chlorid [7]

$$SnCl_4(THF)_2 + 2\,CH_3C(OH)CHCOCH_3 \longrightarrow$$
$$SnCl_2(CH_3COCHCOCH_3)_2 + 2\,HCl + 2\,THF$$

In einen $500\,cm^3$-Dreihalskolben, versehen mit Rührer und Tropftrichter, gibt man unter Schutzgas $40\,cm^3$ trockenes Benzen und 25,7 mmol (10,4 g) $SnCl_4(THF)_2$. Unter Rühren tropft man 52 mmol (5,2 g) Acetylaceton zu und kocht eine Stunde am Rückfluß. Das bei der Reaktion entstehende HCl-Gas wird durch einen schwachen Inertgasstrom vertrieben. Zur Vervollständigung der Fällung versetzt man mit $100\,cm^3$ Hexan, filtriert ab und trocknet das Produkt im Vakuum (**Ausbeute:** 75%; **Fp.** 203–204 °C; **IR-Spektrum** (Nujol): 1572, 1540; **H-NMR** 2,20 u. 2,11 (12 H, CH_3); 5,69 (2 H, CH); $J_{Sn-CH_3} = 6,6$ u. 5,8 Hz; [Das entstehende Produkt ist *trans*-konfiguriert → 2 unterschiedliche CH_3-Signale]).

Analoge Synthesen

Analog erfolgt die Darstellung von $SnBr_4(THF)_2$ [4] (**IR-Spektrum** (CH_2Cl_2): 248; **Raman-Spektrum:** 226, 215).

Literatur

[1] S. T. Zenchelsky u. P. R. Segatto, J. Amer. Chem. Soc. 80 (1958) 4796.
[2] J. Rupp-Bensadon u. E. A. C. Lucken, J. Chem. Soc. Dalton Trans. 1983, 495.
[3] S. J. Ruzicka u. A. E. Merbach, Inorg. Chim. Acta 20 (1976) 221.
[4] I. R. Beattie u. L. Rule, J. Chem. Soc. 1964, 3267.
[5] G. Messin u. J. L. Janier-Dubry, Inorg. Nucl. Chem. Lett. 15 (1979) 409.
[6] D. W. Thompson, D. E. Kranbuehl u. M. D. Schiavelli, J. Chem. Educ. 1972, 569.
[7] G. T. Morgan u. H. D. K. Drew, J. Chem. Soc. 1924, 372.

Titan(IV)-chlorid-2-Tetrahydrofuran [1]

Titan(IV)-chlorid ist extrem hydrolyseempfindlich und spaltet an der Luft Salzsäure ab. Deshalb sind alle Operationen mit Titan(IV)-chlorid unter dem Abzug durchzuführen. Da die Reaktion zwischen THF und Titan(IV)-chlorid stark exotherm ist, muß durch geeignete Reaktionsführung stets für gleichmäßige Wärmeabführung gesorgt werden (Komponenten nicht zu schnell oder unverdünnt zusammengeben)! Arbeiten mit THF (s. S. 15).

$$TiCl_4 + 2\,THF \longrightarrow TiCl_4(THF)_2$$

0,1 mol (18,7 g) Titan(IV)-chlorid werden vorsichtig in eine Mischung aus 0,25 mol (18,1 g) THF und 100 cm³ eines Verdünnungsmittels (Ether oder Dichlormethan), die sich in einem 500 cm³-Dreihalskolben, versehen mit Rührer und Rückflußkühler befinden, unter Rühren eingetropft. Aus diesen Lösungsmitteln kristallisiert Titan(IV)-chlorid-2-Tetrahydrofuran besonders gut. Das Produkt wird auf einer Fritte gesammelt; aus der Mutterlauge läßt sich durch Einengen eine weitere Fraktion gewinnen. **Ausbeute, Eigenschaften**; 95%, bezogen auf eingesetztes Titan(IV)-chlorid. Gelbe, grobe Kristalle aus Methylenchlorid, feinkristallines gelbes Pulver aus THF/Ether. Wasserempfindlich, löslich in THF.

In die Filtrate wird vorsichtig Wasser eingetropft. Das ausgefallene TiO(OH)₂ wird abgetrennt, geglüht und verworfen. Die Lösungsmittel werden aufdestilliert, getrocknet und nach gaschromatographischer Reinheitskontrolle wiederverwendet.

Charakterisierung

Chlorid wird nach Zersetzung mit Wasser argentometrisch und THF nach der beschriebenen Standardmethode (s. S. 218) gaschromatographisch bestimmt.
Fp. 126–128 °C [1]
IR-Spektrum (Nujol): 990, 845–825 (v_{C-O-C}) [1]

Reaktionen

Bei der Umsetzung mit zwei Äquivalenten Natriumcyclopentadienid bildet sich Cp₂TiCl₂ (s. S. 81), durch Reduktion mit Titanpulver TiCl₃(THF)₃ (s. S. 35). Noch weiter reduzierte Verbindungen zeichnen sich durch ihre Affinität zu Sauerstoff aus. Dieses Verhalten wird in der McMURRY-Synthese ausgenutzt (s. S. 155).

Analoge Synthese

Zirkonium(IV)-chlorid-2-Tetrahydrofuran [1]

$$ZrCl_4 + 2\,THF \longrightarrow ZrCl_4(THF)_2$$

Zu einer Suspension von 0,1 mol (23,3 g) ZrCl₄ in 300 cm³ Methylenchlorid werden unter Rühren bei Raumtemperatur 0,2 mol (14,2 g) THF tropfenweise zugegeben. Unter erheblicher Wärmetönung entsteht eine Lösung, die gegebenenfalls filtriert werden muß. Das klare Filtrat wird durch Kältedestillation (s. S. 203) bis zur beginnenden Kristallisation eingeengt. Zusatz von 250 cm³ Pentan und Abkühlen auf −25 °C verursacht nach 2 Stunden Kristallisation des ZrCl₄(THF)₂ (**Ausbeute**: 90%; farblose Nadeln, **Fp.** 170–171 °C; **IR-Spektrum**: 990, 840–820 [1]).

Literatur

[1] L. E. Manzer, Inorg. Synth. **21** (1982) 135.

Vanadium(III)-chlorid-3-Tetrahydrofuran [1, 2]

Vorsicht beim Umgang mit Vanadiumverbindungen! Vanadium(V)-oxidstäube sind cancerogen. Vorsicht beim Umgang mit S_2Cl_2! Mit Schwefelkohlenstoff im Sonderlabor arbeiten (niedrige Zündtemperatur beachten!).

---

1. $2V_2O_5 + 6S_2Cl_2 \longrightarrow 4VCl_3 + 5SO_2 + 7S$
2. $VCl_3 + 3THF \longrightarrow VCl_3(THF)_3$

1. 0,5 mol (91,0 g) gut getrocknetes Vanadium(V)-oxid (auch wiedergewonnenes Produkt) werden in einem 1000 cm^3-Dreihalskolben, versehen mit Rührer und Rückflußkühler, vorgelegt und mit 2 mol (270 g $\cong$ 170 cm^3) Dischwefeldichlorid übergossen. Man kocht unter Rühren 8 Stunden am Rückfluß, bis das gebildete Produkt schwarz bis violett aussieht. Nach dem Erkalten und Absetzen wird von unumgesetztem S_2Cl_2 in einen Tropftrichter dekantiert. Auf das verbleibende Produkt gibt man 100 cm^3 Schwefelkohlenstoff, schwenkt mehrmals um und dekantiert in ein Becherglas. Man überschichtet nochmals mit 100 cm^3 CS$_2$ und filtriert zügig an der Luft ab. Das Filtrat gibt man ebenfalls in das Becherglas, überführt VCl$_3$ in ein Schlenkgefäß geeigneter Größe und trocknet das Produkt im Vakuum.
Die Ausbeute erscheint oft größer als 100%, das deutet auf noch vorhandene Schwefelreste hin, die aber beim Umkristallisieren aus THF nicht stören (Vorteil des THF-Addukts s. S. 3).
2. Man überführt das getrocknete VCl$_3$ nun zügig an der Luft in Soxhlethülsen und extrahiert unter Schutzgas im Heißextraktor mit etwa 500–600 cm^3 THF.
Wenn die Lösung farblos abläuft, läßt man abkühlen, filtriert ab, wäscht das Produkt mit wenig kaltem THF und trocknet es.
Ausbeute, Eigenschaften; 80% bezogen auf eingesetztes Vanadium(V)-oxid; rote, grobkristalline Verbindung. Löslich in THF, oxidiert sich an der Luft langsam unter Grünfärbung zu OVCl$_2$(THF)$_2$ (s. S. 22), spaltet beim Erwärmen oberhalb 60 °C THF ab und wandelt sich zum grünen VCl$_3$(THF)$_2$ um [2].

S_2Cl_2 wird durch alkalische Hydrolyse zersetzt. Dazu wird das S_2Cl_2 bei 0 °C in einen Überschuß wäßriger Natronlauge eingetropft. Der entstehende Schwefel wird abgetrennt und verworfen.
CS$_2$ wird durch Destillation zurückgewonnen (Vorsicht!). Die verbleibenden Schwefelreste werden mehrmals mit Wasser gewaschen und verworfen.
Aus der vanadiumhaltigen Mutterlauge wird das THF durch Destillation zurückgewonnen. Die VCl$_3$-Reste werden mit Wasser aufgenommen und zur Vanadium(V)-oxidrückgewinnung gesammelt.
Die Aufarbeitung der Vanadiumrückstände zu V$_2$O$_5$ erfolgt folgendermaßen: Nach Überführen der Rückstände in eine salpetersaure, wäßrige vanadiumhaltige Lösung (frei von organischen Substanzen) wird diese in einem hohen Becherglas langsam zur Trockne eingeengt, der Rückstand mehrfach mit halbkonzentrierter Salpetersäure aufgenommen und unter einem Abzug zur Trockne abgeraucht. Das entstehende V$_2$O$_5$ wird mehrfach mit Wasser gewaschen und bei 400 °C geglüht.

Charakterisierung

Vanadium bestimmt man nach Lösen in Wasser und Überführen in Vanadium(IV) komplexometrisch durch Rücktitration mit Blei(II)-nitrat gegen Xylenolorange; Chlorid argentometrisch.

Der THF-Gehalt der Verbindung wird nach der beschriebenen Standardmethode gaschromatographisch bestimmt (s. S. 218).

Fp. > 250 °C

IR-Spektrum (Nujol): 1041, 1010 (v_{C-O-C}, asymm.) [4]; 850 (v_{C-O-C}, sym.) [3]; 366, 327, 300 (v_{M-X}); 266 (v_{M-O}) [4]

UV/VIS-Spektrum (THF): 19 800 ($\varepsilon = 28$); 12 800 (12) [4]

Magnetisches Verhalten: $\mu_{eff} = 2,80$ B.M. [3]

Struktur: Oktaedrisch, meridionale Anordnung der Liganden [5]

Synthesevarianten

$$VCl_3 + 3\,THF \xrightarrow{\ \ NaH\ \ } VCl_3(THF)_3$$

VCl_3 läßt sich durch längeres Kochen am Rückfluß in das THF-Addukt überführen. Hierbei wirken, wie auch in ähnlichen Fällen, geringe Mengen eines Reduktionsmittels katalytisch [6].

Nachteilig wirkt sich allerdings aus, daß man sehr sauberes VCl_3 einsetzen muß (ungeeignet ist hier VCl_3 aus der Reaktion V_2O_5/S_2Cl_2, wenn man nicht mit CS_2 extrahiert).

Reaktionen, Verwendung

$VCl_3(THF)_3$ ist Edukt für vanadiumorganische Verbindungen:

Synthese von **V(Mes)$_3$(THF)$_{1,25}$** (s. S. 70)

$VCl_3(THF)_3$ läßt sich durch Reduktion mit Zink zu $[(THF)_3VCl_3V(THF)_3]_2Zn_2Cl_6$ reduzieren [5, 7].

Das Reduktionsprodukt ist nicht – wie früher [6] angenommen – $VCl_2(THF)_2$.

Mit Acetylaceton reagiert $VCl_3(THF)_3$ zu Acetylacetonato-vanadium(III)-chlorid-2-Tetrahydrofuran.

Eine geeignetere Variante dieser Reaktion ist die Komproportionierung von $VCl_3(THF)_3$ mit $V(acac)_3$ im Verhältnis 2:1 [9]:

Acetylacetonato-vanadium(III)-chlorid-2-Tetrahydrofuran

$$2\,VCl_3(THF)_3 + V(acac)_3 \longrightarrow 3\,VCl_2(acac)(THF)_2$$

0,2 mol (74,7 g) $VCl_3(THF)_3$ und 0,1 mol (34,8 g) $V(acac)_3$ werden nacheinander in einen 500 cm³-Dreihalskolben gegeben. Dann fügt man 250 cm³ THF hinzu und kocht 30 Minuten, bis sich beide Produkte gelöst haben. Die Lösung wechselt ihre Farbe nach Grün, und beim Abkühlen auf −20 °C fallen grüne Kristalle aus. Diese werden abfiltriert, mit wenig Ether gewaschen und getrocknet. (**Ausbeute:** 90%; grüne Kristalle; **Fp.** 158–160 °C; **IR-Spektrum** (Nujol): 1560, 1540; **VIS-Spektrum:** 14 580 ($\varepsilon = 20$) [8]; **EPR** (THF): g = 1,965 [8]; $\mu_{eff} = 2,76$ B.M.).

Auf diesem Weg ist auch die Darstellung von $VCl(acac)_2(THF)$ möglich.

Analoge Synthesen

$$VBr_3 + 3\,THF \longrightarrow VBr_3(THF)_3$$

Analog zum VCl_3 läßt sich auch das Bromid in das THF-Addukt überführen. Das dazu benötigte VBr_3 gewinnt man nach [10] aus Vanadiummetall im Bromstrom bei 400 °C.

Literatur

[1] Gmelins Handbuch der Anorganischen Chemie, Vanadium Tl. B, Lfg. 1, S. 205; Verlag Chemie Weinheim, 1967.
[2] E. Kurras, Naturwissenschaften 46 (1959) 171.
[3] R. J. Kern, J. Inorg. Nucl. Chem. 24 (1962) 1105.
[4] G. W. A. Fowles, P. T. Greene u. T. E. Lester, J. Inorg. Nucl. Chem. 29 (1967) 2365.
[5] F. A. Cotton, S. A. Duraj, M. W. Extine, G. E. Lewis, W. J. Roth, C. D. Schmulbach u. W. Schwotzer, J. Chem. Soc. Chem. Comm. 1983, 1377.
[6] F. H. Köhler u. W. Prössdorf, Z. Naturforsch. B 32 (1977) 1026.
[7] R. J. Bouma, J. H. Teuben, R. W. Beukema, R. L. Bansemer, J. C. Huffman u. K. G. Caulton, Inorg. Chem. 23 (1984) 2715.
[8] L. E. Manzer, Inorg. Chem. 17 (1978) 1552.
[9] G. Kreisel u. W. Seidel, WP DD 217220.
[10] M. W. Duckworth, G. W. A. Fowles u. R. A. Hoodles, J. Chem. Soc. 1963, 5665.

Vanadium(IV)-chlorid-2-Tetrahydrofuran

Arbeiten mit Vanadiumverbindungen (s. S. 9). Arbeiten mit Chlor (s. S. 6). Arbeiten mit THF (s. S. 15).
Vanadium(IV)-chlorid reagiert stark exotherm mit verschiedenen Donatoren wie THF oder Wasser.

1. $2\,VCl_3 + Cl_2 \longrightarrow 2\,VCl_4$ [1]
2. $VCl_4 + 2\,THF \longrightarrow VCl_4(THF)_2$

1. 0,1 mol (15,6 g) Vanadium(III)-chlorid werden in ein ca. 80 cm langes Kieselglasrohr in einem Porzellantiegel unter Argon eingebracht. Dazu wird eine Versuchsanordnung gewählt, die es gestattet, alternativ das Kieselglasrohr mit Argon oder mit Chlorgas, das über Schwefelsäure getrocknet wurde (T-Stück mit zwei Hähnen), zu beschicken. Verwendet man zur Synthese Vanadium(III)-chlorid, das aus Vanadium(V)-oxid/Dischwefeldichlorid (s. S. 18) dargestellt wurde, empfiehlt es sich, vor der eigentlichen Reaktion im Argonstrom zu erhitzen, um Schwefelreste aus dem Präparat zu sublimieren. Danach wird die Vorlage gewechselt, die Temperatur auf ca. 600 °C (elektrischer Ofen oder Brenner) gebracht und ein langsamer Chlorstrom eingestellt. In der gekühlten Vorlage kondensiert Vanadium(IV)-chlorid. Unumgesetztes Chlorgas wird in einer nachgeschalteten Waschflasche mit wäßriger Kalilauge ausgewaschen. Nach der Reaktion vertreibt man das Chlor mit einem schwachen Argonstrom und läßt abkühlen.

2. Das so gewonnene Vanadium(IV)-chlorid wird mit der doppelten Menge an trockenem Methylenchlorid verdünnt und unter Schutzgas in einen Tropftrichter übergeführt. Diese Mischung wird nun in einem 500 cm³-Dreihalskolben, versehen mit Rührer und Rückflußkühler, der mit 100 cm³ Methylenchlorid und 0,2 mol (14,4 g)

THF beschickt ist, unter Rühren eingetropft. Es fällt sofort ein kristalliner, braunroter Niederschlag aus. Dieser wird abfiltriert und mit etwas Methylenchlorid gewaschen. Gegebenenfalls kann aus Methylenchlorid umkristallisiert werden. Das Produkt ist dann auf jeden Fall von Spuren immer mitgebildeten Vanadium(V)-oxidchlorides frei.

Ausbeute, Eigenschaften; Vanadium(IV)-chlorid: 80% bezogen auf eingesetztes Vanadium(III)-chlorid; rotbraune, an der Luft rauchende Flüssigkeit, spaltet beim längeren Lagern Chlor unter Bildung von Vanadium(III)-chlorid ab.

Vanadium(IV)-chlorid-2-Tetrahydrofuran: 60% bezogen auf eingesetztes Vanadium(III)-chlorid; rotbraune, feinkristalline Substanz, verwittert auch unter Argon beim längeren Stehen unter partieller THF-Abspaltung. $VCl_4(THF)_2$ ist aber besser lagerfähig als VCl_4.

Vom Filtrat wird Methylenchlorid unter Schutzgas weitgehend abdestilliert, das für weitere Ansätze verwendet werden kann. In den verbliebenen Rückstand tropft man unter Rühren vorsichtig Wasser ein, filtriert ab und vereinigt mit evtl. unumgesetztem Ausgangsprodukt. Dieses Gemisch wird vorsichtig zweimal mit Salpetersäure abgeraucht. Das entstandene Vanadium(V)-oxid wird bei 400 °C geglüht und kann wiederverwendet werden. Nicht umgesetztes Chlorgas ist in wäßrige Kalilauge einzuleiten.

Charakterisierung

Vanadium wird nach Lösen einer Probe in Wasser komplexometrisch mit Blei(II)-nitrat gegen Xylenolorange zurücktitriert, Chlorid titriert man argentometrisch. THF wird nach der beschriebenen Standardmethode gaschromatographisch bestimmt (s. S. 218).

IR-Spektrum (Nujol): 1008, 856 (v_{C-O-C})
EPR-Spektrum (THF-Lösung): 8-Linien, $g = 1,967$; $A = 102 \cdot 10^{-4}\,cm^{-1}$

Synthesevarianten

Das Vorprodukt Vanadium(IV)-chlorid läßt sich bei 800 °C direkt aus Vanadiumpentoxid darstellen [2]:

$$2\,V_2O_5 + 5\,C + 8\,Cl_2 \longrightarrow 4\,VCl_4 + 5\,CO_2$$

Die dazu verwendete Versuchsanordnung wird analog der oben beschriebenen aufgebaut. (**Ausbeute:** 80% bezogen auf Vanadium(V)-oxid).

Achtung! Je nach den Versuchsbedingungen ist die Bildung von Phosgen möglich!

Reaktionen

Vanadium(IV)-chlorid ist eine LEWIS-Säure.
Außerdem unterliegt es Substitutionsreaktionen. So bilden sich z. B. durch Umsetzung mit Lithiumamiden und nachfolgende Organylierung gemischte Organovanadium(IV)-amide wie $RV[N(Ph)_2]_3$ [3].

Diese Verbindungen sind nach SEEBACH [4] zu folgender Reaktion mit Benzaldehyd befähigt:

$$CH_3V(NEt_2)_3 + PhCHO \longrightarrow O=\overset{\overset{\displaystyle CH_3}{|}}{V}(NEt_2)_2 + 0.5\ Ph\overset{\overset{\displaystyle NEt_2}{|}}{\underset{\underset{\displaystyle NEt_2}{|}}{C}}H-CHPh$$

Literatur

[1] H. Funk u. W. Weiss, Z. Anorg. Allg. Chem. **295** (1958) 327.
[2] H. Oppermann, Z. Chem. **2** (1962) 376.
[3] H. O. Fröhlich u. H. Kacholdt, Z. Chem. **15** (1975) 233.
[4] R. Imwinkelried u. D. Seebach, Helv. Chim. Acta **67** (1984) 1496.

Vanadium(IV)-oxidchlorid-2-Tetrahydrofuran [1, 2]

> Arbeiten mit Vanadiumverbindungen, Dischwefeldichlorid und Schwefelkohlenstoff (s. S. 18). Arbeiten mit Thionylchlorid (s. S. 4). Arbeiten mit THF (s. S. 15).

1. $2\,V_2O_5 + 4\,S_2Cl_2 \longrightarrow 4\,OVCl_2 + 3\,SO_2 + 5\,S$
2. $OVCl_2 + 2\,THF \longrightarrow OVCl_2(THF)_2$

1. 0,05 mol (9,1 g) Vanadium(V)-oxid werden in einem 500 cm³-Dreihalskolben mit Rührer und Rückflußkühler in einer Mischung aus 0,1 mol (13,5 g $\hat{=}$ 8 cm³) Dischwefeldichlorid und 25 cm³ Thionylchlorid aufgeschlämmt. Das Gemisch wird 3–6 Stunden am Rückfluß erhitzt. Dabei ändert es seine Farbe, der Bodenkörper sieht zuletzt graugrün aus. Nach dem Abkühlen wird das überstehende Thionylchlorid zur späteren Vernichtung in einen Tropftrichter dekantiert und der Rückstand mit wenig CS₂ überschichtet, um den gebildeten Schwefel zu lösen. Man schwenkt vorsichtig um und dekantiert. Die Operation wird wiederholt, und beide CS₂-Schwefel-Lösungen werden vereinigt und gesammelt.

2. Der erhaltene Feststoff wird zweimal mittels Soxhlet-Extraktor unter Schutzgas mit Tetrahydrofuran extrahiert, um ein schwefelfreies Präparat zu erhalten. Das Produkt kristallisiert aus Tetrahydrofuran in der Kälte aus. Zur Vervollständigung der Fällung wird mit der gleichen Menge Diethylether versetzt.

Ausbeute, Eigenschaften; 70–80% bezogen auf eingesetztes V₂O₅; grüne, kristalline Substanz, feuchtigkeitsempfindlich, löslich in Tetrahydrofuran, wenig löslich in Ether.

> Thionylchlorid wird in wäßrige KOH (nicht umgekehrt!) eingetropft. Nach der Reaktion werden die durch vollständiges Abdestillieren der Lösungsmittel (s. S. 18) zurückgewonnenen Vanadiumsalzreste vereinigt und vorsichtig unter einem Abzug mit Salpetersäure abgeraucht. Das so gewonnene V₂O₅ wird geglüht und wiederverwendet.
> Die erhaltene Ether-Tetrahydrofuran-Mischung wird gesammelt und zur kommerziellen Verbrennung gegeben.

Charakterisierung

Vanadium wird nach Lösen einer Probe der Verbindung in Wasser komplexometrisch durch Rücktitration mit Blei(II)-nitrat gegen Xylenolorange bestimmt, Chlorid argentometrisch.

Der THF-Gehalt wird nach der beschriebenen Standardmethode gaschromatographisch ermittelt (s. S. 218).

IR-Spektrum (Nujol): 1000 ($v_{V=O}$) [3]; 1018, 864 (v_{C-O-C}) [4]

Magnetisches Verhalten: $\mu_{eff} = 1,76$ B.M. [4]

EPR-Spektrum (THF): 8-Linien, g = 1,967, A = 102 · 10^{-4} cm^{-1}

Synthesevarianten

Die Verbindung läßt sich auch aus VCl$_3$(THF)$_3$ gemäß

$$2\,VCl_3(THF)_3 + 0,5\,O_2 + H_2O \longrightarrow 2\,OVCl_2(THF)_2 + 2\,HCl + 2\,THF$$

darstellen [4]. Da hierzu aber eine definierte Menge Wasser erforderlich ist, führt die Oxidation bei großen Ansätzen nicht zu reinem OVCl$_2$(THF)$_2$.

Reaktionen

Reaktionen mit Neutralliganden führen zu Addukten VOCl$_2$(L−L):

Vanadium(IV)-oxidchlorid-Bipyridin wird hergestellt, indem man 0,01 mol (2,82 g) VOCl$_2$(THF)$_2$ in 50 cm^3 THF löst und mit 0,01 mol (1,56 g) Bipyridin versetzt. Dabei fällt das Bipyridinaddukt als hellgrünes Pulver aus (**Ausbeute:** quantitativ; **IR-Spektrum:** 965 ($v_{V=O}$) [5]).

Ökonomische Bewertung

VOCl$_2$(THF)$_2$ wird in einer Zweistufenreaktion gewonnen. Es ist kein Handelsprodukt.

- Man ermittle die Chemikalienkosten zur Herstellung von 0,2 mol (60 g) des Produkts!
- Man vergleiche die Kosten für das Produkt
  a) wenn bei Recycling/Entsorgung die Umweltschutzbelange streng berücksichtigt werden
  b) wenn keine Entsorgung durchgeführt wird!

Literatur

[1] G. Kreisel u. W. Seidel, WP DD 202681.
[2] A. K. Datta u. M. A. Hamid, Z. Anorg. Allg. Chem. **407** (1974) 75.
[3] G. Kreisel, Dissertation Jena 1977.
[4] J. R. Kern, J. Inorg. Nucl. Chem. **24** (1962) 1105.
[5] J. Selbin, H. R. Manning u. G. Cessac, J. Inorg. Nucl. Chem. **25** (1963) 1253.

Chrom(III)-chlorid-3-Tetrahydrofuran [1]

Viele Chromverbindungen sind toxisch (Hautkontakt vermeiden!). Arbeiten mit THF (s. S. 15).

$$CrCl_3 + 3\,THF \longrightarrow CrCl_3(THF)_3$$

Das Präparat wird unter Schutzgas hergestellt! In einem 1000 cm³-Dreihalskolben, versehen mit Rührer und Rückflußkühler, legt man 0,1 mol (15,8 g) getrocknetes, wasserfreies $CrCl_3$ in 200 cm³ THF vor und gibt etwa 20 mg $LiAlH_4$ (katalytische Menge), gelöst in 10 cm³ THF, zu. Die Reaktion setzt sofort ein, und unter Erwärmung bildet sich das violette Chrom(III)-chlorid-3-Tetrahydrofuran. Nach Erkalten filtriert man ab, wäscht das Präparat mit wenig THF und trocknet im Vakuum.

Ausbeute, Eigenschaften; 95% bezogen auf $CrCl_3$; violette Kristalle, löslich in THF.

Waschlösung und Mutterlauge werden vereinigt, das THF wird abdestilliert und wiederverwendet. Da das Produkt nahezu quantitativ anfällt, wird die verbleibende Restlösung alkalisch hydrolysiert und verworfen.

Charakterisierung

Der Metallgehalt einer Probe wird nach Aufschluß mit Salpetersäure/Perchlorsäure (Var. 4, s. S. 218) und iodometrisch bestimmt. Chlorid bestimmt man nach Lösen in Wasser argentometrisch.

IR-Spektrum (Nujol, Polyethylen): 1041, 1014 (v_{C-O-C}, asymm.); 366, 344, 308 (v_{M-O}); 275 (v_{M-O}) [2]

UV/VIS-Spektrum (THF): 41700; 36600 sh; 31700 sh; 19800 ($\varepsilon = 41$); 17400 sh; 14400 (21); 13700 (21) [2]

Magnetisches Verhalten: $\mu_{eff} = 3,88$ B.M. [2]

Synthesevarianten

$CrCl_3(THF)_3$ kann auch durch Extraktion von wasserfreiem $CrCl_3$ dargestellt werden. Hierfür müssen allerdings längere Reaktionszeiten in Kauf genommen werden [3, 4]. $CrBr_3(THF)_3$ und $CrI_3(THF)_3$ lassen sich analog darstellen [5].

Reaktionen, Verwendung

$CrCl_3(THF)_3$ reagiert im Gegensatz zu $VCl_3(THF)_3$ nicht mit $Cr(acac)_3$ unter Bildung von $CrCl_2(acac)(THF)_2$. Diese Verbindung wird durch Reaktion von $CrCl_3(THF)_3$ mit Acetylaceton dargestellt [6]:

Acetylacetonato-chrom(III)-chlorid-2-Tetrahydrofuran

$$CrCl_3(THF)_3 + CH_3C(OH)CHCOCH_3 \longrightarrow$$
$$(CH_3COCHCOCH_3)CrCl_2(THF)_2 + THF + HCl$$

In einem 250 cm³-Dreihalskolben, versehen mit Rührer und Rückflußkühler, legt man eine Suspension von 26,7 mmol (9,9 g) $CrCl_3(THF)_3$ in 100 cm³ Benzen vor und tropft unter Rühren langsam eine Lösung von 26,7 mmol (2,6 g) Acetylaceton in 30 cm³ Benzen ein. Die Farbe schlägt nach Grün um, und es fallen grüne Kristalle aus. Man rührt noch 5 Stunden, sammelt das Produkt auf einer G3-Fritte und wäscht es mit Pentan. Die erhaltene Substanz wird im Vakuum getrocknet (**Ausbeute:** 80% bezogen auf eingesetztes $CrCl_3(THF)_3$; grüne Kristalle, **Fp.** 159–160 °C, **Magnetisches Verhal-**

ten: $\mu_{eff} = 3{,}71$ B.M.; **UV/VIS-Spektrum** (THF): 25 640 sh; 25 000 ($\varepsilon = 143$); 23 900 sh; 21 550 (63); 15 670 (39); 13 990 sh [6]).
Des weiteren dient $CrCl_3(THF)_3$ als Edukt für die Darstellung von $Li_2Cr(C_6H_5)_5$ (s. S. 68); $CrCl_2(THF)_2$ (s. S. 31); Cp_2Cr (s. S. 88).

Literatur

[1] K. Handlíř, J. Holeček u. J. Klikorka, Z. Chem. **19** (1979) 266.
[2] G. W. A. Fowles, P. T. Greene u. T. E. Lester, J. Inorg. Nucl. Chem. **29** (1967) 2365.
[3] R. J. Kern, J. Inorg. Nucl. Chem. **24** (1962) 1105.
[4] W. Herwig u. H. H. Zeiss, J. Org. Chem. **23** (1958) 1404.
[5] P. J. Jones, A. L. Hale, W. Levason u. F. P. McCullough, Inorg. Chem. **22** (1983) 2642.
[6] L. E. Manzer, Inorg. Chem. **17** (1978) 1552.

Mangan(II)-chlorid-2-Tetrahydrofuran [1–3]

Arbeiten mit THF (s. S. 15).

$$MnCl_2 + 2\,THF \longrightarrow MnCl_2(THF)_2$$

Alle Operationen werden unter Schutzgas ausgeführt. 150 cm³ THF werden in einen 500 cm³-Zweihalskolben gegeben. Auf diesen Kolben setzt man einen sekurierten Soxhlet-Extraktor mit Rückflußkühler und T-Stück mit zwei Hähnen sowie Blasenzähler. Nun füllt man an der Luft eine Soxhlet-Hülse abwechselnd mit $MnCl_2$ (mit Thionylchlorid entwässert) und Glaswolle, damit das sich stark ausdehnende THF-Addukt nicht die Hülse sprengt. Das weiße $MnCl_2$ geht bei der Extraktion nur langsam in Lösung, man muß deshalb für 10,0 g mit 20–30 Stunden Extraktionszeit rechnen. Das gebildete THF-Addukt wird über eine G3-Fritte abgesaugt, mit wenig THF gewaschen und im Ölpumpenvakuum getrocknet.
Ausbeute, Eigenschaften; nahezu quantitativ bezogen auf $MnCl_2$; weiße Kristalle; wenig löslich in THF.

Da das Produkt nahezu quantitativ anfällt, beschränkt sich die Rückgewinnung auf das eingesetzte THF.

Charakterisierung

Mangan wird nach Lösen einer Probe in Wasser komplexometrisch und Chlorid argentometrisch bestimmt.
Das koordinierte THF bestimmt man nach der beschriebenen Standardmethode gaschromatographisch (s. S. 218).
DTA: $MnCl_2(THF)_{0,5} \longrightarrow MnCl_2(THF)_{0,25}$ 88–135 °C $\longrightarrow MnCl_2$ 157–205 °C [4, 5]
IR-Spektrum (Nujol): 1040, 880 (ν_{C-O-C}) [1]
Magnetisches Verhalten: $\mu_{eff} = 5{,}92$ B.M.

Synthesevarianten

Steht ein sehr sauberes Ausgangsprodukt zur Verfügung, kann das THF-Addukt durch Eintragen von $MnCl_2$ in THF und Kochen am Rückfluß erhalten werden.

Reaktionen, Verwendung

Manganhalogenide sind Ausgangsprodukte für manganorganische Verbindungen, die insbesondere bei Kreuzkopplungsreaktionen eine Rolle spielen [5].

Analoge Synthesen

Analog erhält man $MnBr_2(THF)_2$ und $MnI_2(THF)_2$:

Mangan(II)-iodid-2-Tetrahydrofuran

$$MnI_2 + 2\,THF \longrightarrow MnI_2(THF)_2$$

Man trägt langsam portionsweise 0,1 mol (30,9 g) MnI_2 (dargestellt nach [6]) in 200 cm^3 THF (500 cm^3-Dreihalskolben, Rührer und Rückflußkühler) unter gutem Rühren ein. Zur Vervollständigung der Fällung gibt man 200 cm^3 Heptan (Recycling!) hinzu, kühlt zur Kristallisation ab, sammelt die gebildeten Kristalle auf einer Fritte und trocknet im Vakuum (**Ausbeute:** 80% bezogen auf MnI_2; rosarote Kristallnadeln; gut löslich in THF).

Literatur

[1] R. J. Kern, J. Inorg. Nucl. Chem. **24** (1962) 1105.
[2] S. Herzog, K. Gustav, E. Krüger, H. Oberender u. R. Schuster, Z. Chem. **3** (1963) 428.
[3] B. Horvath, R. Möseler u. E. G. Horvath, Z. Anorg. Allg. Chem. **450** (1979) 165.
[4] N. R. Chaudhuri u. S. Mitra, Bull. Chem. Soc. Jpn. **49** (1976) 1035.
[5] J. F. Normant in "Modern Synthetic Methods" Vol. 3, S. 173, Otto Salle Verlag München; Verlag Sauerländer Aarau, Frankfurt, Salzburg 1983.
[6] R. Riemenschneider, H. G. Kassahn u. W. Schneider, Z. Naturforsch. B **15** (1960) 547.

Cobalt(II)-bromid-2-Tetrahydrofuran

Arbeiten mit THF (s. S. 15).

1. $CoBr_2(H_2O)_6 \longrightarrow CoBr_2 + 6\,H_2O$
2. $CoBr_2 + 2\,THF \longrightarrow CoBr_2(THF)_2$

1. Zur Darstellung von wasserfreiem **Cobalt(II)-bromid** werden 0,76 mol (250 g) $CoBr_2(H_2O)_6$ – hergestellt aus Cobaltcarbonat und Bromwasserstoffsäure – in eine Porzellanschale (Durchmesser 15 cm) gebracht. Die Schale wird auf einen mit Asbestdrahtnetz versehenen Dreifuß gestellt und durch einen Bunsenbrenner mit kleiner Flamme erhitzt. Der Schaleninhalt wird mit einem Metallspatel ständig gerührt, um eine gleichmäßige Trocknung zu gewährleisten. Die Farbe des Cobalthalogenids ändert sich dabei von Violett über Blau nach Grün. Das so getrocknete Cobalt(II)-bromid wird sofort in einen 500 cm^3-Zweihalskolben gebracht und bei ca.

150 °C im Ölpumpenvakuum getrocknet. Der Trocknungsvorgang kann nach 3 Stunden beendet werden. Das Vakuum wird durch Einströmen von Schutzgas aufgehoben (**Ausbeute:** 97% bezogen auf $CoBr_2(H_2O)_6$; grünes Pulver).

2. Die nun folgenden Arbeiten werden unter Schutzgas durchgeführt. 150 cm³ THF werden in einen 500 cm³-Zweihalskolben eingefüllt. Auf diesen Kolben setzt man anschließend einen sekurierten Soxhlet-Extraktor mit Rückflußkühler, auf dem sich ein T-Stück mit zwei Hähnen und Blasenzähler befindet. Nun füllt man schnell an der Luft ca. 25 g des wasserfreien $CoBr_2$ in eine Extraktionshülse (nur zur Hälfte füllen!) und bringt diese unter Schutzgasstrom in den Soxhlet-Extraktor. Das grüne Ausgangsprodukt geht in THF beim Extrahieren mit blauer Farbe in Lösung. Man extrahiert solange, bis das THF farblos abläuft.

Mit der eingesetzten Menge an THF ist es möglich, etwa 50 g $CoBr_2$ zu extrahieren, da das entstehende $CoBr_2(THF)_2$ sehr gut löslich ist. Nach Beendigung der Extraktion läßt man die Lösung auf ca. 50 °C abkühlen und spannt den Kolben danach auf eine Schüttelmaschine, um ein Zusammenbacken der sich bildenden Kristalle zu verhindern.

Zugabe von 100 cm³ Diethylether vervollständigt die Kristallisation. Das Produkt wird über eine G3-Fritte abfiltriert und mit ca. 30 cm³ Diethylether gewaschen und im Vakuum getrocknet.

Ausbeute, Eigenschaften; 80% bezogen auf $CoBr_2$; blaue Kristalle, gut löslich in THF; der THF-Gehalt kann je nach Herstellungsbedingungen Werte zwischen 1,3 und 3 annehmen.

Von der Mutterlauge werden die Lösungsmittel weitgehend abdestilliert und zur Lösungsmittelverbrennung gegeben.

Variante A: Die weitgehend eingeengte Mutterlauge wird mit THF aufgenommen und in einem nächsten Ansatz wiederverwendet.

Variante B: Die cobalthaltige, eingeengte Mutterlauge wird alkalisch zersetzt. Nach Zugabe von etwas Ether werden die Phasen getrennt, und die wäßrige Phase wird unter einem Abzug zur Trockne eingeengt und mehrmals mit HBr abgeraucht. Das so gewonnene $CoBr_2/NaBr$-Gemisch kann in einem nächsten Ansatz wiederverwendet werden (Trennung durch Extraktion mit THF).

Charakterisierung

Der Cobaltgehalt wird nach Lösen einer Probe in Wasser komplexometrisch gegen Murexid und der Chloridgehalt argentometrisch bestimmt.

Das koordinierte THF bestimmt man gaschromatographisch nach dem beschriebenen Standardverfahren (s. S. 218).

IR-Spektrum (Nujol): 1024, 864 (ν_{C-O-C})

Magnetisches Verhalten: $\mu_{eff} = 4{,}68$ B.M.

Reaktionen, Verwendung

$CoBr_2(THF)_2$ kann als Ausgangsprodukt für die Cp_2Co-Darstellung (s. S. 92) verwendet werden.

Analoge Synthesen

Nach einem analogen Verfahren wird $CoCl_2(THF)_2$ [1, 2] erhalten. Das dazu notwendige $CoCl_2$ wird wie beschrieben dargestellt (s. S. 5). (**Ausbeute:** 90% bezogen auf $CoCl_2$; hellblaue Kristalle; **IR-Spektrum:** 1029, 871 [1]).
Nach [3] existiert auch $CoCl_2(THF)_{0,5}$. Dieses zersetzt sich nach TG-Untersuchungen bei 100–145 °C in $CoCl_2(THF)_{0,25}$ und bei 145–205 °C in das solvensfreie Salz.

Ökonomische Bewertung

Als Ausgangsprodukte für cobaltorganische Verbindungen bzw. für Katalysatoren auf der Basis von Cobaltkomplexen können verwendet werden: $CoBr_2(THF)_2$; Trisacetylacetonatocobalt(III) (s. S. 123).
• Man untersuche, welches der beiden Produkte kostengünstiger erzeugt werden kann, wenn jeweils ein Mol Produkt benötigt wird!
   Kriterien: Chemikalienkosten, ungefähre Kosten für Recycling und Entsorgung.

Literatur

[1] R. J. Kern, J. Inorg. Nucl. Chem. **24** (1962) 1105.
[2] S. Herzog, K. Gustav, E. Krüger, H. Oberender u. R. Schuster, Z. Chem. **3** (1962) 428.
[3] N. R. Chaudhuri u. S. Mitra, Bull. Chem. Soc. Jpn. **49** (1976) 1035.

Uran(IV)-chlorid-3-Tetrahydrofuran [2, 3]

> ACHTUNG! Uranverbindungen sind stark giftig. Uran ist ein α-Strahler. Maximal zulässige Dosis: 0,2 μCi = 310 mg im Körper aufgenommenes Uran-238. Alle Arbeiten sind mit Gummihandschuhen durchzuführen! Es ist mit höchstens der 100fachen Menge der maximal zulässigen Körperdosis zu arbeiten [1]!

$$UO_3 + 3 Cl_3CCCl = CCl_2 \longrightarrow UCl_4 + 3 Cl_2C = CClCOCl + Cl_2$$

Uran(IV)-Verbindungen sind oxidationsempfindlich und werden deshalb in inerter Atmosphäre gehandhabt.
33 mmol eines Uranoxides (z. B. 10,7 g $UO_3(H_2O)_2$) und 47 cm³ Hexachlorpropen werden in einen 250 cm³-Zweihalskolben mit Rührer und Rückflußkühler gegeben, der sich unter einem Abzug befindet. Der Kolben wird langsam erwärmt. Bei ca. 60 °C beginnt eine heftige Reaktion, und man muß durch Kühlen die Reaktionsmischung bei ca. 100 °C halten.
Nach dem Abklingen der ersten stürmischen Phase der Umsetzung wird weiter bis zum Siedepunkt des bereits gebildeten Trichloroacryloylchlorids (158 °C) erhitzt. Dabei wandelt sich im Verlauf von 2–3 Stunden das rote Uran(V)-chlorid in grünes Uran(IV)-chlorid um. Dann wird das Trichloroacryloylchlorid abdestilliert, und auf den Rückstand werden 100 cm³ mit CaH_2 getrocknetes CCl_4 gegeben.
Man bringt das gebildete UCl_4 mit dem Tetrachlorkohlenstoff auf eine Schlenkfritte, filtriert von der Flüssigkeit ab und trocknet es im Ölpumpenvakuum mehrere Stunden,

eventuell unter Erwärmen mit einem Fön (**Ausbeute:** 95%; dunkelgrüne Kristalle, **Fp.** 590 °C).
Zur Umwandlung in das Tris-Tetrahydrofuran-Addukt wird von dieser Fritte das trockene UCl_4 mit 80 cm³ THF extrahiert. Beim Abkühlen der Extraktionslösung erhält man $UCl_4(THF)_3$, das auf einer G3-Fritte gesammelt und im Vakuum getrocknet wird.
Ausbeute, Eigenschaften; 85% bezogen auf UCl_4, dunkelgrüne Kristalle, sehr gut löslich in THF, sehr hygroskopisch.

Alle während der Synthese anfallenden Lösungsmittel müssen zur kommerziellen Verbrennung deponiert werden, da ihnen Trichloroacryloylchlorid anhaftet. Tetrachlorkohlenstoff wird gesondert gesammelt und deponiert.

Charakterisierung

Der Chloridgehalt der Substanz wird nach der Hydrolyse argentometrisch bestimmt. Der Gehalt an THF wird gaschromatographisch bestimmt (s. S. 218).
UV/VIS-Spektrum (THF): 16660; 15380; 11100; 9090 [3]
Magnetisches Verhalten: $\mu_{eff} = 2{,}92$ B.M. [4]

Reaktionen

Uran(IV)-chlorid reagiert wie mit Tetrahydrofuran auch mit N-Donatoren unter Adduktbildung [5].
Mit verschiedenen Reduktionsmitteln läßt sich $UCl_4(THF)_3$ in das THF-Addukt des dreiwertigen Urans überführen. Der aufwendigen Reaktion mit Wasserstoff [6] ist die Reduktion mit Natriumhydrid vorzuziehen:
Man erhält **Uran(III)-chlorid-Tetrahydrofuran** gemäß

$$UCl_4(THF)_3 + NaH \longrightarrow UCl_3(THF) + NaCl + 0{,}5 H_2 + 2 THF,$$

wenn man 1 mmol (0,38 g) $UCl_4(THF)_3$ mit 10 mmol (0,24 g) Natriumhydrid – gelöst in 50 cm³ THF – versetzt und 4 Stunden bei Raumtemperatur schüttelt. Dabei entstehen ca. 0,5 mmol Wasserstoff. Man filtriert vom NaCl/NaH-Gemisch ab, engt das Filtrat zur Trockne ein und nimmt mit 50 cm³ Diethylether auf. Aus der etherischen Lösung kristallisieren violette Kristalle, die gesammelt und getrocknet werden (**Ausbeute:** 80%; **UV/VIS-Spektrum** (THF): 11100; 10300; 9170; 8470; 8195) [3].

Literatur

[1] G. Brauer, Handbuch d. Präp. Anorg. Chemie, Bd. 2, S. 1191; F. Enke Verlag Stuttgart, 1978.
[2] J. A. Herrmann u. J. F. Suttle, Inorg. Synth. **5** (1957) 143.
[3] D. C. Moody u. J. D. Odom, J. Inorg. Nucl. Chem. **41** (1979) 533.
[4] H. Oberender, Dissertation Greifswald 1965.
[5] B. S. Manhas, A. K. Trikha u. M. Singh, J. Inorg. Nucl. Chem. **41** (1979) 987.
[6] J. F. Suttle, Inorg. Synth. **5** (1957) 145.

1.5 Tetrahydrofurankomplexe durch Redoxreaktionen in Tetrahydrofuran

Eisen(II)-chlorid-1,5-Tetrahydrofuran [1]

> Arbeiten mit einer HCl-Stahlflasche (s. S. 12). Wasserstoffentwicklung während der Reaktion (s. S. 11).

$$Fe + 2\,HCl + 1,5\,THF \longrightarrow FeCl_2(THF)_{1,5} + H_2$$

Alle Operationen werden unter Schutzgas durchgeführt. 100 mmol (5,6 g) Eisenpulver werden in $100\,cm^3$ THF in einem $500\,cm^3$-Dreihalskolben, versehen mit Rührer und Rückflußkühler, aufgeschlämmt. Dann wird unter Rühren bei 0 °C 2–4 Stunden lang trockenes, sauerstofffreies HCl-Gas eingeleitet. Nach Beendigung der Reaktion wird noch in Lösung vorhandenes HCl-Gas mit einem kräftigen Argonstrom vertrieben. Das gebildete $FeCl_2(THF)_{1,5}$ wird auf einer G3-Fritte gesammelt, mit Tetrahydrofuran gewaschen und im Vakuum getrocknet.

Das so gewonnene Produkt enthält noch Spuren von metallischem Eisen. Diese stören in den meisten Anwendungsfällen nicht. Davon kann aber durch Extraktion des Produktes mit THF abgetrennt werden (geringe Löslichkeit der Verbindung in THF bedingt allerdings lange Extraktionszeiten).

Ausbeute, Eigenschaften; 90% bezogen auf eingesetztes Eisen, nach Umkristallisieren aus THF 80%; weißgraue Kristalle, löslich in THF. Der Komplex verliert oberhalb 80 °C im Vakuum THF [1].

> Man destilliert die vereinigten Filtrate weitgehend auf. Die Reinheit des zurückgewonnenen THF wird gaschromatographisch kontrolliert. Bei Arbeit nach Vorschrift (Temperatur!) entstehen keine Ringöffnungsprodukte des THF.
> Die eingeengten THF-Lösungen werden mit Wasser hydrolysiert und verworfen.

Charakterisierung

Der Eisengehalt des Präparates wird nach Lösen in Wasser komplexometrisch gegen Sulfosalicylsäure, Chlorid argentometrisch bestimmt.
Der THF-Gehalt wird nach der beschriebenen Standardmethode (s. S. 218) ermittelt.
Fp. > 300 °C [1].
IR-Spektrum (Nujol): 1071, 918, 886 [1]; 1024, 876 [2]
Magnetisches Verhalten (Produkt frei von elementarem Eisen!): $\mu_{eff} = 5{,}50$ B.M. [2]; 6,3 B.M. [3]
Röntgenstrukturanalyse: $Fe_4Cl_8(THF)_6$-Cluster [3].

Synthesevarianten

$FeCl_2(THF)_2$ läßt sich auch durch Extraktion von $FeCl_2$ mittels THF darstellen [4] (Darstellung von $FeCl_2$ s. S. 10).
$FeBr_2(THF)_2$ und $FeI_2(THF)_2$ sind ebenfalls durch Extraktion der wasserfreien Salze (FeI_2 s. S. 189) zugänglich (**Ausbeute:** 90%; goldgelbe Kristalle [$FeBr_2(THF)_2$] [5]).

Analoge Synthesen

Nach dem gleichen Syntheseprinzip erfolgt die Darstellung von $ZnCl_2(THF)_2$ und $CrCl_2(THF)_2$.

Zink(II)-chlorid-2-Tetrahydrofuran

$$Zn + 2\,HCl + 2\,THF \longrightarrow ZnCl_2(THF)_2 + H_2$$

In ein $500\,cm^3$-Schlenkgefäß gibt man $50-100\,mmol$ $(3,3-6,5\,g)$ Zinkstaub und überschichtet mit $200-300\,cm^3$ Ether. Unter gutem Kühlen leitet man trockenes HCl-Gas ein. Wenn alles Zink aufgelöst ist, vertreibt man gelöstes HCl durch einen Argonstrom, engt weitgehend ein und überschichtet die verbliebene ölige Schicht mit $100\,cm^3$ THF. Nach erfolgter Kristallisation gibt man erneut wenig Ether zu und sammelt das Produkt auf einer G3-Fritte. Es wird mit wenig Ether gewaschen und im Vakuum getrocknet.

Bei der Darstellung ist zu beachten, daß sich bei einem HCl-Überschuß H_2ZnCl_4 bildet. Das verringert die Ausbeute und verzögert die Kristallisation [6] (**Ausbeute:** 90% bezogen auf eingesetztes Zinkpulver; weiße Kristalle, gut löslich in THF; **IR-Spektrum** (Nujol): 1019, 867 [2]).

Alternativ läßt sich $ZnCl_2(THF)_2$ auch durch Extraktion des wasserfreien Salzes herstellen [2].

Chrom(II)-chlorid-2-Tetrahydrofuran [7]

$$Cr + 2\,HCl + 2\,THF \longrightarrow CrCl_2(THF)_2 + H_2$$

Zu einer Aufschlämmung von $200\,mmol$ $(10,4\,g)$ gekörntem Elektrolytchrom in ca. $400\,cm^3$ THF in einem $1000\,cm^3$-Dreihalskolben, versehen mit Rührer und Rückflußkühler wird unter kräftigem Rühren in rascher Blasenfolge trockenes sauerstofffreies HCl-Gas eingeleitet. Der Kolbeninhalt erwärmt sich unter Wasserstoffentwicklung. Es entsteht eine blaue Lösung, aus der sich ein türkisfarbener Kristallbrei abscheidet. Man sammelt das Produkt auf einer G3-Fritte, wäscht mit wenig kaltem THF und trocknet im Vakuum. Zur weiteren Reinigung kann mit THF extrahiert werden (**Ausbeute:** 80% bezogen auf Chrom-Metall; **Magnetisches Verhalten:** $\mu_{eff} = 4,71$ B.M. [2]).

$CrCl_2(THF)_2$ läßt sich auch durch Extraktion von $CrCl_2$ mit THF [2], Reduktion von $CrCl_3$ mit $LiAlH_4$ [8] und durch Komproportionierung von $CrCl_3$ mit Chrom in THF darstellen [9].

Ökonomische Bewertung

Man vergleiche folgende Parameter bei den beiden Varianten zur Herstellung von $100\,g$ $FeCl_2(THF)_{1,5}$

Chemikalienkosten

Apparativer Aufwand

Reinheit des Produkts

Natur der Abprodukte und Aufwand für deren Entsorgung.

Literatur

[1] M. Aresta, C. F. Nobile u. D. Petruzzelli, Inorg. Chem. **16** (1977) 1817.

[2] R. J. Kern, J. Inorg. Nucl. Chem. **24** (1962) 1105.

[3] V. K. Bel'skii, V. M. Ishchenko, B. N. Bulychev, A. N. Protskii, G. L. Soloveichik, O. G. Ellert,
     Z. M. Seifulina, Yu. V. Rakitin u. V. M. Novotortsev, Inorg. Chim. Acta 96 (1985) 123.
[4] S. Herzog, K. Gustav, E. Krüger, H. Oberender u. R. Schuster, Z. Chem. 3 (1963) 428.
[5] S. D. Ittel, A. D. English, C. A. Tolman u. J. P. Jesson, Inorg. Chim. Acta 33 (1979) 101.
[6] J. Greber u. C. Gattow, Z. Anorg. Allg. Chem. 434 (1977) 119.
[7] F. H. Köhler u. W. Prössdorf, Z. Naturforsch. B 32 (1977) 1026.
[8] K. Handlíř, J. Holeček u. J. Klikorka, Z. Chem. 19 (1979) 266.
[9] L. F. Larkworthy u. M. H. O. Nelson-Richardson, Chem. Ind. London 1974, 164.

Nickel(II)-chlorid-1,65-Tetrahydrofuran [1]

> Arbeiten mit Chlor (s. S. 6). Arbeiten mit THF (s. S. 15). Nickelverbindungen sind
> Allergene (Hautkontakt vermeiden!).

$$Ni + Cl_2 + 1,65\,THF \longrightarrow NiCl_2(THF)_{1,65}$$

In einen $1000\,cm^3$-Dreihalskolben, versehen mit Einleitungsrohr, Rührer und Trok-
keneiskühler, gibt man unter Schutzgas $500\,cm^3$ THF. In das auf $0\,°C$ gekühlte THF
leitet man langsam getrocknetes Chlor ein. Es entsteht in einer exothermen Reaktion
eine gelbgrüne Lösung. ACHTUNG! Rückflußkühler auf Trockeneistemperatur
bringen.
Nun gibt man in kleinen Portionen 100 mmol (5,9 g) Nickelpulver zu. Gegebenenfalls
muß die Lösung erneut mit Chlor gesättigt werden. Es fällt ein ockergelber
Niederschlag aus. Nach Beendigung der Reaktion (24 Stunden bei Raumtemperatur
stehen lassen!) wird überschüssiges Chlor durch einen Argonstrom aus der Lösung
ausgetrieben, das Produkt auf einer G3-Fritte gesammelt, mit $100\,cm^3$ THF gewaschen
und im Vakuum getrocknet.
Ausbeute, Eigenschaften; 90% bezogen auf eingesetztes Nickelpulver; sandfarbenes
Pulver, wenig löslich in THF und den meisten organischen Lösungsmitteln.

Waschlösung und Mutterlauge werden vereinigt und destillativ aufgearbeitet. Die
THF-Fraktion wird nach gaschromatographischer Reinheitskontrolle wiederverwendet. Die noch entstehenden höhersiedenden Fraktionen bestehen aus Chlorie-
rungsprodukten des THF, wie 2,3-Dichlortetrahydrofuran [**Kp.** $62\,°C$ bei 20 Torr
(2,6 kPa)] und 2-(4-Chlorbutoxy)-3-chlortetrahydrofuran [**Kp.** $144–155\,°C$ bei
20 Torr (2,6 kPa)] [2] und weiteren Produkten.
Diese werden, falls keine Verwendung besteht (NMR- und MS-Kontrolle!),
kommerziell durch Verbrennung vernichtet.
Die verbleibenden nickelhaltigen Mutterlaugen werden alkalisch hydrolysiert
und bei Präparateausbeuten > 90% nach Neutralisation verworfen, ansonsten
nach der beschriebenen Standardmethode (s. S. 212f.) in NiO übergeführt und
deponiert.

Charakterisierung

Nickel wird nach Auflösen einer Probe in Wasser komplexometrisch gegen Murexid
bestimmt. (Enthält das Präparat noch metallisches Nickel, wird mit Salpetersäure
[Var. 3 s. S. 217] aufgeschlossen).

Chlorid bestimmt man argentometrisch.

IR-Spektrum (Nujol): $NiCl_2(THF)_2$ $NiCl_2(THF)_{1,65}$

(v_{C-O-C}, symm.) 887 [1]; 867 [3] 886 [1]

(v_{C-O-C}, asymm.) 1043 [1]; 1027 [3] 1027 [1]

Magnetisches Verhalten: diamagnetisch (Produkt frei von elementarem Nickel).

Synthesevarianten

$NiCl_2$ koordiniert je nach Herstellung unterschiedliche Mengen Solvat-THF. So kann $NiCl_2(THF)_2$ durch Substitution von Acetonitril aus $NiCl_2(CH_3CN)_2$ [4] und THF dargestellt werden [3].

Auch eine Extraktion einer Mischung von $NiCl_2$ mit Sand und etwas Zinkstaub mit THF ergibt $NiCl_2(THF)_2$ [5].

Auch ein Addukt $NiCl_2(THF)_{0,25}$ wurde beschrieben [6].

Reaktionen, Verwendung

$NiCl_2(THF)_{1,65}$ ist besser geeignet als Ausgangsprodukt für die Darstellung von Bis(pentamethylcyclopentadienyl)-nickel und weiterer Nickelverbindungen als $Ni(NH_3)_6Cl_2$ [1].

Analoge Synthesen

Analog werden weitere Etheraddukte des $NiCl_2$, wie z. B. die Addukte von Dioxan, Dimethylglycolether, dargestellt [7–9].

Ebenfalls durch Extraktion gewinnt man $NiBr_2(THF)_2$ [10] und $NiBr_2(THF)_{0,75}$ [6].

Literatur

[1] F. H. Köhler, K. H. Doll, E. Fladerer u. W. A. Geike, Transition Met. Chem. **6** (1981) 126.
[2] W. Reppe u. Mitarbeiter, Liebigs Ann. Chem. **596** (1955) 86.
[3] R. J. Kern, J. Inorg. Nucl. Chem. **24** (1962) 1105.
[4] R. J. Kern, J. Inorg. Nucl. Chem. **25** (1963) 5.
[5] S. Herzog, K. Gustav, E. Krüger, H. Oberender u. R. Schuster, Z. Chem. **3** (1963) 428.
[6] N. R. Chaudhuri u. S. Mitra, Bull. Chem. Soc. Jpn. **49** (1976) 1035.
[7] K. R. Manolov, „Methodicum Chemicum" Bd. 8, S. 350; G. Thieme Verlag Stuttgart, Academic Press New York, London 1974.
[8] L. G. L. Ward, Inorg. Synth. **13** (1972) 160.
[9] B. H. Nicholls, J. C. Barnes u. L. J. Sesay, Inorg. Nucl. Chem. Lett. **13** (1977) 153.
[10] H.-O. Fröhlich, Habilitationsschrift Jena 1969.

Molybdän(III)-chlorid-3-Tetrahydrofuran

Die Reaktion von Molybdän(V)-chlorid mit THF verläuft unter erheblicher Wärmetönung, so daß intensive Kühlung und vorsichtige Zugabe der Lewis-Säure nötig sind, um einen explosionsartigen Verlauf der Reaktion zu verhindern. Arbeiten mit THF (s. S. 15). Vorsicht beim Arbeiten mit Isopropanol, für das cancerogene Eigenschaften nachgewiesen wurden!

$$MoCl_5 + Zn + 3\,THF \longrightarrow MoCl_3(THF)_3 + ZnCl_2$$

Unter Schutzgas werden ein Gemisch aus $50 \, cm^3$ THF und $50 \, cm^3$ Methylenchlorid sowie 10 g Zinkspäne in einen Dreihalskoben gegeben, der mit einem Rührer ausgestattet ist. Das Gemisch wird auf $-20\,°C$ gekühlt. Dann werden 0,1 mol (27,3 g) Molybdän(V)-chlorid zugegeben, und das Gemisch wird bei $0\,°C$ gerührt, bis die Lösung blau geworden und alles Molybdän(V)-chlorid in Lösung gegangen ist. Diese Lösung läßt man über Nacht bei etwa $0\,°C$ stehen (dabei wird sie rotbraun), filtriert von überschüssigem Zink ab und dampft im Vakuum („Kältedestillation" s. S. 203) bis auf ein Volumen von ca. $25 \, cm^3$ ein. Durch Zugabe von $30 \, cm^3$ THF und Stehenlassen im Kühlschrank scheiden sich nun rote Kristalle ab, die abfiltriert, getrocknet und aus einem THF-Isopropanol-Gemisch umkristallisiert werden.

Ausbeute, Eigenschaften; 60% bezogen auf $MoCl_5$; rote Kristalle.

Das durch „Kältedestillation" gewonnene Lösungsmittel wird mit $KHCO_3$ versetzt, fraktioniert destilliert und kann wiederverwendet werden. Die Mutterlauge wird mit Kieselgur versetzt, am Rotationsverdampfer das THF-CH_2Cl_2-Gemisch abdestilliert, der Rückstand bei ca. $700\,°C$ geglüht und beides zur Deponie gegeben.

Charakterisierung

Nach Auflösen in Wasser kann der Chloridgehalt argentometrisch bestimmt werden.

IR-Spektrum (Nujol): 325, 266 [1]
Magnetisches Verhalten: $\mu_{eff} = 3,63$ B.M. [1]

Synthesevarianten

Die Reduktion des $MoCl_5$ zu $MoCl_3$ kann sehr bequem auch mit Aluminiumtriphenyl bewerkstelligt werden. Es besteht dann ein aus THF umkristallisierbares $Mo_3Cl_9(THF)_5$ [4].

Reaktionen, Verwendung

$MoCl_3(THF)_3$ ist ein geeignetes Edukt zur Synthese von Molybdän(III)-komplexen: N- und P-Donoren verdrängen das THF partiell unter Bildung von Komplexen vom Typ $MoCl_3(THF)_{3-x}L_x$.

Bei gleichzeitiger Anwesenheit von Reduktionsmitteln lassen sich zahlreiche Molybdän(0)-komplexe herstellen [1].

Mit Lithiumorganoreagenzien erfolgt Substitution der Halogenoliganden durch Carbanionen, teilweise unter gleichzeitiger Reduktion des Molybdäns:

Tetralithium-dimolybdän-octamethyl-4-Tetrahydrofuran

$$10\,LiCH_3 + 2\,MoCl_3(THF)_3 \longrightarrow$$
$$Li_4Mo_2(CH_3)_8(THF)_4 + C_2H_6 + 6\,LiCl + 2\,THF \; [2]$$

Zu $160 \, cm^3$ einer einmolaren Lithiummethyllösung (s. S. 51) in Ether werden bei $-30\,°C$ $30 \, cm^3$ THF und im Verlaufe von 3 Stunden 0,02 mol (8,3 g) $MoCl_3(THF)_3$ gegeben. Unter Gasentwicklung entsteht eine rote Lösung und in dem Maße, in dem das Molybdän(III)-chlorid-3-THF reagiert, bildet sich ein dunkler Niederschlag.

Nach insgesamt 4 Stunden wird die Reaktionsmischung auf $-70\,°C$ gekühlt. Dabei scheiden sich die roten Kristalle von Tetralithiumdimolybdän-octamethyl-4-Tetrahydrofuran (**I**) ab. Sie werden zusammen mit dem dunklen Niederschlag auf einer G3-Fritte gesammelt. Eine Trennung der Komponenten läßt sich durch Extraktion mit wenig Ether, dem man zweckmäßigerweise etwas THF zusetzt, erreichen. Dabei löst sich **I**, während ein graues Produkt unlöslich bleibt. Aus dem etherischen Extrakt kristallisiert bei $-70\,°C$ $Li_4Mo_2(CH_3)_8(THF)_4$ in dunkelroten Säulen aus. Durch Einengen der Reaktionsmutterlauge läßt sich eine weitere Fraktion gewinnen. (**Ausbeute:** 40% bezogen auf Molybdän; rote Kristalle, **Röntgenstrukturanalyse:** Mo-Mo-Vierfachbindung [3]).

Literatur

[1] M. W. Anker, J. Chatt, G. J. Leigh u. A. G. Wedd, J. Chem. Soc. Dalton Trans. **1975,** 2639
[2] B. Heyn u. Ch. Haroske, Z. Chem. **12** (1972) 338.
[3] F. A. Cotton, J. M. Troup, T. R. Webb, D. H. Williamson u. G. Wilkinson, J. Amer. Chem. Soc. **96** (1974) 3824.
[4] B. Heyn, Z. Chem. **7** (1967) 280.

Titan(III)-chlorid-3-Tetrahydrofuran

Arbeiten mit THF (s. S. 15).

$$3\,TiCl_4(THF)_2 + Ti + 6\,THF \longrightarrow 4\,TiCl_3(THF)_3$$

Das Präparat wird unter Schutzgas angefertigt. In einen mit einem Rührer versehenen 500 cm³-Dreihalskolben gibt man 30 mmol (10,0 g) $TiCl_4(THF)_2$ und 10 mmol (0,48 g) aktiviertes Titanpulver (Titanpulver kurz auf einer Fritte mit 50%iger HNO_3 abspülen, sofort mit Wasser waschen und bei 110 °C trocknen).

Man fügt 200 cm³ THF zu und rührt 3−4 Stunden bei Raumtemperatur. Die anfänglich gelbe Suspension färbt sich blauviolett, und blaue Kristalle werden gebildet. Man sammelt die Kristalle auf einer G3-Fritte und reinigt sie mittels Durchlaufextraktion (s. S. 204). Das umkristallisierte Produkt wird wiederum auf einer G3-Fritte gesammelt, mit wenig kaltem THF gewaschen und im Vakuum getrocknet.

Ausbeute, Eigenschaften; 70% bezogen auf $TiCl_4(THF)_2$; blaue Kristalle, löslich in THF, spaltet beim Erwärmen unter Bildung von $TiCl_3(THF)_2$ THF ab.

Beide Mutterlaugen werden vereinigt, und das THF wird weitgehend abdestilliert. Es kann nach gaschromatographischer Reinheitskontrolle wiederverwendet werden. Der verbleibende Rückstand wird durch Stehen an der Luft oxidiert, danach hydrolysiert, die Titanhydroxide abgetrennt und durch Glühen in TiO_2 übergeführt, das verworfen werden kann.

Charakterisierung

Der Chloridgehalt der Verbindung wird nach Lösen in Wasser argentometrisch bestimmt.

Den THF-Gehalt bestimmt man gaschromatographisch nach dem beschriebenen Standardverfahren (s. S. 218).

Fp. $> 250\,°C$ [1]

IR-Spektrum (Nujol): 1010; 850 [1]

UV/VIS-Spektrum (THF): 20 400 ($\varepsilon = 36$); 15 500 (20) [2]

Magnetisches Verhalten: $\mu_{eff} = 1,72$ B.M. [2]

Röntgenstrukturanalyse: Die Elementarzelle enthält zwei Formeleinheiten, die Verbindung ist oktaedrisch gebaut mit meridionaler Ligandanordnung (s. $VCl_3(THF)_3$ S. 18). Die in *trans*-Stellung zum Chlorid befindliche Ti-O-Bindung ist aufgeweitet. Das ist offenbar die Ursache für die leichte Abspaltbarkeit eines THF-Liganden unter Bildung von $TiCl_3(THF)_2$ [3].

Synthesevarianten

$TiCl_3(THF)_3$ läßt sich auch durch direkte Extraktion von $TiCl_3$ mittels THF darstellen [4, 5]. Dafür sind dann aber längere Extraktionszeiten in Kauf zu nehmen.

Als weitere Möglichkeit zur Reduktion in THF-Lösung ist die Umsetzung mit Aluminium beschrieben [6].

Reaktionen, Verwendung

Acetylacetonato-titan(III)-chlorid-2-Tetrahydrofuran

$TiCl_3(THF)_3$ reagiert mit Acetylaceton zu $TiCl_2(acac)\,(THF)_2$ [8, 9].

$$TiCl_3(THF)_3 + CH_3C(OH)CHCOCH_3 \longrightarrow$$
$$(CH_3COCHCOCH_3)TiCl_2(THF)_2 + HCl + THF$$

In einem $250\,cm^3$-Dreihalskolben, versehen mit Rührer und Rückflußkühler, legt man 26,7 mmol (9,9 g) $TiCl_3(THF)_3$ in $100\,cm^3$ Benzen vor und tropft unter Rühren 26,7 mmol (2,7 g) Acetylaceton ein, das mit $30\,cm^3$ Benzen verdünnt wird.

Die Farbe schlägt von Rot nach Rotviolett um. Es fallen sofort Kristalle aus. Nach Stehen über Nacht wird das Produkt auf einer G3-Fritte gesammelt, mit Pentan gewaschen und getrocknet. (**Ausbeute:** 90% bezogen auf $TiCl_3(THF)_3$; rote Kristalle; **Fp.** 169–170 °C; **UV/VIS-Spektrum** (THF): 25 510 ($\varepsilon = 375$), 21 740 (692), 18 500 (540); **Magnetisches Verhalten** (NMR, CH_2Cl_2): $\mu_{eff} = 1,88$ B.M.; **EPR** (THF, $-60\,°C$): g = 1,942).

Analoge Synthesen

$TiBr_3(THF)_3$ wird analog aus $TiBr_3$ und THF durch Extraktion mittels THF [7] dargestellt (**Ausbeute:** nahezu quantitativ, **Magnetisches Verhalten:** $\mu_{eff} = 1,75$ B.M., **UV/VIS-Spektrum** 29 900 sh; 13 250 ($\varepsilon = 4$) [7]).

Ökonomische Bewertung

Schema 1.2 zeigt, daß Titan(III)-chlorid-3-THF auf drei Wegen erzeugt werden kann.

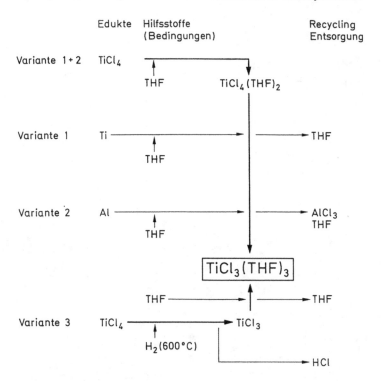

Man diskutiere diese Varianten unter der Annahme vergleichbarer Ausbeuten und Reaktionszeiten:

Aufwand für Entsorgung

Apparativer Aufwand

Preis des Reduktionsmittels.

Literatur

[1] L. E. Manzer, Inorg. Synth. **21** (1982) 135.

[2] R. J. H. Clark, J. Lewis, D. J. Machin u. R. S. Nyholm, J. Chem. Soc. **1963,** 379.

[3] M. Handlovič, D. Mikloš u. M. Zikmund, Acta Crystallogr. B **37** (1981) 811.

[4] H. L. Schläfer u. R. Götz, Z. Anorg. Allg. Chem. **328** (1964) 1.

   H. L. Schläfer u. R. Götz, Z. Phys. Chem. (Frankfurt a. Main) **41** (1964) 97.

[5] R. J. Kern, J. Inorg. Nucl. Chem. **24** (1962) 1105.

[6] H. Lehmkuhl u. K. Mehler, J. Organomet. Chem. **25** (1970) C44.

[7] G. W. A. Fowles, P. T. Greene u. T. E. Lester, J. Inorg. Nucl. Chem. **29** (1967) 2365.

[8] L. E. Manzer, Inorg. Chem. **17** (1978) 1552.

[9] F. L. Bowden u. D. Ferguson, Inorg. Chim. Acta **26** (1978) 251.

2 Metallhydride

Allgemeines zur Stoffklasse

Binäre Metallhydride werden im allgemeinen durch Reaktionen von Metallen mit Wasserstoff, meist bei höherer Temperatur, hergestellt. Komplexe Metallhydride sind auch durch Reaktionen von Metallhalogeniden oder Metallalkoholaten mit reaktiven Alkali-, Erdalkali- oder Aluminiumhydriden synthetisierbar:

$$2\,Na + H_2 \longrightarrow 2\,NaH$$
$$4\,LiH + AlCl_3 \longrightarrow LiAlH_4 + 3\,LiCl$$

Die Reaktivität von einfachen und komplexen Metallhydriden wird insbesondere durch die Polarität der Metall-Wasserstoff-Bindung und durch den Einfluß zusätzlicher Liganden bestimmt, läßt sich also in weiten Grenzen variieren. Daraus ergibt sich ein breiter Anwendungsbereich in der Synthesechemie, wie folgende Reaktionen zeigen:

Wasserstofftransfer auf organische Substrate:

$$R_2C = O \quad \xrightarrow[\text{2. HOH}]{\text{1. LiAlH}_4} \quad R_2CH - OH$$

$$R - C \equiv N \quad \xrightarrow[\text{2. HOH}]{\text{1. LiAlH}_4} \quad R - CH_2 - NH_2$$

$$R - CH = CH_2 \quad \xrightarrow[\text{2. Elektrophil El}]{\text{1. MgH}_2/\text{Kat.}} \quad R - CH - CH_2 - El$$

Wasserstofftransfer auf andere Metalle (Substitution von Halogen):

$$Ph_3SnCl \quad \xrightarrow{\text{LiAlH}_4} \quad Ph_3SnH$$

Reduktion von Metallionen oder Komplexverbindungen:

$$CrCl_3(THF)_3 \quad \xrightarrow{\text{LiAlH}_4} \quad CrCl_2(THF)_2$$

Anionenbildung aus CH- oder OH-aciden Verbindungen:

$$R - CH_2 - OH \quad \xrightarrow{\text{NaH}} \quad R - CH_2 - O^- + H - H$$

$$Ph_3C - H \quad \xrightarrow{\text{LiAlH}_4} \quad Ph_3C^- + H - H$$

Während Natriumhydrid stark basische Eigenschaften besitzt, die Reduktionsreaktionen häufig stören, können die in neuerer Zeit untersuchten Dreikomponentensysteme Natriumhydrid – Natriumalkoholat – Übergangsmetallhalogenid („komplexe Reduktionsmittel") für viele selektive Reduktionen organischer funktioneller Gruppen eingesetzt werden. In diesen Systemen erfolgt zunächst die Bildung von Nebengruppenmetall-Hydrid-Bindungen durch Substitution des Halogenids, so daß die weniger basischen Übergangsmetall-Hydrid-Verbindungen als eigentliche Reduktionsmittel fungieren. Durch unterschiedliche Übergangsmetalle läßt sich die Reduktionswirkung steuern.

Lithiumaluminiumhydrid (Lithiumalanat), $LiAlH_4$, wird als etherlösliches Reduktionsmittel zum Beispiel zur Reduktion von Carbonylgruppen zu Hydroxylgruppen verwendet. Die Reduktionswirkung wird durch die Substitution einiger Hydrid-Liganden, z.B. durch −OR-Gruppen stark variiert. Analoges gilt für $NaBH_4$. Lithiumaluminiumhydrid ist viel reaktiver als Natriumborhydrid, $NaBH_4$, das weniger polare Bor-Wasserstoff-Bindungen enthält und im Unterschied zu $LiAlH_4$ nicht mit Ethanol oder Wasser reagiert. Es kann daher auch in diesen Lösungsmitteln als Reduktionsmittel eingesetzt werden.

Magnesiumhydrid reagiert wie auch andere Hydride mit vielen Alkenen zu Magnesiumdialkylen. Da es thermisch leicht Wasserstoff abspaltet, kann es als Wasserstoffspeicher dienen.

Wasserstoffspeicher:

$$MgH_2 \longrightarrow H_2 + Mg$$

2.1 Hydride der Hauptgruppenelemente

Magnesiumhydrid [1, 2]

> Die Hydrierung von Magnesium erfolgt unter Druck im Autoklaven. Alle Operationen sind unter Argon (bzw. Wasserstoff) durchzuführen! Magnesiumhydrid ist pyrophor und reagiert heftig mit Wasser.

1. $Mg + Anthracen \longrightarrow$ „Magnesiumanthracen"

„Magnesiumanthracen" $+ TiCl_4(THF)_2 \xrightarrow[-\text{Anthracen}]{}$ „Ti-Katalysator"

2. $Mg + H_2 \xrightarrow{\text{Ti-Kat, Anthracen}} MgH_2$

1. In einen $250\,cm^3$-Dreihalskolben mit Rührer werden nacheinander unter Argon eingefüllt: 0,2 mol (4,8 g) Magnesiumpulver (>50 mesh), 1,7 mmol (300 mg) Anthracen, $30\,cm^3$ trockenes THF und einige Tropfen Ethylbromid. Nach etwa dreistündigem Rühren hat sich aus der zunächst grünen Lösung orangefarbenes „Magnesiumanthracen" abgeschieden. Anschließend werden 2 mmol (0,66 g) Titan(IV)-chlorid-2-Tetrahydrofuran (s. S. 16) hinzugefügt, und die braune Mischung wird etwa 20 Minuten gerührt. Danach wird die Suspension in einen $250\,cm^3$-Stahlautoklaven übergeführt, der vorher durch Spülen mit Argon luftfrei gemacht wurde. Das erfolgt entweder mit einer Pipette oder durch einen Teflonschlauch, der mit einem Ansatzstück des Autoklaven und dem Reaktionsgefäß verbunden ist. An den Autoklaven wird schwaches Vakuum gelegt, so daß die Suspension in den Autoklaven fließen kann. Peinlicher Ausschluß von Sauerstoff muß gewährleistet sein. Nach dem Verschließen des Autoklaven kann hydriert werden.

2. Zunächst wird das Schutzgas im Autoklaven durch Wasserstoff ersetzt. Das kann entweder durch Sekurieren erfolgen oder dadurch, daß einige Zeit mit Wasserstoff gespült wird. Dann werden etwa 6 MPa Wasserstoff aufgepreßt, und es wird bei 60 °C mindestens 12–16 Stunden hydriert. Da die Hydriergeschwindigkeit stark von der Beschaffenheit des Magnesiums, insbesondere seiner Korngröße abhängt, können die Hydrierzeiten stark schwanken.

Nachdem der überschüssige Wasserstoff bei Raumtemperatur abgelassen und durch Argon ersetzt wurde, wird die graue Suspension in ein Schlenkgefäß übergeführt. Das kann nach analoger Verfahrensweise wie beim Einfüllen erfolgen. Dann wird durch eine G4-Fritte mit seitlich angesetztem Hahn filtriert und zweimal mit je 30 cm³ THF, dann mit 30 cm³ Pentan gewaschen und im Ölpumpenvakuum getrocknet.

Ausbeute, Eigenschaften; praktisch quantitativ bezogen auf Magnesium; hellgraues pyrophores Pulver, das in allen Lösungsmitteln unlöslich ist und durch Wasser und andere protonenhaltige Lösungsmittel z.T. sehr heftig zersetzt wird.

THF wird zurückdestilliert. Es ist frei von Sauerstoffspuren und Feuchtigkeit. Der Rückstand wird vorsichtig mit etwas Ethanol versetzt und kann dann verworfen werden.

Charakterisierung

Zur Bestimmung des Magnesiums und organischer Bestandteile werden 150 mg Magnesiumhydrid unter Argon in 15 cm³ Toluen suspendiert. Bei etwa 0 °C werden vorsichtig wenige Tropfen Wasser unter Rühren hinzugefügt. Nach beendeter Gasentwicklung wird etwas konzentrierte Salzsäure hinzugegeben. Von der Toluenlösung wird ein Teil zur gaschromatographischen Bestimmung von THF abgezweigt. Danach wird mit 10 cm³ Wasser versetzt und die wäßrige Phase zur komplexometrischen Bestimmung des Magnesiums verwendet.

Wasserstoff kann volumetrisch durch vorsichtige Zersetzung mit Wasser oder besser durch Erhitzen auf 330 °C bestimmt werden (s.u.).

Synthesevarianten

Sowohl der Übergangsmetallkatalysator als auch Temperatur und Wasserstoffdruck sind bei der Hydrierung des Magnesiums variierbar:

Statt $TiCl_4(THF)_2$ kann auch $CrCl_3$ Verwendung finden [1, 2]. VCl_4 ist ebenfalls verwendbar. Der daraus gebildete Katalysator wird aber schneller inaktiv [3].

Die Hydrierung ist auch bei Normaldruck (und erhöhter Temperatur) oder bei Raumtemperatur (und höherem Druck) durchführbar, doch müssen in beiden Fällen wesentlich längere Reaktionszeiten in Kauf genommen werden [1, 2].

Die Verwendung einer gesättigten Lösung von wasserfreiem Magnesiumchlorid in THF (statt reinem THF) erhöht die Hydriergeschwindigkeit merklich. Auch für die Formierung des Katalysators wird weniger Zeit benötigt [4].

Magnesiumhydrid kann durch Hochtemperatursynthese aus den Elementen ohne Lösungsmittel hergestellt werden, doch ist das gebildete Produkt weniger reaktiv [5]. Auch die Reduktion von Grignard-Verbindungen oder Magnesiumdialkylen mit

Lithiumalanat liefert Magnesiumhydrid [6,7]. Diethylmagnesium bildet bei der Pyrolyse ebenfalls das Hydrid [8]. Alle diese Verfahren sind aber kostenaufwendig.

Reaktionen, Verwendung

Aktives Magnesium entsteht, wenn Magnesiumhydrid bei 330 °C unter Argon thermisch zersetzt wird. Dazu werden 10 mmol (260 mg) Magnesiumhydrid in einem Schlenkgefäß, das mit einer Gasbürette verbunden ist, im Metallbad so lange erhitzt, bis die Wasserstoffentwicklung beendet ist. Die Reaktion kann auch zur quantitativen Wasserstoffbestimmung dienen.

Bei etwa 240 °C nimmt das aktive Magnesium Wasserstoff wieder unter Bildung von Magnesiumhydrid auf. Diese Umsetzungen sind wiederholbar. Sie demonstrieren die Fähigkeit des Magnesiumhydrids, als reversibler Wasserstoffspeicher zu fungieren [1, 2].

Additionsreaktionen an 1-Alkene verlaufen regiospezifisch unter Bildung von Diorganomagnesiumverbindungen, in denen Magnesium an das C_1-Atom gebunden ist. **Di-n-octylmagnesium** wird durch Umsetzung von Magnesiumhydrid mit 1-Octen erhalten [9].

Dazu werden 0,1 mol (2,6 g) Magnesiumhydrid in einem 100 cm^3-Dreihalskolben mit Rührer und Rückflußkühler zunächst zur Aktivierung mit 1 mmol (100 mg) Zirkonium(IV)-chlorid in 50 cm^3 THF versetzt. Nach Zugabe von 0,22 mol (25,0 g) des 1-Olefins wird 2 Stunden bei 70 °C unter Rühren am Rückfluß gekocht. Die gebildete· Organomagnesiumverbindung läßt sich entweder in situ weiterverwenden oder nach Abdestillieren des THF und Zugabe von Pentan als weißes Pulver isolieren. (**Ausbeute:** ca. 85% bezogen auf MgH_2; luftempfindlich, hydrolyseempfindlich).

Ökonomische Bewertung

Zur Synthese von Nonansäure $CH_3(CH_2)_7 - COOH$ sind u.a. folgende 2 Varianten möglich:

Variante 1:

$$R - X + Mg \xrightarrow{\hspace{1.5cm}} RMgX \xrightarrow{CO_2} RCOOMgX \xrightarrow{HX} RCOOH + MgX_2$$

R: n-Octyl; $CH_3(CH_2)_7-$

Variante 2:

$$Mg + H_2 \xrightarrow{\hspace{1.5cm}} MgH_2 \xrightarrow{2\,CH_3(CH_2)_5CH\,=\,CH_2} R_2Mg \xrightarrow{2\,CO_2} (RCOO)_2Mg$$

$$\xrightarrow{2\,HX} RCOOH + MgX_2$$

Variante 1 geht bei der Synthese von n-Octylbromid aus, das in einer Grignard-Reaktion umgesetzt und dann carboxyliert wird.

Bei Variante 2 wird die Hydromagnesierung von 1-Octen als wesentlicher Teilschritt durchgeführt.

> Man vergleiche die beiden Synthesewege unter der Annahme, daß die Teilschritte mit vergleichbaren Ausbeuten verlaufen, in bezug auf relativen Chemikalienverbrauch, apparativen und Arbeitsaufwand!

Literatur

[1] B. Bogdanovič, S. Liao, M. Schwickardi, P. Sikorsky u. B. Spliethoff, Angew. Chem. **92** (1980) 845.
[2] B. Bogdanovič, Angew. Chem. **97** (1985) 253.
[3] B. Jezowska-Trzebiatowska, P. Sobota u. J. Utke, Bull. Acad. Pol. Sci. Ser. Chim. **24** (1976) 331.
[4] U. Westeppe, Dissertation Bochum 1985.
[5] E. Wiberg, H. Goelzer u. R. Bauer, Z. Naturforsch. B **6** (1951) 394.
[6] E. C. Ashby, Inorg. Synth. **17** (1977) 1.
[7] G. D. Barbaras, C. Dillard, A. E. Finholt, T. Warlik, K. E. Wilzbach u. H. J. Schlesinger, J. Amer. Chem. Soc. **73** (1951) 4858.
[8] E. Wiberg u. R. Bauer, Chem. Ber. **85** (1952) 593.
[9] B. Bogdanovič, M. Schwickardi u. P. Sikorsky, Angew. Chem. **94** (1982) 206.

Triphenylzinn(IV)-hydrid [1]

Organozinnverbindungen sind stark giftig. Wenngleich das für die Phenylverbindungen in geringerem Maße als für die leichtflüchtigen Zinnalkyle zutrifft, müssen auch sie wie Gifte gehandhabt werden! Arbeiten mit einer HCl-Stahlflasche (s. S. 12).

LiAlH$_4$ ist extrem hydrolyseempfindlich. Bei der Einwirkung von Feuchtigkeit kommt es zu einer so großen Wärmeentwicklung, daß sich das Präparat, vor allem in Gegenwart von organischen Lösungsmitteln, entzündet. Lange Zeit gelagerte Proben von LiAlH$_4$ sind grau und wenig in organischen Lösungsmitteln löslich. Nur in THF sind sie für die meisten Zwecke hinreichend löslich; Etherlösungen geeigneter Konzentration erhält man auch aus solchen Präparaten durch mehrstündiges Kochen. Beim Kochen von THF-Lösungen sind gelegentlich Explosionen beobachtet worden, so daß THF-Lösungen nur bei Zimmertemperatur zu handhaben sind! Alle Operationen sind unter Schutzgas auszuführen!

1. $Sn(C_6H_5)_4 + HCl \longrightarrow (C_6H_5)_3SnCl + C_6H_6$
2. $4(C_6H_5)_3SnCl + LiAlH_4 \longrightarrow 4(C_6H_5)_3SnH + LiCl + AlCl_3$

1. **Triphenylzinn(IV)-chlorid.** 0,15 mol (64 g) Tetraphenylzinn (s. S. 59) werden in 100 cm^3 Chloroform suspendiert, und ein starker Strom getrockneten Chlorwasserstoffs wird durch die Suspension geleitet. Sobald nach wenigen Minuten nahezu alles Tetraphenylzinn in Lösung gegangen ist, wird der HCl-Strom unterbrochen und das Chloroform zusammen mit dem entstandenen Benzen im Vakuum abdestilliert (das Einleiten von HCl darf nicht so lange fortgesetzt werden, bis eine ganz klare Lösung entstanden ist, da dann die Spaltung weiterer Phenyl-Zinn-Bindungen erfolgt!). Das zurückbleibende klare, viskose Öl bringt man durch Abkühlen zur Kristallisation und trennt es durch Filtration von einer geringen Menge eines flüssigen Produktes. Die Kristalle werden mit wenig kaltem Hexan gewaschen und aus Hexan umkristallisiert (**Ausbeute** an Ph$_3$SnCl: 75%; farblose Kristalle, **Fp.** 106 °C).

2. In einen Dreihalskolben mit Tropftrichter, Rührer und Hahnschliff werden unter Schutzgas (auch die Aufarbeitung erfolgt unter Schutzgas) 150 cm^3 Ether und 0,04 mol (1,52 g) Lithiumaluminiumhydrid gegeben und unter Kühlung mit Eiswasser und Rühren 0,1 mol (38,5 g) Triphenylzinnchlorid eingetragen. Das Gemisch wird langsam

auf Zimmertemperatur erwärmt, drei Stunden gerührt und dann langsam unter Kühlen mit $100\,cm^3$ Wasser hydrolysiert. Die Schichten werden getrennt, die etherische Schicht wird zweimal mit je $100\,cm^3$ Wasser gewaschen und über $MgSO_4$ getrocknet. Dann wird der Ether abdestilliert und das zurückbleibende Triphenylzinnhydrid im Ölpumpenvakuum destilliert.

Ausbeute, Eigenschaften; ca. 80% bezogen auf eingesetztes Triphenylzinnchlorid; farblose Flüssigkeit.

Der Destillationsrückstand wird zusammen mit dem flüssigen Nebenprodukt der Triphenylzinnchlorid-Herstellung in alkoholische KOH gegeben, am Rückfluß gekocht und im Rotationsverdampfer zusammen mit Kieselgur zur Trockne gebracht. Das entstehende Granulat wird geglüht und deponiert.

Charakterisierung

Kp. 168–170 °C bei 0,5 Torr (66 Pa)

IR-Spektrum: 3067, 3050, 3019 (v_{C-H}); 1847 (v_{Sn-H}); 1428 $(v_{C=C})$; 729 (γ_{C-H}); 567 (δ_{Sn-H}) [2]

H-NMR-Spektrum: ca. 6,8 (m, Sn-H-Signal ist lösungsmittelabhängig) [3].

Synthesevarianten

Die Substitution des Chlorids im Triphenylzinnchlorid durch Wasserstoff kann auch über den Umweg der Bildung von Triphenylzinn-lithium und dessen Zersetzung mit Ammoniumchlorid in flüssigem Ammoniak bewerkstelligt werden [3].

Reaktionen, Verwendung

Triphenylzinnhydrid wie auch andere Organozinnhydride addieren sich an C=C-ungesättigte Verbindungen:

Triphenyl(3-hydroxypropyl)-zinn entsteht in nahezu quantitativer Ausbeute gemäß:

$$Ph_3SnH + CH_2 = CH - CH_2OH \longrightarrow Ph_3Sn - CH_2 - CH_2 - CH_2 - OH \ [4]$$

wenn man eine Mischung von 26 mmol (9,1 g) Triphenylzinnhydrid und 52 mmol (3,0 g) Allylalkohol (Vorsicht, Gift!) unter Schutzgas eine Stunde auf 80 °C erhitzt. Den überschüssigen Allylalkohol destilliert man im Vakuum ab, und der hinterbleibende feste Rückstand wird aus Hexan umkristallisiert. (**Ausbeute, Eigenschaften:** quantitativ; farblose Nadeln, **Fp.** 105 °C).

Triphenylzinnhydrid zersetzt sich thermisch sehr leicht, besonders bei Einwirkung von Licht, es entstehen Tetraphenylzinn und elementares Zinn.

In Kontakt mit Luft oxydiert sich Triphenylzinnhydrid zu Hexaphenyldistannan.

Analoge Synthesen

Tributylzinn(IV)-hydrid

$$4(C_4H_9)_3SnCl + LiAlH_4 \longrightarrow 4(C_4H_9)_3SnH + LiCl + AlCl_3$$

Aus 0,1 mol (32,5 g) Tributylzinnchlorid und 0,04 mol (1,52 g) $LiAlH_4$ entsteht in analoger Weise wie beim Triphenylzinnhydrid beschrieben Tributylzinnhydrid (**Ausbeute:** 70%; **Kp.** 76–81 °C bei 0,8 Torr (100 Pa); **IR-Spektrum:** 2965, 2930, 2877, 2855, 1813 (v_{Sn-H}); 1496, 1077, 703, 679, 547).

Weitere Triorganozinnhydride R_3SnH mit R ≙ Ethyl, Propyl, Hexyl oder Benzyl sind gleichfalls analog herstellbar [4].

Literatur

[1] G. Bär u. S. Pawlenko in Houben-Weyl; „Methoden der Organischen Chemie" 13/6 S. 256; Georg Thieme Verlag Stuttgart, 1978
[2] H. Kriegsmann u. K. Ulbricht, Z. Anorg. Allg. Chem. **328** (1964) 90.
[3] C. W. Allen, J. Chem. Educ. **47** (1970) 479.
[4] J. G. Noltes u. G. J. M. van der Kerk, „Functionally Substituted Organo Tin Compounds" S. 84, Greenford 1958.

2.2 Hydride von Nebengruppenelementen

Bis(cyclopentadienyl)-zirkonium(IV)-hydridchlorid [1]

Arbeiten mit Lithiumaluminiumhydrid (s. S. 43).

1. $LiAlH_4 + 3\,t\text{-}C_4H_9OH \longrightarrow LiAl(H)(O-t\text{-}C_4H_9)_3 + 3\,H_2$
2. $LiAl(H)(O-t\text{-}C_4H_9)_3 + Cp_2ZrCl_2 \longrightarrow Cp_2Zr(Cl)H + LiAl(O-t\text{-}C_4H_9)_3Cl$

1. Einen Dreihalskolben, der mit einem Rührer, einem Rückflußkühler und einem Zwischenstück mit Hahn (Bild 12.6) ausgerüstet ist, beschickt man unter Schutzgas mit einer Lösung von 0,2 mol (7,6 g) $LiAlH_4$ in 500 cm³ Ether. Dann läßt man aus einem Tropftrichter langsam eine Lösung von 0,75 mol (55,5 g) t-Butanol in 100 cm³ Ether unter Rühren zutropfen. Durch intensive Kühlung muß dafür gesorgt werden, daß der entstehende Wasserstoff nicht einen großen Teil des Lösungsmittels mitreißt. Gegen Ende der Butanolzugabe entsteht ein voluminöser Niederschlag, der auf der Fritte gesammelt und getrocknet wird.

(**Ausbeute:** 95%; weißer Feststoff, umkristallisierbar aus Benzen, selektives Reduktionsmittel (z. B. für die Reduktion von Carbonsäurechloriden zu Aldehyden)).

2. In einen Dreihalskolben, ausgerüstet mit einem Rührer und Hahnschliff, wird unter Argon eine Lösung von 0,1 mol (29,2 g) Cp_2ZrCl_2 (s. S. 84) in ca. 400 cm³ THF gegeben. Dann wird aus einem Tropftrichter unter Rühren bei Raumtemperatur eine Lösung von 0,1 mol (25,6 g) $LiAl(H)(O-t\text{-}But)_3$ in 120 cm³ THF langsam zugetropft. Dabei fällt das $Cp_2Zr(H)Cl$ als farbloser, feinkristalliner Niederschlag aus, der auf einer Fritte gesammelt, mit wenig THF gewaschen und getrocknet wird.

Ausbeute, Eigenschaften; 85% bezogen auf Cp_2ZrCl_2; farbloses Pulver, wenig löslich in THF und anderen organischen Lösungsmitteln, wird am Licht schnell rosa.

Die Mutterlauge wird vorsichtig unter Schutzgas mit Wasser versetzt und danach das THF im Vakuum bis zur Trockne abdestilliert. Der sehr geringe Rückstand wird in das Abwasser gegeben, das THF kann nach gaschromatographischer Reinheitsprüfung wiederverwendet werden.
Aus der Ether-Butanol-Mutterlauge der LiAl(H)(O − t-But)$_3$-Synthese wird der Ether durch Destillation zurückgewonnen. Der Rückstand wird mit Alkohol/Wasser versetzt und in das Abwasser gegeben.

Charakterisierung

IR-Spektrum (KBr): 1390 (v_{Zr-H}) [1]
Methylenchlorid wird durch Cp$_2$Zr(H)Cl quantitativ zu Methylchlorid umgewandelt. Diese Reaktion kann NMR-spektroskopisch quantitativ verfolgt werden.

Reaktionen, Verwendung

Cp$_2$ZrCl(H) wird zur „Hydrozirkonierung", zur Umwandlung (Funktionalisierung) von Alkenen und Alkinen verwendet. Die dabei entstehenden Produkte gestatten eine Reihe von wertvollen organischen Synthesen [2]:

$$Cp_2Zr(Cl)H + R-CH=CH_2 \longrightarrow Cp_2Zr\underset{CH_2-CHR}{\overset{Cl}{<}}$$

Hydrozirkonierung von 1-Octen (s. S. 160)
Auch Kohlenmonoxid addiert sich an Cp$_2$ZrH(Cl): Dabei entstehen μ-Oxymethylen ($-CH_2O-$)-Komplexe [3].
Mit Alkinen entstehen ebenfalls verbrückte Bis(zirconocen)-Komplexe [4].

Literatur

[1] P. C. Wailes u. H. Weigold, J. Organomet. Chem. **24** (1970) 405.
[2] J. Schwartz u. J. A. Labinger, Angew. Chem. **88** (1976) 402.
[3] C. Floriani, Pure Appl. Chem. **55** (1983) u. dort zitierte Lit.
[4] G. Erker, K. Kopp, J. L. Atwood u. W. E. Hunter, Organometallics **2** (1983) 1555.

Bis(cyclopentadienyl)-molybdän(IV)-hydrid [1, 2]

MoCl$_5$ und THF reagieren bei Zimmertemperatur sehr heftig miteinander. Die große Wärmetönung der Reaktion muß durch intensive Kühlung abgefangen werden! Arbeiten mit THF (s. S. 15).

$$MoCl_5 + 2C_5H_5Na \xrightarrow[-NaCl]{NaBH_4} Cp_2MoH_2$$

In einen 500 cm^3-Dreihalskolben mit 2 Normalschliffen NS 29, Rührer und Zwischenstück mit Hahn (Bild 12.3) werden unter Schutzgas 400 cm^3 einer 1,5 molaren Natriumcyclopentadienidlösung (s. S. 80) und 0,26 mol (9,8 g) Natriumborhydrid gegeben. Dann wird auf das Zwischenstück ein Rückflußkühler mit T-Stück und

Blasenzähler aufgesetzt (Bild 12.3) und aus einem Schlenkgefäß nach und nach unter Rühren bei − 20 °C 0,1 mol (27,3 g) Molybdän(V)-chlorid eingetragen. (Bringt man das MoCl$_5$ durch einen Schliff NS 14,5 in den Kolben ein, so verklebt dieser häufig, da trotz der Kühlung das MoCl$_5$ bereits in dem Schliff mit dem THF-Dampf zu einem zerfließlichen Produkt reagiert. Durch den großen Schliff läßt sich das MoCl$_5$ mühelos einbringen.) Die entstehende Reaktionsmischung wird etwa 4 Stunden unter Rühren gekocht, abgekühlt und das Lösungsmittel im Vakuum abdestilliert („Kältedestillation" s. S. 203). Der trockene Rückstand wird unter Argon in eine Sublimationsapparatur überführt (Bild 12.8) und das Produkt im Hochvakuum (120 °C bei 0,01 Torr [1,3 Pa]) aus dem Rückstand sublimiert.

Ausbeute, Eigenschaften; 40% bezogen auf MoCl$_5$; gelbe Kristalle.

Der Sublimationsrückstand wird ohne weitere Bearbeitung zur Deponie gegeben. Das abdestillierte THF kann nach gaschromatographischer Reinheitsprüfung wiederverwendet werden.

Charakterisierung

Fp. 183–185 °C
IR-Spektrum (Nujol): 3060, 1847, 1415, 1369, 1267, 1127, 1064, 1055, 813
H-NMR (Benzen): −8,76 (2 H); 4,36 (10 H, *t*); [2]

Synthesevarianten

Die Aufarbeitung kann statt durch Hochvakuumsublimation auch dadurch erfolgen, daß man das Hydrid durch Behandlung mit Salzsäure in das wasserlösliche (Cp$_2$MoH$_3$$^+$)Cl$^-$ umwandelt, das durch Filtration von den anderen Reaktionsprodukten abgetrennt werden kann [1].

Reaktionen, Verwendung

Die Substitution der Hydridliganden gegen Chlorid erfolgt durch Kochen mit Chloroform; es entsteht **Bis(cyclopentadienyl)-molybdän(IV)-chlorid:**

$$Cp_2MoH_2 + 2\,CHCl_3 \longrightarrow Cp_2MoCl_2 + 2\,CH_2Cl_2 \quad [4]$$

0,875 mmol (0,2 g) Cp$_2$MoH$_2$ werden in 100 cm^2 Chloroform gelöst, und die zunächst gelbe Lösung wird 1 Stunde am Rückfluß gekocht. Dabei scheidet sich das Cp$_2$MoCl$_2$ in Form grüner Kristalle ab (**Ausbeute:** ca. 0,2 g; **Fp.** 270 °C; **H-NMR:** 5,4; **UV/VIS-Spektrum** (CHCl$_3$): 15 260 ($\varepsilon = 90$)).

Cp$_2$MoH$_2$ addiert sich an Alkine, wenn diese elektronenziehende Substituenten tragen. So entsteht mit Acetylendicarbonsäureester

$$Cp_2\underset{\underset{H}{|}}{Mo} - C \overset{\displaystyle \nearrow COOR}{\underset{\displaystyle \searrow CH - COOR}{}} \quad [3]$$

Paraformaldehyd wird an Cp_2MoH_2 unter Bildung von $Cp_2Mo\overset{O}{\underset{CH_2}{\diagdown|}}$ addiert [6].

Mit SO_2 bildet sich der Thiosulfatokomplex $Cp_2Mo\begin{smallmatrix}O\\ \diagdown\diagup S\diagdown\diagup\diagup O\\ S\diagup\diagdown\diagup\diagup O\end{smallmatrix}$ [5].

Literatur

[1] J. J. Eisch u. R. B. King, „Organometallic Synth.", Vol. **1**, S. 79; Academic Press New York, 1975
[2] M. L. H. Green, J. A. McCleverty, L, Pratt u. G. Wilkinson, J. Chem. Soc. **1961,** 4854.
[3] A. Nakamura u. S. Otsuka, J. Amer. Chem. Soc. **94** (1972) 1886.
[4] R. L. Cooper u. M. L. H. Green, J. Chem. Soc. A **1967,** 1155.
[5] G. J. Kubas u. R. R. Ryan, Inorg. Chem. **23** (1984) 3181.
[6] G. E. Herberich u. J. Okuda, Angew. Chem. **97** (1985) 400.

3 Organoverbindungen der Hauptgruppenelemente

Allgemeines zur Stoffklasse

Mit Ausnahme der Edelgase sind von allen Hauptgruppenelementen Verbindungen bekannt, in denen direkte Bindungsbeziehungen zu einem oder mehreren Kohlenstoffatomen einer organischen Gruppe (Alkyl- oder Aryl) bestehen.

Die Reaktivität der Element-R-Bindung kann sehr unterschiedlich sein. Insbesondere die stärker polaren Metall-C-Bindungen in Alkali-, Erdalkali- und Aluminiumorganoverbindungen sind außergewöhnlich reaktiv. Viele dieser Verbindungen sind daher extrem hydrolyseempfindlich und reagieren zum Teil unter spontaner Entzündung an der Luft.

Die Organometallverbindungen der 1.–3. Hauptgruppe werden nach folgenden Methoden hergestellt:

Aus dem Metall und einem Alkyl- oder Arylhalogenid:

$$2\,M + RX \xrightarrow{\text{Solvens}} MR + MX \ (M: \text{Alkalimetall})$$

$$Mg + RX \xrightarrow{\text{Solvens}} RMgX$$

Aus dem Metall, Wasserstoff und Olefinen:

$$2\,M + 3\,H_2 + 6 \ \mathrm{\textstyle{C=C}} \longrightarrow 2\,M(-\overset{|}{\underset{|}{C}}-\overset{|}{\underset{|}{C}}-)_3 \ (M: \text{Aluminium})$$

Aus einer Hauptgruppenorganylverbindung durch Umsatz mit einem Kohlenwasserstoff $R'-H$, in dem ein Wasserstoffatom acid ist:

$$R-M + R'-H \longrightarrow R'-M + R-H$$

Infolge ihrer hohen Reaktivität werden Hauptgruppenorganyle der 1.–3. Hauptgruppe in der Synthesechemie häufig verwendet, und zwar
als Akylierungs- oder Arylierungsreagenzien, z.B. bei Umsetzungen mit Halogeniden des Typs Element-X (E−X):

$$R-M + E-X \longrightarrow R-E + M-X$$

Vor allem Lithiumorganyle $R-Li$ und Grignardverbindungen RMgX werden zu diesem Zwecke eingesetzt. Über die breite Verwendbarkeit dieser Verbindungen in der organischen Synthese (Umsatz mit Carbonylverbindungen, SO_2, usw.) existiert umfangreiche Speziallieratur,
als Reduktionsmittel, z.B. gegenüber Übergangsmetallverbindungen, als Cokatalysatoren bei der Polymerisation von Olefinen (ZIEGLER-NATTA-Katalysatoren:

Kombination von Hauptgruppen-σ-organylen der 1.–3. Hauptgruppe mit Übergangsmetallverbindungen,

als Ausgangsprodukte zur Gewinnung von Reinstelementen, z. B. $Ga(CH_3)_3$.

Elementorganoverbindungen der 4. Hauptgruppe mit weniger polaren Element-C-Bindungen sind weniger reaktiv und häufig auch thermisch sehr stabil, vielfach luftstabil und wenig hydrolyseempfindlich. So siedet Tetraphenylsilan bei 530 °C unzersetzt.

Folgende Verbindungstypen sind die häufigsten:

R_4E: Tetraorganoelement(IV)-verbindungen

R_3EX: Triorganoelement(IV)-verbindungen

R_2EX_2: Diorganoelement(IV)-verbindungen

REX_3:   Monoorganoelement(IV)-verbindungen

Daneben existieren ring- und kettenförmige Verbindungen mit Element-Element-Bindungen. Einfachste Vertreter sind die Dimeren des Typs R_3E-ER_3 (s. S. 60).

Die Synthese erfolgt hauptsächlich nach 3 Methoden:

Umsatz von Elementhalogeniden mit reaktiven Metallorganylen der 1.–3. Hauptgruppe, z. B.

$$SiCl_4 + 4\,RMgX \longrightarrow R_4Si + 4\,MgX_2$$

Reaktion von Elementhalogeniden mit Alkylhalogeniden in Gegenwart von Natrium, z. B.

$$PbCl_4 + 4\,RCl + 8\,Na \longrightarrow R_4Pb + 8\,NaCl$$

Reaktion von Alkylhalogeniden mit dem Element, z. B.

$$2\,CH_3Cl + Si \xrightarrow{\;Cu\;} (CH_3)_2SiCl_2$$

Technisch wichtig sind die durch Hydrolyse von Alkylsiliciumhalogeniden entstehenden Silanole $R_xSi(OH)_y$ (x + y = 4), die durch Wasserabspaltung in polymere Verbindungen mit $Si-O-Si$-Bindungen (Silicone) übergehen (y = 2; 3).

Zinnorganische Verbindungen werden vor allem als PVC-Stabilisatoren und Biozide verwendet, während sich die Verwendung von Bleiorganoverbindungen auf das Tetraethylblei als Antiklopfmittel beschränkt.

Organoverbindungen der 5. Hauptgruppe, insbesondere phosphororganische Verbindungen, sind in Form von Verbindungen des Typs R_3P vielfach verwendete Liganden in der anorganischen Chemie. Die reichhaltige Organochemie des Phosphors, der auch ring- und kettenförmige Verbindungen mit $P-P$- und $P=P$-Bindungen bilden kann, ist der Spezialliteratur zu entnehmen.

3.1 Lithium- und Magnesiumorganoverbindungen

n-Butyllithium-Lösung [1]

> Vorsicht bei der Vernichtung von Lithium, Wasserstoffentwicklung! Unter dem Abzug arbeiten! Abwesenheit von Zündquellen sichern! Benzen ist stark giftig (cancerogen), Hautkontakt vermeiden!

$$C_4H_9Cl + 2\,Li \longrightarrow C_4H_9Li + LiCl$$

In einen Mehrhalskolben mit Rückflußkühler, Rührer, Thermometer und Schutzgas-zuleitung läßt man bei Raumtemperatur (gegebenenfalls anfangs kühlen) langsam 1,0 mol (92,4 g) 1-Chlorbutan zu 2,3 mol (16,0 g) Lithium-Schnitzel (unter Argon geraspelt) in 500 cm³ Benzen tropfen.

Nach Beendigung der Reaktion wird noch 4–5 Stunden bei 50 °C weitergerührt. Anschließend läßt man das entstandene Lithiumchlorid absetzen und filtriert über eine mit Kieselgur belegte Fritte unter Schutzgas ab.

Ausbeute, Eigenschaften; 80%; klare, gelbe Lösung.

Unumgesetztes Lithium wird durch vorsichtiges Eintragen in viel Wasser zu Lithiumhydroxid umgesetzt. Nach Neutralisation der Lösung kann diese ins Abwasser gegeben werden.

Charakterisierung

Man bestimmt den Gehalt an *n*-Butyllithium in der benzenischen Lösung durch acidimetrische Titration eines aliquoten Teils der Lösung nach Hydrolyse.

Reaktionen, Verwendung

n-Butyllithium gehört zu den häufig verwendeten Carbanionen-Reagenzien in der organischen Synthese und wird zur Transmetallierung verwendet. Eine weitere mögliche Verwendung ist die Trocknung von Lösungsmitteln.

Synthesevarianten

Anstelle von Benzen können Pentan, Hexan, Heptan oder andere Kohlenwasserstoffe verwendet werden. Die Darstellung ist auch in Diethylether möglich [2]. Allerdings muß man bei dieser Synthese 1-Brombutan einsetzen und die Reaktion bei tiefer Temperatur führen. Außerdem sollte man den Gehalt der Lösung vor Verwendung durch Doppeltitration nach GILMAN [3] bestimmen.

Analoge Synthesen

Methyllithium in Diethylether [4]

In analoger Weise zur Darstellung der *n*-Butyllithium-Lösung in Benzen erhält man eine etherische Lösung von Methyllithium, wenn man in einem Kolben mit Rückfluß-kühler, Rührer, Gaseinleitungsrohr und Quecksilbertauchung 2,0 mol (13,8 g) Li-thiumschnitzel in 200 cm³ Diethylether vorlegt und unter kräftigem Rühren Chlorme-than einleitet. Hat die Reaktion begonnen, setzt man weitere 300 cm³ Diethylether zu. Man erhält eine ca. 2-molare Lösung. Der Gasstrom wird während der Reaktion so reguliert, daß nur ein geringer Teil über die Quecksilbertauchung entweicht. Meist reagiert das Lithium vollständig. Zum Schluß der Reaktion kocht man die Lösung noch 1–2 Stunden unter Rückfluß, um unumgesetztes Chlormethan zu vertreiben. Man läßt das LiCl absetzen und erhält die fast salzfreie Methyllithium-Lösung in Diethylether durch Filtration in 85%iger Ausbeute, bezogen auf Chlormethan.

Literatur

[1] K. Ziegler u. H. Colonius, Liebigs Ann. Chem. **479** (1930) 135.
     J. A. Beel, W. G. Koch, G. E. Tomasi, D. E. Hermansen u. U. P. Fleetwood, J. Org. Chem. **24** (1959) 2036.
[2] H. Gilman, J. A. Beel, C. G. Brannen, M. W. Bulock, G. E. Dunn u. L. S. Miller, J. Amer. Chem. Soc. **71** (1949) 1499.
[3] H. Gilman u. F. K. Cartledge, J. Organomet. Chem. **2** (1964) 447.
[4] K. Ziegler, K. Nagel u. M. Patheiger, Z. Anorg. Allg. Chem. **282** (1955) 345.

„Butadien-magnesium"-2-Tetrahydrofuran [1]
[But(2)-en-(1,4)-diyl-magnesium-2-Tetrahydrofuran]

Alle Operationen sind unter Schutzgas durchzuführen! Das Produkt ist an der Luft selbstentzündlich, mit Wasser erfolgt eine heftige Reaktion! Vorsicht beim Umgang mit Butadien, im Tierversuch wurden cancerogene Eigenschaften nachgewiesen! Arbeiten mit Organoaluminiumverbindungen (s. S. 74).

---

1. $x\,Mg + x\,CH_2 = CH - CH = CH_2 \longrightarrow \{ -Mg - CH_2 - CH = CH - CH_2 - \}_x$

Aktivierung des Magnesiums:
In einem 1000 cm³-Dreihalskolben, in dessen Boden etwa 100 Glasscherben von ca. 1 cm Länge eingeschmolzen sind („Scherbenkolben"), werden 1 mol (24,3 g) Magnesiumspäne (nach GRIGNARD), etwa 100 möglichst scharfkantige Glasscherben (1 cm), 50 cm³ trockenes Tetrahydrofuran und 2 cm³ Iodbenzen 1,5 Stunden auf einer Maschine geschüttelt. Dann wird die Grignardlösung abdekantiert und in eine Waschflasche übergeführt, die zur Trocknung des Butadiens dient. Die verbleibenden Magnesiumspäne sind nunmehr zur Reaktion mit Butadien aktiv genug.

Reinigung von Butadien:
Unter dem Abzug wird das Butadien aus einer Vorratsflasche entnommen, indem es durch eine Frittenwaschflasche – gefüllt mit GRIGNARD-Lösung oder Monoethoxydiethylaluminium bzw. Tri-*n*-butylaluminium – geleitet und bei − 78 °C in einem evakuierten Schlenkgefäß kondensiert wird. Zwischen Vorratsflasche und Waschflasche befindet sich eine Quecksilbertauchung, so daß weder Überdruck entsteht, noch Luft in die vor Beginn des Einleitens sekurierte Apparatur gelangt. Es werden 0,5 mol (27 g) Butadien kondensiert.

1. Reaktion von Magnesium mit Butadien:
Den aktivierten Magnesiumspänen werden 300 cm³ trockenes THF zugesetzt, dann werden bei − 20 °C 0,5 mol (27 g) Butadien mittels Einleitungsrohres in die THF-Lösung geleitet. Anschließend wird die Mischung bei Raumtemperatur geschüttelt. Bereits nach 2 Stunden beginnt das Reaktionsprodukt auszufallen. Nach etwa 48 Stunden Reaktionszeit wird durch eine G3-Fritte filtriert, anschließend wird zweimal mit je 40 cm³ THF gewaschen und zunächst bei Raumtemperatur, dann bei 40 °C im Ölpumpenvakuum 3 Stunden getrocknet.
Die Mutterlauge wird erneut in den Scherbenkolben gegeben und wieder mit den verbliebenen Magnesiumspänen umgesetzt, so daß eine zweite Fraktion gewonnen werden kann, die in gleicher Weise aufgearbeitet wird.

Ausbeute, Eigenschaften: 1. Fraktion 60%, 2. Fraktion 25% bezogen auf Butadien; in reinem Zustand weißes Pulver, mitunter leicht gelb gefärbt, pyrophor, extrem wasserempfindlich, nicht löslich in gebräuchlichen organischen Lösungsmitteln.

Aus den Mutterlaugen wird das Butadien durch fraktionierte Destillation abgetrennt, bei − 78 °C in einem Schlenkgefäß aufgefangen und durch vorsichtige Zugabe von Brom in Hexan unter Schütteln oder Rühren in der Kälte bromiert. Das Reaktionsprodukt ist zum Zwecke der späteren Vernichtung zu sammeln. Das THF wird anschließend destilliert und ist nach gaschromatographischer Kontrolle wiederverwendbar.

Der meist viskose Rückstand enthält neben wenig „Butadien-magnesium"-2-Tetrahydrofuran noch etwa 5 g polymeres Octa(2,6)-dien-(1,8)-diyl-magnesium-2-Tetrahydrofuran. Die Reindarstellung des letztgenannten Produkts gelingt durch Lösen in wenig THF, Filtration, Kühlen auf − 78 °C und Abfiltration des ausgefallenen weißen Niederschlages bei − 40 °C. Nach Lösen des Niederschlages in THF wird im Schlenkgefäß zur Trockne eingeengt. Die Verbindung ist ein farbloses Öl, das bei 0 °C erstarrt.

Charakterisierung

Eine Probe des Präparates wird unter Schutzgas in einem Schlenkgefäß mit 10 cm³ Diethylether versetzt. Vorsichtige Zugabe von verdünnter Salzsäure zersetzt die Substanz. In der wäßrigen Lösung wird Magnesium komplexometrisch bestimmt.
Zur Bestimmung des THF und der bei der Protolyse entstehenden Butene werden etwa 200 mg des Produkts unter Schutzgas mit Hexanol zersetzt. Nach Zugabe einer abgewogenen Menge Toluen als Standard wird das Produktgemisch gaschromatographisch analysiert.
IR-Spektrum (Nujol): 1604 ($\nu_{C=C}$, *trans*); 1575 ($\nu_{C=C}$, *cis*).

Synthesevarianten

Die Reaktion kann auch im Ultraschallbad zur Beschleunigung der Umsetzung durchgeführt werden [2]. Eine Umsetzung bei höherer Temperatur (30–35 °C) kann entweder im Autoklaven oder bei Normaldruck unter Verwendung eines wirksamen Rückflußkühlers, der durch Kälteflüssigkeit (Ethanol) auf − 20 °C gekühlt wird, durchgeführt werden.

Reaktionen, Verwendung

„Butadien-magnesium" läßt sich wie andere „(1,3)-Dien-magnesium"-Verbindungen zur Synthese von Übergangsmetalldienkomplexen verwenden [3–6]: Synthese von Bis(cyclopentadienyl)-butadien-zirkonium (s. S. 76).
Insertionsreaktionen ungesättigter Moleküle (z.B. Aldehyde, Ketone, Essigester, Acetonitril, Ethylenoxid) in die Magnesium-Kohlenstoff-Bindungen eröffnen vielfältige Möglichkeiten zur Synthese funktionalisierter Produkte (vergl. [7–9]):

$$x \quad -Mg-\overset{|}{C}-\overset{|}{C}=\overset{|}{C}-\overset{|}{C}-Mg-\ +2\,x \quad \overset{R}{\underset{R'}{>}}CO \xrightarrow[\text{Mg}]{2\,H}$$

$$x \quad HO-\overset{R}{\underset{R'}{\overset{|}{C}}}-\overset{|}{C}-\overset{|}{C}=\overset{|}{C}-\overset{|}{C}-\overset{R}{\underset{R'}{\overset{|}{C}}}-OH$$

Durch Umsetzung mit π-aciden Neutralliganden, wie z.B. 2,2'-Bipyridin, werden Neutralkomplexe des Magnesiums erhalten:

Bis(2,2'-bipyridin)-magnesium-Tetrahydrofuran wird aus 0,01 mol (2,2 g) „Butadien-magnesium"-2-Tetrahydrofuran und 0,02 mol (3,12 g) 2,2'-Bipyridin in 40 cm³ trockenem Tetrahydrofuran bei 0 °C hergestellt. Nach dem Abklingen der Reaktion wird die rote Mischung noch weitere 3 Stunden bei Raumtemperatur gerührt, dann filtriert, der Niederschlag mit Diethylether gewaschen und im Vakuum getrocknet.

(**Ausbeute:** 95%; rotes, feinkristallines Pulver, sehr luftempfindlich. Die Charakterisierung erfolgt durch komplexometrische Bestimmung des Magnesiums, nachdem die Substanz mit Salpetersäure/Perchlorsäure (Var. 4, s. S. 218) aufgeschlossen wurde. Kohlenstoff, Wasserstoff und Stickstoff werden durch Elementaranalyse bestimmt, THF kann gaschromatographisch nach Zersetzung mit Hexanol bestimmt werden (s. S. 218)).

Analoge Synthesen

„Dien-magnesium"-Verbindungen mit anderen Dienen lassen sich in ähnlicher Weise herstellen wie für das „Butadien-magnesium"-2-Tetrahydrofuran beschrieben wurde. Lösungsmittel ist jeweils THF, variabel sind die Reaktionstemperaturen und die Methoden der Aufarbeitung infolge höherer Löslichkeit in THF (Tabelle 3.1.).

Tabelle 3.1   Synthese von „Dien-magnesium"-Verbindungen

Dien	Bedingungen	Ausbeute, Eigenschaften	Lit.
Isopren	20 °C, Katalysator FeCl₃	60%; gelbliches Pulver, pyrophor	[9]
2,3-Dimethyl-butadien	10 °C, 120 Std., Filtration, THF i.V. abdestilliert, Toluen zug., Filtration	52%; gelbliches Pulver, pyrophor, 2 THF koordiniert	[3]
1,4-Diphenyl-butadien	15 °C, 120 Std., THF i.V. abdest. (bis auf 3 cm³), bei − 30 °C filtriert	75%; orangefarbenes Pulver, nicht pyrophor, monomer 3 THF koordiniert	[3] [10]

Literatur

[1] K. Fujita, Y. Ohnuma, H. Yasuda u. H. Tani, J. Organomet. Chem. **113** (1976) 201.
[2] J. M. McCall, J. R. Morton u. K. F. Preston, Organometallics **3** (1984) 238.
[3] H. Yasuda, Y. Kajihava, K. Mashima, K. Nagasuna, K. Lee u. A. Nakamura, Organometallics **1** (1982) 677.

[4] G. Wilke, Pure Appl. Chem. **50** (1978) 677.
[5] S. S. Wreford u. J. F. Whitney, Inorg. Chem. **20** (1981) 3918.
[6] G. Erker, K. Berg, C. Krüger, G. Müller, K. Angermund, R. Benn u. G. Schroth, Angew. Chem. **96** (1984) 445.
[7] R. Baker, R. C. Cookson u. A. D. Saunders, J. Chem. Soc. Perkin Trans. **1976**, 1809.
[8] Y. Nakano, K. Natsukawa, H. Yasuda u. H. Tani, Tetrahedron Lett. **29** (1972) 2833.
[9] M. Yang, M. Andu u. K. Takase, Tetrahedron Lett. **38** (1971) 3529.
    H. Yasuda, Y. Nakana, K. Natsukawa u. H. Tani, Macromolecules **11** (1978) 586.
[10] Y. Kai, N. Kanehisa, K. Miki, N. Kasai, K. Mashima, H. Yasuda u. A. Nakamura, Chem. Lett. **1982**, 1277.

3.2 Organoverbindungen des Silicium, Zinn und Blei

Diphenylsilandiol [1, 2]

> Silicium(IV)-chlorid spaltet durch Hydrolyse an der Luft Chlorwasserstoff ab (Arbeiten im Abzug). Arbeiten mit THF (s. S. 15).

1. $SiCl_4 + 2(C_6H_5)MgCl \longrightarrow (C_6H_5)_2SiCl_2 + 2MgCl_2$
2. $(C_6H_5)_2SiCl_2 + 2H_2O \longrightarrow (C_6H_5)_2Si(OH)_2 + 2HCl$

1. In einem 500 cm³-Dreihalskolben mit Rührer, Rückflußkühler und Tropftrichter werden 0,5 mol (12,2 g) Magnesiumspäne mit 50 cm³ sorgfältig gerocknetem THF übergossen. Unter Rühren tropft man 20 cm³ einer Lösung von 0,5 mol (56,2 g) getrocknetem und frisch destilliertem Chlorbenzen in 150 cm³ THF zu. Die Initiierung der Reaktion erfolgt mit 2 cm³ Ethylbromid oder 1,2-Dibromethan. Dann verfährt man in der für Grignard-Reaktionen üblichen Weise weiter. Unumgesetztes Magnesium entfernt man durch Dekantieren.

Für die genaue Einhaltung der Stöchiometrie bei der Umsetzung mit Silicium(IV)-chlorid macht sich in jedem Fall eine Gehaltsbestimmung der Grignardlösung erforderlich. Gehaltsbestimmung durch acidimetrische Titration: 1 cm³ der Grignardlösung pipettiert man zu 50 cm³ 0,1 N Schwefelsäure und 50 cm³ Wasser. Man erwärmt 10 Minuten auf dem Wasserbad und titriert mit 0,1 N Natronlauge gegen Phenolphthalein zurück.

In einem 1000 cm³-Dreihalskolben mit Rührer, Rückflußkühler und Tropftrichter legt man 0,28 mol (47,6 g) Silicium(IV)-chlorid in 500 cm³ Heptan vor. Über den Tropftrichter gibt man das Phenylmagnesiumchlorid in THF des oben beschriebenen 0,5 molaren Ansatzes im Verlauf einer Stunde zu. Dabei wird ständig gerührt und eine Reaktionstemperatur von 40–50 °C durch die Zugabegeschwindigkeit der Grignardlösung eingehalten. Nach vollständiger Zugabe wird noch etwa 30 Minuten unter Rückfluß erhitzt. Dann läßt man die Reaktionsmischung auf Raumtemperatur abkühlen, wobei sich das entstandene Magnesiumchlorid absetzt. Von diesem Rückstand filtriert man ab und wäscht den Filterkuchen mit 2 Portionen von je 50 cm³ Heptan. Das Filtrat wird zunächst bei Normaldruck destilliert, wobei man unumgesetztes Silicium(IV)-chlorid, THF und Heptan erhält. Nach Überführung in einen kleineren Kolben fraktioniert man den Rückstand im Vakuum. Dabei erhält man folgende Produkte:

Phenyltrichlorsilan   **Kp.** 54– 57 °C bei 0,5 Torr (65 Pa) 49,6 g (47%)
Diphenyl   **Kp.** 95–105 °C bei 1 Torr (133 Pa) 2,5 g (7%)
Diphenyldichlorsilan   **Kp.** 123–126 °C bei 2 Torr (266 Pa) 12,0 g (17%)

2. In einen 250 cm³-Dreihalskolben mit Rührer, Tropftrichter und Hahnschliff gibt man 20 cm³ Toluen, 50 cm³ *t*-Amylalkohol und 66 cm³ Wasser. Dazu tropft man unter Rühren eine Lösung von 0,05 mol (12,0 g) Diphenyldichlorsilan in 20 cm³ Toluen. Die Temperatur hält man bei 25 °C. Nach 30 Minuten ist das Zutropfen beendet. Man rührt noch 10 Minuten und filtriert dann über einen Büchnertrichter ab. Die erhaltenen Kristalle werden mit Wasser säurefrei gewaschen und an der Luft gerocknet.

Ausbeute, Eigenschaften; 93% bezogen auf Diphenyldichlorsilan; farblose Kristalle, löslich in Methanol, Ethanol, Benzen, leichte thermische Dehydratisierung zu cyclischen Siloxanen.

Bei der Reaktion fallen als Abprodukte Silicium(IV)-chlorid, THF und Heptan sowie Destillationsrückstände mit undefinierten Phenylchlorsilanen an. THF und Heptan werden durch Destillation getrennt und können nach gaschromatographischer Reinheitsprüfung wiederverwendet werden. Reste von Silicium(IV)-chlorid und die oben genannten Destillationsrückstände werden mit Natronlauge hydrolysiert und durch Glühen in das Oxid übergeführt.

Charakterisierung

Nach einem Salpetersäureaufschluß (Var. 3, s. S. 217) kann der Siliciumgehalt mit Hilfe der Atomabsorptionsspektroskopie bestimmt werden.
Fp. 148 °C
IR-Spektrum (Nujol): OH-Valenzschwingung oberhalb 3200 cm⁻¹, C=C-Valenzschwingungen des Aromaten zwischen 1550 und 1630 cm⁻¹.

Reaktionen

Kondensationsreaktionen mit $(C_6H_5)_2Si(OH)_2$ [3]

2,0 g Diphenylsilandiol werden in 50 cm³ Methanol gelöst. Dazu gibt man einige Tropfen konzentrierte Salzsäure und läßt 2 Wochen stehen. Danach erhält man eine Substanz, die bei 188–189 °C schmilzt. Nach Umkristallisieren aus Benzen/Ethanol liegt der Schmelzpunkt bei 197–198 °C.

2 g Diphenylsilandiol werden in 50 cm³ Ethanol gelöst und mit einigen Tropfen wäßrigem Ammoniaks versetzt. Nach Stehenlassen über 2 Wochen bekommt man eine teilweise kristalline Festsubstanz.

Der Schmelzpunkt liegt bei 161 °C.

Dabei handelt es sich um cyclische Kondensationsprodukte wie Hexaphenylcyclotrisiloxan oder Octaphenylcyclotetrasiloxan.

Literatur

[1] S. D. Rosenberg, J. J. Walburn u. H. E. Ramsden, J. Org. Chem. **22** (1957) 1606.
[2] C. A. Burkhard, E. G. Rochow u. W. S. Tatlock, Inorg. Synth. **3** (1950) 62.
[3] J. F. Hyde u. R. C. DeLong, J. Amer. Chem. Soc. **63** (1941) 1194.

Tetrabutylzinn

> Aufgrund der stark toxischen Wirkung von Alkylzinnverbindungen sind alle Arbeiten unter Schutzgas durchzuführen! Alkylzinnverbindungen sind mit äußerster Sorgfalt zu handhaben; jeglicher Hautkontakt ist zu vermeiden!

$$SnCl_4(THF)_2 + 4 C_4H_9MgBr \longrightarrow$$
$$(C_4H_9)_4Sn + 2 MgCl_2 + 2 MgBr_2 + 2 THF$$

In einen $500 \, cm^3$-Dreihalskolben mit Rückflußkühler, Rührer, Hahnschliff und Tropftrichter wird unter Schutzgas eine Lösung von 0,05 mol (20,2 g) $SnCl_4(THF)_2$ (s. S. 15) in $200 \, cm^3$ Tetrahydrofuran eingebracht. Unter kräftigem Rühren wird in diese Lösung eine Lösung von 0,38 mol Butylmagnesiumbromid in Diethylether sehr langsam eingetropft. Durch äußere Kühlung sorgt man dafür, daß die Reaktionstemperatur 35 °C nicht übersteigt. Nachdem die Reaktion abgeklungen ist, erwärmt man das Gemisch 3 Stunden lang zum Sieden. Nach dieser Zeit wird der Diethylether abdestilliert und die Reaktionsmischung nochmals für eine Stunde zum Sieden erhitzt. Nach dem Abkühlen auf Raumtemperatur zersetzt man unter Außenkühlung zunächst mit $50 \, cm^3$ Eiswasser und dann mit $400 \, cm^3$ 5%iger Salzsäure. Durch Zugabe von $300 \, cm^3$ Pentan überführt man die zinnorganische Verbindung in eine abtrennbare Phase. Die organische Phase wird mehrmals mit Wasser gewaschen und mit Natriumsulfat getrocknet. Unter reduziertem Druck wird das Lösungsmittel abdestilliert. Der Rückstand wird im Vakuum destilliert.

Kp. 128–130 °C bei 3 Torr (390 Pa).

Ausbeute, Eigenschaften; 90% bezogen auf Zinn(IV)-chlorid; farblose Flüssigkeit, löslich in THF und Kohlenwasserstoffen.

Die anfallenden organischen Lösungsmittel werden nach Vorschrift (s. S. 212f.) destilliert und können nach gaschromatographischer Reinheitsprüfung wiederverwendet werden.
Die wäßrige Phase kann nach Neutralisation ins Abwasser gegeben werden. Der Destillationsrückstand wird nach Vorschrift (s. S. 212f.) für schwermetallhaltige Rückstände behandelt. Dazu wird alkoholische Natronlauge zugesetzt und nach dem Standardverfahren aufgearbeitet.

Charakterisierung

Die Charakterisierung und Reinheitsprüfung des Tetrabutylzinn erfolgt mittels **Dünnschichtchromatographie.** Man benutzt Kieselgel G (MERCK) als stationäre Phase und als Laufmittel Isopropylether/Eisessig 98,5 : 1,5. Das Dünnschichtchromatogramm wird durch Besprühen mit einer 0,01%igen Diphenylthiocarbazol-Lösung in Tetrachlorkohlenstoff entwickelt [1, 2].

Synthesevarianten

Wie bei [1] beschrieben kann die Darstellung des Tetrabutylzinns auch ausgehend vom Zinntetrachlorid erfolgen. Jedoch erweist sich das THF-Addukt als einfacher handhabbar.

Reaktionen

Darstellung von Tributylzinnchlorid (s. unten).

Literatur

[1] W. P. Tucker, Inorg. Nucl. Chem. Lett. **4** (1968) 85.
[2] G. Bähr u. S. Pawlenko in Houben-Weyl, „Methoden der organischen Chemie", Bd. 13/6,
S. 516; Georg Thieme Verlag Stuttgart 1978.

Tributylzinn(IV)-chlorid [1]

Arbeiten mit Alkylzinnverbindungen (s. S. 57).

$$3(C_4H_9)_4Sn + SnCl_4 \longrightarrow 4(C_4H_9)_3SnCl$$

In einem 500 cm³-Dreihalskolben mit Rührer, Tropftrichter und Hahnschliff werden
0,022 mol (7,6 g) Tetrabutylzinn in 300 cm³ Pentan gelöst, und die Lösung wird auf 0 °C
gekühlt. Unter ständigem Rühren wird eine Lösung von 0,026 mol (6,8 g) Zinn(IV)-
chlorid in 120 cm³ Pentan so langsam hinzugefügt, daß die Reaktionswärme durch die
äußere Kühlung vollständig abgeführt wird. Zur Vervollständigung der Reaktion läßt
man zwei Stunden bei 0 °C rühren, zersetzt dann mit 100 cm³ Eiswasser und trennt die
organische Schicht von der wäßrigen. Die organische Phase wird zweimal mit kaltem
Wasser gewaschen, um Butylzinntrichlorid zu entfernen. Dann wird die Pentanlösung
mit Natriumsulfat getrocknet und das Pentan unter vermindertem Druck abdestilliert.
Der Rückstand wird im Vakuum destilliert.
Ausbeute, Eigenschaften; 90% bezogen auf Tetrabutylzinn; farblose Flüssigkeit. **Kp.**
145–147 °C bei 15 Torr (1,95 kPa), hydrolyseempfindlich, löslich in THF und Kohlenwasserstoffen.

Das destillierte Pentan wird nochmals destilliert und kann wiederverwendet
werden. Die wäßrige Phase wird mit Natronlauge alkalisch gemacht. Die dabei
ausfallenden Oxidhydrate des Zinns werden mit dem Destillationsrückstand, der
nach Vorschrift (s. S. 212 f.) für schwermetallhaltige Rückstände mit alkoholischer
Natronlauge behandelt wurde, vereinigt und unter Zusatz von Kieselgur aufgearbeitet.

Charakterisierung

Die Charakterisierung und Reinheitsprüfung des Tributylzinnchlorids erfolgt mittels
Dünnschichtchromatographie. Man benutzt Kieselgel G (MERCK) als stationäre
Phase und als Laufmittel Isopropylether/Eisessig 98,5 : 1,5. Das Dünnschichtchroma-
togramm wird durch Besprühen mit einer 0,01%igen Diphenylthiocarbazol-Lösung in
Tetrachlorkohlenstoff entwickelt [2].
Zum Vergleich wird ein Gemisch der hergestellten zinnorganischen Verbindungen in
gleicher Weise chromatographiert. Vom Tributylzinnchlorid kann zur weiteren
Charakterisierung der Chloridgehalt argentometrisch bestimmt werden. Dazu wird

eine abgewogene Menge an Tributylzinnchlorid mit Wasser hydrolysiert und der Chloridgehalt durch argentometrische Titration bestimmt.

Literatur

[1] W. P. Tucker, Inorg. Nucl. Chem. Lett. 4 (1968) 85.
[2] G. Bähr u. S. Pawlenko in Houben-Weyl, „Methoden der organischen Chemie", Bd. 13/6, S. 516; Georg Thieme Verlag Stuttgart 1978.

Tetraphenylzinn [1]

> Arbeiten mit Diethylether (s. S. 13). Arbeiten mit Organozinnverbindungen (s. S. 57).

$$SnCl_4 + 4C_6H_5MgBr \longrightarrow (C_6H_5)_4Sn + 2MgBr_2 + 2MgCl_2$$

In einem Dreihalskolben mit Rückflußkühler, Rührer und Tropftrichter wird aus 0,6 mol (14,6 g) Magnesiumspänen und 0,6 mol (94,1 g) Brombenzen in 200 cm³ Diethylether zunächst auf übliche Weise eine Grignardlösung dargestellt.
Im Verlauf von 40 Minuten werden zu dieser Lösung 0,1 mol (26,1 g) Zinn(IV)-chlorid langsam hinzugetropft, wobei der Reaktionskolben ständig im Eisbad gekühlt wird. Anschließend wird noch zwei Stunden auf dem Wasserbad zum gelinden Sieden erhitzt.
Nach dem Abkühlen werden sehr langsam 25 cm³ Eiswasser zugetropft und zum Schluß tropfenweise 120 cm³ 6-molare Salzsäure hinzugefügt. Es bildet sich ein weißer Niederschlag, der abfiltriert, mit Wasser und Ethanol gewaschen und im Vakuum bei 130 °C getrocknet wird. Das Produkt kann aus Benzen umkristallisiert werden.
Ausbeute, Eigenschaften; 55% bezogen auf Zinn(IV)-chlorid; weißes, kristallines Pulver, löslich in Diethylether und aromatischen Kohlenwasserstoffen.

> Bei der Reaktion fallen als Abprodukte Diethylether sowie schwermetallhaltige wäßrige Lösungen an. Der Diethylether wird nochmals destilliert und die Reinheit gaschromatographisch überprüft.
> Die wäßrigen Lösungen werden mit Natronlauge stark alkalisch gemacht, die ausgefallenen Hydroxide bzw. Oxidhydrate abfiltriert und durch Glühen in ihre Oxide übergeführt (s. S. 212 f.).

Charakterisierung

Zur Charakterisierung des Tetraphenylzinns kann die C- und H-Analyse herangezogen werden.
Fp. 224 °C
IR-Spektrum (KBr, Nujol): 1568, 1540, 1210, 1120, 816, 704, 576, 512, 480.

Synthesevarianten

Für die Darstellung von Tetraphenylzinn kann anstelle des stark hydrolyseempfindlichen Zinntetrachlorides auch das einfacher handhabbare $SnCl_4(THF)_2$ (s. S. 15) verwendet werden.

Als metallorganische Reaktionskomponente ist anstelle des Phenylmagnesiumbromids auch Lithiumphenyl einsetzbar.

Reaktionen

Synthese von Triphenylzinn(IV)-chlorid (s. S. 43).

Literatur

[1] P. Pfeifer u. K. Schnurmann; Chem. Ber. **37** (1904) 319.

Hexaphenyldiblei [1]

Aufgrund der Toxizität von bleiorganischen Verbindungen ist besondere Sorgfalt geboten und jeglicher Hautkontakt zu vermeiden! Arbeiten mit Diethylether (s. S. 60).

1. $2\,PbCl_2 + 6\,C_6H_5MgBr \longrightarrow 2(C_6H_5)_3PbMgBr + 2\,MgBr_2 + 2\,MgCl_2$
2. $2(C_6H_5)_3PbMgBr + Br-CH_2-CH_2-Br \longrightarrow$
$$(C_6H_5)_3Pb-Pb(C_6H_5)_3 + 2\,MgBr_2 + C_2H_4$$

1. In einem $500\,cm^3$-Dreihalskolben mit Rückflußkühler, Rührer und Tropftrichter wird aus 0,6 mol (14,6 g) Magnesiumspänen und 0,6 mol (94,1 g) Brombenzen in $200\,cm^3$ sorgfältig getrocknetem THF zunächst auf übliche Weise eine Grignardlösung dargestellt.
Reste von eventuell noch vorhandenem Magnesium werden durch Dekantieren entfernt. Bei unvollständiger Umsetzung des Magnesiums oder bei längerem Stehen der Girgnardlösung macht sich eine Gehaltsbestimmung durch acidimetrische Titration notwendig.

2. Zu der Lösung von 0,6 mol Phenylmagnesiumbromid gibt man 0,2 mol (55,6 g) Blei(II)-chlorid. Man kühlt die Mischung auf 5 °C ab. Über den Tropftrichter läßt man unter Rühren 0,3 mol (56,4 g) 1,2-Dibromethan auf einmal zulaufen. Die Lösung entfärbt sich sofort und die Temperatur steigt auf 25 °C. Dabei entstehen $1600\,cm^3$ Ethylen (70% bezogen auf Dibromethan).

Achtung! Starke Gasentwicklung!

Nach beendeter Reaktion wird die Reaktionsmischung filtriert. Der verbleibende Rückstand wird dreimal mit je $100\,cm^3$ kaltem Chloroform extrahiert. Zu den vereinigten Chloroformextrakten gibt man Ethanol bis die farblosen Kristalle des Hexaphenyldibleis ausfallen. Das Produkt kann aus Chloroform umkristallisiert werden.

Ausbeute, Eigenschaften; 92% bezogen auf Blei(II)-chlorid; farbloses, kristallines Pulver; löslich in THF, Chloroform und Benzen.

Bei der Reaktion fallen Tetrahydrofuran, ein Gemisch aus Chloroform und Ethanol, sowie ein metallhaltiger Extraktionsrückstand an.
Das THF wird nochmals destilliert und kann nach gaschromatographischer Reinheitsprüfung wiederverwendet werden. Das Chloroform/Ethanol-Gemisch wird zur kommerziellen Verbrennung gesammelt. Der feste Extraktionsrückstand wird mit Natronlauge und dann mit Kieselgur versetzt und die ausgefallenen Hydroxide bzw. Oxidhydrate abfiltriert. Durch Glühen werden deponiefähige Oxide erhalten.

Charakterisierung

Die Bestimmung des Metallgehaltes erfolgt nach einem Salpetersäureaufschluß (Var. 3, s. S. 217) durch komplexometrische Titration gegen Xylenolorange.
Fp. 225 °C (Zum Schmelzverhalten: s. Reaktionen).
IR-Spektrum (Nujol): 1570, 1025, 1020, 1000, 992, 856, 840, 720, 688, 443.
Eine Bestimmung der Molmasse kann durch kryoskopische Messung in Benzen erfolgen [2].

Reaktionen

Die Bestimmung des Schmelzpunkts stellt gleichzeitig eine für Hexaorganodibleiverbindungen charakteristische Reaktion dar. Es handelt sich dabei um eine thermische Disproportionierungsreaktion gemäß der Gleichung

$$2(C_6H_5)_3Pb-Pb(C_6H_5)_3 \longrightarrow 3(C_6H_5)_4Pb + Pb.$$

Dabei tritt bei 155 °C eine Zersetzung des Hexaphenyldibleis ein (Schwarzfärbung durch Bleiabscheidung). Bei etwa 225 °C erhält man dann den Schmelzpunkt des Tetraphenylbleis [3].

Umsetzung mit Essigsäure führt zu **Diphenylblei(IV)-acetat:**
Eine Lösung von 2,5 mmol (2,2 g) Hexaphenyldiblei in 20 cm^3 Eisessig wird 5 Minuten zum Sieden erhitzt. Dabei entsteht ein weißer Niederschlag. Dieser wird filtriert und mit Chloroform extrahiert. Der verbleibende Rückstand (0,81 g) besteht aus Blei(IV)-acetat. Das Chloroformfiltrat engt man bis zur Trockne ein. Der Rückstand wird aus Benzen/Essigsäure 1:1 umkristallisiert. (**Ausbeute:** 94%, **Fp.** 208–209 °C [1]).

Literatur

[1] L. C. Willemsens u. G. J. M. Van Der Kerk, J. Organomet. Chem. **21** (1970) 123.
[2] L. S. Foster, W. M. Dix u. I. J. Gruntfest, J. Amer. Chem. Soc. **61** (1939) 1685.
[3] H. Gilman, W. H. Atwell u. F. K. Cartledge, Adv. Organomet. Chem. **4** (1966) 69.

3.3 Phosphororganische Verbindungen

Bis(diphenylphosphino)ethan [1]

> Vorsicht beim Umgang mit Alkalimetallen (Abzug, Luft- und Feuchtigkeitsausschluß) und brennbaren Lösungsmitteln!

1. $(C_6H_5)_2PCl + 2\,Na \longrightarrow (C_6H_5)_2PNa + NaCl$
2. $2\,(C_6H_5)_2PNa + Cl-CH_2CH_2-Cl \longrightarrow$
$$(C_6H_5)_2P-CH_2CH_2-P(C_6H_5)_2 + 2\,NaCl$$

Alle Arbeiten werden unter Inertbedingungen durchgeführt.

1. In einem 500 cm^3-Dreihalskolben mit Hahnschliff, Rückflußkühler mit Gasableitungsrohr werden 0,08 mol (17,6 g) Diphenylchlorphosphin in 150 cm^3 Dioxan gelöst und mit 0,4 mol (9,2 g) Natrium unter Rückfluß 5–6 Stunden gekocht. Danach werden zur Erhöhung der Löslichkeit des Natriumbisdiphenylphosphids 100 cm^3 Tetrahydrofuran zugegeben und die orangefarbene Lösung, die 0,05 mol Natriumdiphenylphosphid enthält, über eine mit Kieselgur bedeckte G3-Fritte filtriert.

2. Zu dieser Lösung tropft man unter Rühren 0,025 mol (2,5 g) 1,2-Dichlorethan in 50 cm^3 Dioxan bis die Lösung farblos wird. Danach erhitzt man noch 10 Minuten zum Sieden und filtriert nach dem Abkühlen über eine mit Kieselgur bedeckte G3-Fritte das entstandene Natriumchlorid ab. Der nach dem vollständigen Abdestillieren des Lösungsmittels verbleibende feste Rückstand wird zweimal mit 100–150 cm^3 Cyclohexan umkristallisiert.

Ausbeute, Eigenschaften; 75% bezogen auf eingesetztes 1,2-Dichlorethan; farblose Kristalle, löslich in Ethanol, Dioxan, Aceton und Benzen, im trockenen Zustand luftbeständig.

> Die bei der Reaktion anfallenden organischen Lösungsmittel Dioxan, Tetrahydrofuran und Cyclohexan werden durch Destillieren gereinigt und können nach Reinheitskontrolle wiederverwendet werden. Die verbleibenden Natriumreste werden mit wäßrigem Isopropanol in einem Kolben mit Rückflußkühler unter dem Abzug vernichtet.

Charakterisierung

Die Bestimmung des Phosphorgehaltes erfolgt nach Aufschluß mit Salpetersäure/Perchlorsäure (Var. 4, s. S. 218) gravimetrisch als Ammoniummolybdatphosphat [3].
Fp. 159–161 °C
IR-Spektrum (KBr-Preßling): 3080 (v_{C-H}, arom.); 2970, 2935 (v_{C-H}, aliphat.); 1600 ($v_{C=C}$, arom.); 1475 (v_{C-H}); 1440 (Ring); 1100, 1000 (Ring); 752, 697.

Synthesevarianten

Aus Triphenylphosphin und elementarem Kalium wird in Dioxan das Kaliumbisdiphenylphosphid hergestellt und in analoger Weise mit 1,2-Dichlorethan umgesetzt [2].

Reaktionen

Oxidation zum **Ethylenbis(diphenylphosphinoxid)**
In Analogie zum Tricyclohexylphosphin (s. unten) kann das Bis(diphenylphosphino)-
ethan zum entsprechenden Phosphinoxid oxidiert und mit Chloroform extrahiert
werden.
(**Fp.** 252–254 °C; zum **IR-Spektrum** von Bis(diphenylphosphino)ethan tritt eine
zusätzliche Bande bei 1196 ($v_{P=O}$) auf).

Literatur

[1] K. Issleib u. D.-W. Müller, Chem. Ber. **92** (1959) 3175.
[2] H. Schindlbauer, L. Golser u. V. Hilzensauer, Chem. Ber. **97** (1964) 1150.
[3] H. Biltz u. W. Biltz, „Ausführung quantitativer Analysen", S. 158; S. Hirzel Verlag Stuttgart, 1983.

Tricyclohexylphosphin

> Arbeiten mit Diethylether (s. S. 13). Arbeiten mit Schwefelkohlenstoff (s. S. 18).

$$C_6H_{11}Br + Mg \longrightarrow C_6H_{11}MgBr$$
$$6 C_6H_{11}MgBr + 2 PCl_3 \longrightarrow 2(C_6H_{11})_3P + 3 MgBr_2 + 3 MgCl_2$$

Alle Arbeiten sind wegen der Oxidationsempfindlichkeit des Tricyclohexylphosphins
unter Schutzgas durchzuführen!
In einem 1000 cm³-Dreihalskolben mit Rührer, Rückflußkühler und Tropftrichter
wird aus 1,3 mol (31,6 g) Magnesium und 1,3 mol (213 g) Cyclohexylbromid in 500 cm³
absolutem Diethylether eine Grignardlösung bereitet. Nach vollständiger Reaktion
wird der Reaktionskolben mit Eis-Kochsalz-Mischung gekühlt, und unter kräftigem
Rühren werden 0,4 mol (55,0 g) Phosphor(III)-chlorid in 100 cm³ Diethylether langsam
zugetropft. Nach vollständiger Reaktion wird das Reaktionsgemisch eine Stunde bei
Raumtemperatur gerührt und danach 1–2 Stunden auf dem Wasserbad am Rückfluß
gekocht. Nach dem Abkühlen auf Raumtemperatur wird unter Kühlung (Eis/Koch-
salz) mit 300 cm³ Ammoniumchloridlösung (50 g Ammoniumchlorid auf 270 cm³
Wasser) vorsichtig zersetzt, die Etherphase abgetrennt und mit Natriumsulfat
getrocknet. Nachdem vom Trockenmittel abfiltriert wurde, destilliert man etwa
200 cm³ Diethylether ab und gibt zum Rückstand 15 cm³ Schwefelkohlenstoff
(Vorsicht!).
Dabei scheidet sich das CS₂-Addukt in Form roter Nadeln ab. Das Addukt wird
abfiltriert und dreimal mit je 30 cm³ Petrolether (50–60 °C) gewaschen. Man erhält
66,0 g Tricyclohexylphosphin-Schwefelkohlenstoff-Addukt (**Fp.** 118 °C).
In einem 500 cm³-Zweihalskolben mit Hahnschliff und Rückflußkühler wird dann die
gesamte Menge des erhaltenen Addukts in 400 cm³ absolutem Ethanol suspendiert
und zum Sieden erhitzt. Nachdem das Addukt in Lösung gegangen ist, werden die
Lösungsmittel abdestilliert. Der Rückstand wird aus Aceton umkristallisiert und im
Vakuum getrocknet.
Ausbeute, Eigenschaften; 47% bezogen auf Phosphor(III)-chlorid; schneeweiße Nadeln, löslich in Diethylether, Benzen, Alkohol und Aceton, unlöslich in Wasser,
oxidationsempfindlich.

Die bei der Reaktion anfallenden organischen Lösungsmittel Diethylether und Ethanol werden destilliert und können nach Reinheitsprüfung wiederverwendet werden. Petrolether, Aceton und Schwefelkohlenstoff werden zur Verbrennung gegeben. Die wäßrige Phase, die nach Hydrolyse erhalten wird, kann nach Neutralisation mit Natronlauge ins Abwasser gegeben werden.

Charakterisierung

Die Bestimmung des Phosphorgehaltes erfolgt nach der Methode von WOY [2].
Fp. 76–78 °C
IR-Spektrum (Nujol): 1712, 1444, 1008, 896, 868, 848, 800, 752, 592.

Reaktionen

Oxidation zum **Tricyclohexylphosphinoxid**
In einem Becherglas werden 2,0 g Tricyclohexylphosphin in 50 cm^3 6-molarer Natronlauge suspendiert. Dazu tropft man vorsichtig 3 bis 4 cm^3 30%ige Wasserstoffperoxidlösung. Nach dem Neutralisieren mit verdünnter Salzsäure schüttelt man mit Diethylether aus. Man destilliert den Diethylether ab und erhält Tricyclohexylphosphinoxid. (**Ausbeute:** 2,0 g; **Fp.** 155–157 °C; **IR-Spektrum** (Nujol): Das IR-Spektrum ist mit dem des Tricyclohexylphosphins identisch. Zusätzlich $v_{P=O}$ bei 1190).

Komplexbildung mit Nickel(II)-chlorid zum **Dichloro-bis(tricyclohexylphosphin)-nickel(II)** [3]

$$NiCl_2(H_2O)_6 + 2(C_6H_{11})_3P \longrightarrow [(C_6H_{11})_3P]_2NiCl_2 + 6H_2O$$

Eine Lösung von 10 mmol (2,8 g) Tricyclohexylphosphin in 20 cm^3 Benzen und 100 cm^3 Ethanol wird langsam zu einer Lösung von 5 mmol (1,2 g) NiCl$_2$(H$_2$O)$_6$ in 30 cm^3 Ethanol bei Raumtemperatur (unter Schutzgas) gegeben. Es setzt sich sofort ein roter kristalliner Niederschlag ab. Nach vollständiger Zugabe der Tricyclohexylphosphinlösung läßt man 2 Stunden stehen, filtriert ab, wäscht mit Ethanol und trocknet im Vakuum (**Ausbeute:** 95% bezogen auf Nickel(II)-chlorid; **Fp.** 227 °C; unlöslich in Wasser, löslich in Methanol, Ethanol, Chloroform, Diethylether, Benzen; **UV/VIS-Spektrum** (CHCl$_3$, 10^{-3} molar): 35 700; 27 000; 23 300; 11 500 [4]).

Literatur

[1] K. Issleib u. A. Brack, Z. Anorg. Allg. Chem. **277** (1954) 258.
[2] H. Biltz u. W. Biltz, „Ausführung quantitativer Analysen", S. 158; S. Hirzel Verlag Stuttgart, 1983.
[3] T. Saito, H. Munakata u. H. Imoto, Inorg. Synth. **17** (1977) 83.
[4] G. Giacometti u. A. Turco, J. Inorg. Nucl. Chem. **15** (1960) 242.

4 Organoverbindungen der Übergangsmetalle

Allgemeines zur Stoffklasse

Alle Verbindungen, die eine direkte Bindung zwischen einem Übergangsmetall m und dem Kohlenstoffatom eines organischen Moleküls enthalten, werden zur Klasse der Übergangsmetallorganoverbindungen gerechnet.

Je nach Art des organischen Moleküls oder der organischen Gruppe, die an das Metall gebunden ist, wird diese Verbindungsklasse in folgende Gruppen unterteilt:

I. σ-Organoverbindungen: $m-R$
II. Carbenkomplexe: $m=CR_2$
III. Carbinkomplexe: $m\equiv CR$

IV. η^3-Allylverbindungen:

$$\diagdown C \diagup\diagdown \underset{m}{\overset{C}{\vert}} \diagdown C \diagdown$$

V. Olefinkomplexe: $\underset{\underset{m}{\vert}}{>C=C<}$

VI. Alkinkomplexe: $\underset{\underset{m}{\vert}}{-C\equiv C-}$

Metallkomplexe mit aromatischen organischen Verbindungen werden im Kapitel 5 besprochen.

Aufgrund der großen Anzahl von Metallen als mögliche Zentralatome, die in unterschiedlichen Oxidationsstufen auftreten können, sowie der Möglichkeit, die koordinative Umgebung des Zentralatoms durch unterschiedliche Liganden und organische Gruppen zu modifizieren, ergibt sich eine nahezu unerschöpfliche Vielfalt von Verbindungen mit in weiten Grenzen einstellbarer Reaktivität.

In den meisten Fällen ist die Bindung zwischen dem Metall und dem organischen Molekül kinetisch labil und häufig auch thermodynamisch so wenig stabil, daß viele Verbindungen nur unter Schutzgas hergestellt und gehandhabt werden können, da sie auch mit Luftsauerstoff z.T. heftig reagieren.

Die Reaktionsfreudigkeit vieler Übergangsmetallorganoverbindungen ist auf der anderen Seite die Ursache für ihre Verwendung als Katalysatoren. Reaktive Übergangsmetallorganoverbindungen treten auch als Zwischenstufen homogen- und heterogenkatalytischer Prozesse auf, für deren Verständnis die Isolierung und Strukturaufklärung vieler Verbindungen essentiell war (Kap. 9, s. S. 155).

Zur Synthese von Organoverbindungen der Übergangsmetalle dient eine Reihe allgemeiner Verfahren, deren wichtigste im folgenden zusammengefaßt sind:

σ-Organoverbindungen (I) durch Umsetzung von Hauptgruppenorganylen mit Übergangsmetallhalogeniden oder -komplexen:

$$R-MgX + m-X \longrightarrow R-m + MgX_2$$

Treibende Kraft dieser Reaktion ist die Bildung von MgX_2, einem Halogenid hoher Bindungsenergie.

Anstelle von Grignardreagenzien werden häufig auch Lithium- oder Aluminiumorganoverbindungen verwendet. Setzt man Allylverbindungen der Hauptgruppenelemente ein, können η^3-Allylkomplexe (IV) erhalten werden.

σ-Organoverbindungen durch oxidative Addition von Alkyl- oder Arylhalogeniden an Metallverbindungen niedriger Oxidationsstufen:

$$m(0) + R-X \longrightarrow m{<}^R_X$$

Auch „aktive Metalle" (Kap. 10, s. S. 179) sind für diese Reaktion einsetzbar.

Insertionsreaktionen von Olefinen oder Alkinen in Metallhydride:

$$m-H + {>}C{=}C{<} \longrightarrow {>}\underset{m}{C}-\underset{H}{C}{<}$$

Olefin- oder Alkinkomplexe (V, VI) sind entweder durch Substitution von Neutralliganden oder durch Reduktion von Metallkomplexen in Gegenwart des Olefins oder Alkins zugänglich:

$$m-L + \text{Olefin} \longrightarrow m(\text{Olefin}) + L$$

$$mX_2 + \text{Olefin} \xrightarrow{\text{Reduktionsmittel}} m(\text{Olefin})$$

Carbenkomplexe (II) spielen eine Rolle als Zwischenverbindungen bei der Olefinmetathese (Kap. 9 s. S. 173), Carben- und Carbinkomplexe (II, III) haben in speziellen Fällen auch zur stöchiometrischen Übertragung von Carbenen $:CR_2$ oder Carbinen $:CR$ auf organische Substrate Anwendung gefunden. Wegen ihrer Synthese sei auf Spezialliteratur verwiesen.

4.1 σ-Organoverbindungen

Bis(cyclopentadienyl)-titandiphenyl [1, 2]

Konzentrierte Lösungen von Lithiumphenyl in Diethylether können sich bei Zersetzung an der Luft entzünden, sie sind unter Inertbedingungen herzustellen und zu handhaben. Arbeiten mit Diethylether (s. S. 13).

1. $C_6H_5Br + 2\,Li \longrightarrow C_6H_5Li + LiBr$
2. $(C_5H_5)_2TiCl_2 + 2\,C_6H_5Li \longrightarrow (C_5H_5)_2Ti(C_6H_5)_2 + 2\,LiCl$

1. In einem 500 cm³-Dreihalskolben mit Rührer und Rückflußkühler übergießt man 0,5 mol (3,5 g) Lithiumspäne, die unter Argon geraspelt oder geschnitten wurden, mit 250 cm³ Diethylether. Auf den Kolben setzt man dann noch einen Tropftrichter und tropft 0,25 mol (39,3 g) Brombenzen, verdünnt mit 70 cm³ Ether so zu, daß dieser leicht siedet. Danach führt man die Reaktion bei der Siedetemperatur des Ethers noch eine Stunde weiter, filtriert nach dem Abkühlen die Lösung über eine mit Kieselgur belegte G3-Fritte klar und bestimmt den Gehalt der Lösung an **Lithiumphenyl** nach der Hydrolyse eines aliquoten Teils acidimetrisch. Bei nicht sofortiger Weiterverwendung der Lösung ist vor ihrem Einsatz eine Doppeltitration nach GILMAN (s. S. 51) durchzuführen.

2. Zu einer Suspension von 32,5 mmol (8,1 g) Cp₂TiCl₂ in 150 cm³ Diethylether in einem 250 cm³-Dreihalskolben mit Rückflußkühler und Rührer tropft man im Verlauf von 90 Minuten 82 cm³ einer 0,8 molaren Lithiumphenyllösung (65 mmol). Danach wird die Reaktionsmischung noch eine Stunde gerührt. Mittels „Kältedestillation" (s. S. 203) wird der gesamte Diethylether im Vakuum entfernt. An dieser Stelle kann die Schutzgasatmosphäre aufgehoben werden. Der Rückstand wird mit 70 cm³ frisch destilliertem Methylenchlorid aufgenommen und auf eine G3-Fritte gebracht. Mit diesem Methylenchlorid wird solange von der Fritte extrahiert, bis die Lösung fast farblos abläuft. Aus dieser kristallisieren beim Abkühlen Kristalle, die von der Lösung abfiltriert und aus Diethylether umkristallisiert werden.

Ausbeute, Eigenschaften; 89% bezogen auf Cp₂TiCl₂; orangefarbenes Pulver, löslich in Benzen und Methylenchlorid, nicht luftempfindlich, bei Langzeiteinwirkung lichtempfindlich.

Unumgesetztes Lithium wird durch vorsichtiges Eintragen in viel Wasser zu Lithiumhydroxid umgesetzt und in die Abwasserleitung gegeben.
Der abdestillierte Ether wird einer gaschromatographischen Reinheitskontrolle unterzogen und der Wiederverwendung zugeführt.
Das Methylenchloridfiltrat wird nach dem Standardverfahren (s. S. 212f.) behandelt, das abdestillierte Methylenchlorid kann wiederverwendet werden.

Charakterisierung

Nach Hydrolyse einer Probe mit HCl/Diethylether erfolgt die quantitative Bestimmung der Phenylgruppen als Benzen gaschromatographisch. Als Standard wird Toluen verwendet (s. S. 218).

Fp. 146 °C
IR-Spektrum (Nujol): 1560, 1524, 1048, 1016, 814, 736, 704
H-NMR (C₆D₆): 6,95 (10H, s, Cp); 7,15 (ca. 10H, m, H arom.)
Magnetisches Verhalten: diamagnetisch.

Reaktionen

Bis(cyclopentadienyl)-titandiphenyl reagiert unter Einwirkung von Licht- oder Wärmeenergie als solches oder in Gegenwart anderer Substrate an den Titan-Phenyl-Bindungen.

Bestrahlt man Cp_2TiPh_2, gelöst in Benzen, werden beide Phenylgruppen unter Ausbildung von „Titanocen" und Diphenyl abgespalten [3].

Bestrahlung in Gegenwart von CO, ergibt $Cp_2Ti(CO)_2$, in Gegenwart symmetrisch substituierter Acetylene wie Tolan werden unter Ausbildung eines Titanacyclopenta-dienrings 2 Phenylgruppen abgespalten und zwei Acetylenmoleküle oxidativ addiert [3].

Verwendet man für die Reaktion unsymmetrisch substituierte Acetylene, wird nur eine Phenylgruppe abgespalten und ein Acetylen unter Ausbildung eines Benzotitanols an die zweite Phenylgruppe addiert [4].

So erhält man aus 1,5 mmol (500 mg) Cp_2TiPh_2 und 1,5 mmol (261 mg) Phenyltrime-thylsilylacetylen in 10 cm³ siedendem Benzen unter Argon **1,1-Bis(cyclopentadienyl)-2-trimethylsilyl-3-phenyl-benzotitanol**, wenn unter Zugabe von 2 g aktiviertem Alumini-umoxid zur Benzenlösung das Benzen im Vakuum entfernt und der Rückstand auf eine trocken gepackte Al_2O_3-Säule (2 × 40 cm) gegeben wird. Nach Eluieren mit Hexan kristallisiert aus dessen farbiger Fraktion das angegebene Titanol. (**Ausbeute:** 30%, **Fp.** 201 °C, **H-NMR** (C_6D_6): 0,65 (9 H, s, $Si(CH_3)_3$); 6,95 (10 H, s, Cp); 6,9–7,4 (ca. 9 H, m, arom.)).

Erhitzt man Cp_2TiPh_2 in Benzen in Stickstoffatmosphäre, wird Stickstoff unter Ausbildung eines Benzodiazatitanols fixiert, das bei Hydrolyse Anilin und Ammoniak freisetzt [5].

Ähnlich verläuft die Reaktion mit Kohlendioxid in Xylen bei 80 °C, die zu einem Oxatitanol führt [6].

Literatur

[1] U. Schöllkopf in Houben-Weyl; „Methoden der organischen Chemie", Bd. 13/1, S. 145; Georg Thieme Verlag Stuttgart, 1970.
[2] L. Summers, R. H. Uloth u. A. Holmes, J. Amer. Chem. Soc. **77** (1955) 3604.
[3] M. D. Rausch, W. H. Boon u. E. A. Mintz, J. Organomet. Chem. **160** (1978) 81.
[4] J. Mattia, M. B. Humphrey, R. D. Rogers, J. L. Atwood u. M. D. Rausch, Inorg. Chem. **17** (1978) 3257.
[5] V. B. Shur, E. G. Berkovitch, L. B. Vasiljeva u. M. E. Volpin, J. Organomet. Chem. **78** (1974) 127.
[6] I. S. Kolomnikov, T. S. Lobeeva u. M. E. Volpin, Ž. obšč. Chim. **42** (1972) 2232.

Dilithium-chrom-pentaphenyl-3-Diethylether [1, 2]

Lösungen von Lithiumphenyl in Diethylether sind an der Luft entzündlich, sie müssen daher unter Schutzgas hergestellt und gehandhabt werden. Arbeiten mit Diethylether (s. S. 13). Arbeiten mit Chromverbindungen (s. S. 23).

1. $2 Li + C_6H_5Br \longrightarrow C_6H_5Li + LiBr$
2. $CrCl_3 + 6 C_6H_5Li + 2,5 Et_2O \longrightarrow Li_3Cr(C_6H_5)_6(Et_2O)_{2,5} + 3 LiCl$
3. $Li_3Cr(C_6H_5)_6(Et_2O)_{2,5} + C_5H_6 + 0,5 Et_2O \longrightarrow$
$$Li_2Cr(C_6H_5)_5(Et_2O)_3 + LiC_5H_5 + C_6H_6$$

1. Aus 0,85 mol (6,0 g) Lithium in 200 cm³ Diethylether und 0,4 mol (62,8 g) Brombenzen in 100 cm³ Ether wird – wie bereits beschrieben (s. S. 66) – eine Lithiumphenyllö-sung in Diethylether hergestellt, deren Gehalt acidimetrisch bestimmt wird.

2. In einem 500 cm³-Dreihalskolben mit Rührer und Hahnschliff wird diese Lithium-phenyl-Lösung unter Rühren mit 0,06 mol (9,5 g) Chrom(III)-chlorid versetzt.
Von der braunen Lösung wird nach 8 Stunden Reaktionszeit über eine G3-Fritte abfiltriert. Das schwarzbraune Filtrat wird auf − 78 °C gekühlt, daraus kristallisieren gelbe Kristalle, die isoliert und getrocknet werden und einen Teil der Produktausbeute darstellen.
Der Filterrückstand auf der Fritte wird mit ca. 150 cm³ siedendem Diethylether extrahiert, bis der Ether fast farblos von der Fritte abläuft.
In der Kälte kristallisiert aus der Extraktionslösung die Hauptmenge des erhaltenen Produkts (**Ausbeute:** 44%; orangefarbene, luftempfindliche Kristalle).
3. 13,8 mmol (10,0 g) Trilithium-chrom-hexaphenyl-2,5-Ether werden in einem Schlenkgefäß in 50 cm³ Diethylether suspendiert und bei etwa 0 °C mit einer Lösung von 1,0 g monomerisiertem Cyclopentadien (s. S. 80) in 30 cm³ kaltem Ether (− 15 °C) versetzt.
Dabei wird die orangerote Suspension grün und homogen, nach kurzer Zeit scheidet sich farbloses LiC_5H_5 ab. Die Reaktionsmischung wird 30 Minuten bei Raumtemperatur geschüttelt, dann wird über eine G4-Fritte vom LiC_5H_5 abfiltriert.
Das Filtrat wird im Vakuum zur Trockne eingeengt. der Rückstand mit 30 cm³ THF aufgenommen, und diese Lösung wird gekühlt. Dabei scheidet sich unumgesetztes $Li_3Cr(C_6H_5)_6$ ab. Es wird abfiltriert und das Filtrat mit dem doppelten Volumen Diethylether versetzt. Nach 24 Stunden kristallisiert Dilithium-chrom-pentaphenyl-3-Diethylether, die Kristalle werden auf einer Fritte gesammelt und mit frischem Ether durch Extraktion umkristallisiert.
Ausbeute, Eigenschaften; 40% bezogen auf Trilithium-chrom-hexaphenyl-2,5-Diethylether; blaugrüne Kristalle, sehr luftempfindlich.
Sehr gut in THF, gut in Diethylether löslich, nicht löslich in Hexan.

Die etherischen Filtrate der Synthesen werden in einen Kolben gegeben. Davon wird zunächst die Hauptmenge Diethylether abdestilliert (ca. 400 cm³), dessen Reinheit gaschromatographisch kontrolliert wird und der dann wiederverwendet werden kann. Der chromhaltige Destillationsrückstand wird zum THF/Ether-Gemisch gegeben und nach dem Standardverfahren aufgearbeitet (s. S. 212f.), wobei das anfallende Lösungsmittelgemisch zur kommerziellen Verbrennung gegeben wird.

Charakterisierung

Eine Substanzprobe wird mit Salzsäure/Wasserstoffperoxid (Var. 2, s. S. 217) aufgeschlossen und der Chromgehalt iodometrisch bestimmt. Nach Hydrolyse der Substanz mit HCl/Diethylether erfolgt die quantitative Bestimmung der Phenylgruppen als Benzen gaschromatographisch. Als Standard wird Toluen verwendet (s. S. 218).
IR-Spektrum (KBr, Nujol): 1600, 1524 ($\nu_{C=C}$, arom.); 736, 672 (δ_{C-H})
Magnetisches Verhalten: $\mu_{eff} = 3,87$ B. M.

Reaktionen

Dilithium-chrom-pentaphenyl bildet in etherischer Lösung mit Lithiumphenyl ein Gleichgewicht [2]:

$$Li_2Cr(C_6H_5)_5 + LiC_6H_5 \rightleftharpoons Li_3Cr(C_6H_5)_6$$

Mit LiC_5H_5 reagiert Dilithiumpentaphenylchrom in anderer Art und Weise gemäß

$$Li_2Cr(C_6H_5)_5 + LiC_5H_5 \longrightarrow Li(C_5H_5)Cr(C_6H_5)_3 + 2\,LiC_6H_5$$

unter Ausbildung einer in ihren Eigenschaften und Reaktionen völlig anderen Verbindung [3].

Mit Wasserstoff reagiert $Li_2Cr(C_6H_5)_5$, in Benzen gelöst, bei Raumtemperatur und Atmosphärendruck mit großer Geschwindigkeit unter Aufnahme von 1,5 mol Wasserstoff, mit weiteren 0,5 mol Wasserstoff beträchtlich langsamer, was die Isolierung des roten kristallinen $Li_3Cr_2H_3(C_6H_5)_6$-3-Dioxan ermöglicht [4].

Ökonomische Bewertung

$Li_2CrPh_5(Et_2O)_3$ wird nach folgender Reaktionssequenz gewonnen:

$$60\,\text{mmol (9,5 g) } CrCl_3 \xrightarrow{44\%} Li_3Cr(C_6H_5)_6 \xrightarrow{40\%} Li_2Cr(C_6H_5)_5(Et_2O)_3$$

Von den insgesamt 700 cm³ Diethylether sind ca. 500 cm³ wiedergewinnbar. Die Ansatzgröße läßt sich ohne erheblichen Aufwand nicht erhöhen.

Man schätze die zusätzlichen Kosten ab, die auftreten, wenn die nach der angegebenen Vorschrift möglichen Ausbeuten in jeder Stufe um 10% unterschritten werden und eine Ausbeute von 10 mmol Zielprodukt erreicht werden muß.

Literatur

[1] F. Hein u. R. Weiss, Z. Anorg. Allg. Chem. **295** (1958) 145.
[2] F. Hein u. B. Heyn, Monatsber. d. Deutsch. Akad. Wiss. Berlin **4** (1962) 220.
[3] Gmelins Handbuch der Anorganischen Chemie, Erg. Werk, Bd. 3, S. 22; Springer Verlag Berlin, Heidelberg, New York, 1974.
[4] F. Hein u. B. Heyn, Monatsber. d. Deutsch. Akad. Wiss. Berlin **4** (1962) 223.

Trimesitylvanadium-1,25-Tetrahydrofuran [1, 2]

Arbeiten mit Vanadiumverbindungen (s. S. 18). Arbeiten mit Diethylether und THF (s. S. 13 und 15).
Alle Arbeiten sind unter Schutzgas durchzuführen.

1. $C_9H_{11}Br + Mg \xrightarrow{THF} C_9H_{11}MgBr$
2. $3\,C_9H_{11}MgBr + VCl_3(THF)_3 \longrightarrow$
$$V(C_9H_{11})_3(THF)_{1,25} + 1,75\,THF + 1,5\,MgBr_2 + 1,5\,MgCl_2$$

1. In einem 1000 cm³-Dreihalskolben, versehen mit Rührer und Rückflußkühler, legt man 0,5 mol (12,0 g) Magnesiumspäne in 300 cm³ THF vor. Durch langsames Eintropfen von 0,5 mol (99,5 g) $C_9H_{11}Br$ (MesBr) wird unter Rühren eine MesMgBr-Lösung bereitet. Nach beendeter Reaktion kocht man noch 1 Stunde am Rückfluß, läßt erkalten und filtriert über eine mit Kieselgur belegte G3-Fritte die Lösung. Der Gehalt wird nach Entnahme eines aliquoten Teiles mittels einer Fortunapipette acidimetrisch

bestimmt. Die Lösung wird direkt verwendet (**Ausbeute:** ca. 80% bezogen auf eingesetztes MesBr).

2. Ein 1000 cm³-Dreihalskolben mit der filtrierten Grignard-Lösung wird mit Rührer und Rückflußkühler versehen, unter kräftigem Rühren gibt man 0,1 mol (37,4 g) $VCl_3(THF)_3$ in kleinen Portionen zu und läßt bei Raumtemperatur 2 Stunden reagieren. Anschließend werden in die klare blaue Lösung langsam 130 cm³ Dioxan eingetropft, wobei weitere 2 Stunden gerührt wird. Die ausgeschiedenen Magnesiumsalze läßt man absitzen und filtriert sie über eine mit Kieselgur belegte G3-Fritte. Das Filtrat wird bei Raumtemperatur durch „Kältedestillation" (s. S. 203) bis zum Destillieren von Dioxan eingeengt und dann mit 100 cm³ Ether versetzt. Das ausgeschiedene Trimesitylvanadium-1,25-Tetrahydrofuran wird abfiltriert, mit 50 cm³ Ether gewaschen und im Ölpumpenvakuum getrocknet.

Ausbeute, Eigenschaften; 64% bezogen auf eingesetztes $VCl_3(THF)_3$; blaue, luftempfindliche Kristalle, oxidieren sich an trockener Luft erst zu $(Mes)_3V-O-O-V(Mes)_3$ [3], später erfolgt Oxidation zu undefinierten Produkten; löslich in THF, Ether, Benzen, wenig löslich in Pentan.

Die Magnesiumsalz-Dioxan-Addukte werden unter einem Abzug (an der Luft) langsam in Wasser eingetragen, die entstandene Lösung wird weiter verdünnt und verworfen.

Das abdestillierte THF enthält oft etwas Dioxan. Wenn man es wiederum zur Darstellung von Grignard-Reagens verwendet, fallen Magnesiumsalze aus; das SCHLENK-Gleichgewicht wird verschoben, und in Lösung befindet sich z. T. R_2Mg. Dadurch hat man z.B. bei erneuter $V(Mes)_3(THF)_{1,25}$-Darstellung Vorteile, da jetzt weniger Magnesiumsalze ausfallen.

Die Vanadium enthaltenden Mutterlaugen werden mit halbkonzentrierter HCl zersetzt, und durch das Gemisch saugt man 2 Stunden Luft, um niederwertiges Vanadium zu oxidieren. Man trennt die Phasen; die wäßrige Phase wird zur Trockne eingeengt und mehrmals mit Salpetersäure abgeraucht, das gebildete V_2O_5 bei 400 °C geglüht und wiederverwendet (**Ausbeute:** 3,0 g). Die organische Phase (ca. 2 g Mesitylen und ca. 10 g eines Gemisches aus Dioxan, THF und Ether) gibt man nach Waschen mit Wasser zur kommerziellen Verbrennung.

Charakterisierung

Vanadium wird nach Aufschluß mit Salpetersäure/Perchlorsäure (Var. 4, s. S. 218) komplexometrisch als Vanadium(IV) durch Rücktitration mit Blei(II) gegen Xylenolorange bestimmt.

Kohlenstoff und Wasserstoff können durch Verbrennungsanalyse bestimmt werden. THF und Mesitylen werden gaschromatographisch nach Alkoholyse mit n-Pentanol und Standardisierung mit Toluen bestimmt.

Zp. (DTA): 142 °C

UV/VIS-Spektrum (THF): 17500 ($\varepsilon = 350$); 15200 (470); 14300 (450); 12100 (360); 10750 (300); 7400 (701) [2]

Magnetisches Verhalten: $\mu_{eff} = 2,88$ B. M.
Röntgenstrukturanalyse: verzerrt tetraedrischer Bau [4].

Reaktionen, Verwendung

Das koordinierte THF läßt sich sowohl durch Neutralliganden als auch durch Anionen substituieren:

$$V(Mes)_3(THF)_{1,25} + L \longrightarrow V(Mes)_3L + 1,25\,THF$$

L = bipy, Pyridin u.a. [2]

$$V(Mes)_3(THF)_{1,25} + R^- \longrightarrow [V(Mes)_3R]^- + 1,25\,THF$$

R = CH$_3$; Mes; Ph u.a. [5]
R = NPh$_2$; OPh; SiPh$_3$; SnPh$_3$ u.a. [6]
Lithium-tetramesitylvanadat(III)-4-Tetrahydrofuran

$$V(Mes)_3(THF)_{1,25} + LiMes + 2,75\,THF \longrightarrow Li(THF)_4V(Mes)_4$$

10 mmol (5,0 g) V(Mes)$_3$(THF)$_{1,25}$ werden in 50 cm^3 THF suspendiert. Unter Kühlung gibt man 10 mmol (1,2 g) LiMes als Feststoff zu, rührt etwa 30 Minuten und engt weitgehend ein. Anschließend wird mit 50 cm^3 Diethylether verdünnt. Nach erfolgter Kristallisation werden die Kristalle auf einer Fritte gesammelt, mit Ether gewaschen und im Vakuum getrocknet (**Ausbeute:** 76% bezogen auf V(Mes)$_3$(THF)$_{1,25}$; **magnetisches Verhalten** $\mu_{eff} = 2,92$ B.M.; **UV/VIS-Spektrum:** 22700 ($\varepsilon = 180$); 18800 (740); 15100 (1090); 13800 (1160); **Röntgenstruktur:** Anion verzerrt tetrametrisch [9]).
Analog lassen sich auch die anderen genannten Verbindungen darstellen. Li(THF)$_4$V(Mes)$_4$ [5] oxidiert sich mit Sauerstoff zu V(Mes)$_4$, einer luftstabilen homoleptischen Verbindung des Vanadium(IV) [7].
Mit Benzophenon bildet V(Mes)$_3$(THF)$_{1,25}$ unter O-Übertragung auf Vanadium ein stabiles organisches Radikal: **Diphenylmesitylmethylradikal.**

$$V(Mes)_3 + Ph_2CO \longrightarrow Mes-\overset{\displaystyle Ph}{\underset{\displaystyle Ph}{\overset{|}{\underset{|}{C^*}}}}$$

10 mmol (5,0 g) V(Mes)$_3$(THF)$_{1,25}$ werden in 200 cm^3 Ether suspendiert. Bei Raumtemperatur werden 10 mmol (1,8 g) Benzophenon hinzugefügt, dann wird die Mischung 8 Stunden geschüttelt. Anschließend filtriert man die nun rotbraune Lösung und engt zur Trockne ein. Der verbleibende Rückstand wird mit Pentan extrahiert, aus dem Extrakt scheiden sich feine rote Kristalle aus (**Ausbeute:** 70% bezogen auf Benzophenon; **MS (m/e):** 285, 1662; **magnetisches Verhalten:** $\mu_{eff} = 1,74$ B.M.) [8]
Mit CO reagiert V(Mes)$_3$(THF)$_{1,25}$ in einer komplizierten Reaktion unter CO-Einschub in die Metall-Kohlenstoff-Bindung und Bildung von Dimesitylketon und Dimesityldiketon [10].

Dimesitylketon

$$V(Mes)_3 \xrightarrow{\ \ CO\ \ } MesCOMes$$

In eine Suspension von 0,1 mol (50,0 g) V(Mes)$_3$(THF)$_{1,25}$ in 150 cm^3 THF wird 30 Minuten unter Rühren bei − 15 °C gereinigtes CO eingeleitet. Nach Entfernung des Lösungsmittels wird der feste Rückstand von einer Fritte mit Pentan extrahiert. Aus dem Extrakt scheiden sich 19,3 g Dimesitylketon ab, der Rückstand kann zur Darstellung von Dimesityldiketon dienen (**Ausbeute:** 48% bezogen auf V(Mes)$_3$(THF)$_{1,25}$; **Fp.** 136 °C; **H-NMR** (CCl$_4$): 1,88 (6 H); 2,10 (3 H); 6,56 (2 H, arom.)).

Ökonomische Bewertung

Trimesitylvanadium-1,25-Tetrahydrofuran ist ausgehend von Vanadium(V)-oxid in einer Dreistufensynthese darstellbar.

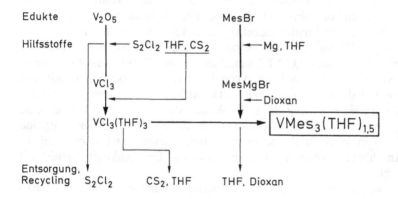

Das Schema zeigt den Gesamtweg und liefert zusätzliche Daten in bezug auf Ausbeuten.

- Wie hoch sind die Gesamtchemikalienkosten für die Synthese von 100 g Endprodukt? Voraussetzung: 80% des THF werden wiedergewonnen.
- Wegen der Giftigkeit des Vanadiums ist ein zuverlässiges Recycling notwendig. Man entwickle im Detail die für ein Recycling erforderlichen Operationen und untersuche den Chemikalien- und Arbeitsaufwand!

Literatur

[1] W. Seidel u. G. Kreisel, Z. Chem. **14** (1973) 25.
[2] W. Seidel u. G. Kreisel, Z. Anorg. Allg. Chem. **435** (1977) 146.
[3] W. Seidel u. G. Kreisel, Z. Chem. **17** (1977) 73.
[4] C. Floriani, S. Gambarotti, A. Chiesi-Villa u. C. Guastini, J. Chem. Soc. Chem. Comm. **1984,** 886.
[5] G. Kreisel, P. Scholz u. W. Seidel, Z. Anorg. Allg. Chem. **460** (1980) 51.
[6] G. Kreisel u. W. Seidel, Z. Anorg. Allg. Chem. **478** (1981) 106.
[7] W. Seidel u. G. Kreisel, Z. Chem. **16** (1976) 115.
[8] G. Kreisel u. W. Seidel, J. Organomet. Chem. **260** (1984) 301.
[9] C. Krüger, pers. Mitt.
[10] G. Kreisel u. W. Seidel, Wiss. Ztschr. Friedrich-Schiller-Univ. Jena. Naturwiss. R. **33** (1984) 211.

4.2 Olefinkomplexe

Bis(1,5-cyclooctadien)-nickel(0) [1, 2]

> Besondere Vorsicht ist beim Umgang mit Triethylaluminium geboten. Die
> Substanz brennt an der Luft und reagiert explosionsartig mit Wasser (Schutzbril-
> le, Handschuhe aus feuerfestem Material).
> Arbeiten mit Butadien (s. S. 52).

$$Ni(acac)_2 + Al(C_2H_5)_3 + 2\,COD \longrightarrow$$
$$Ni(COD)_2 + C_2H_5Al(acac)_2 + C_2H_6 + C_2H_4$$

Alle Arbeiten müssen unter Inertbedingungen durchgeführt werden. In einem
1000 cm^3-Dreihalskolben mit Rührer, Tropftrichter und Hahnschliff löst man 0,3 mol
(77,1 g) reinstes Bis(acetylacetonato)-nickel(II) (s. S. 120) in 250 cm^3 Benzen und
versetzt mit 1,6 mol (172,8 g) 1,5-Cyclooctadien. Nach dem Abkühlen auf 0 °C
kondensiert man etwa 0,13 mol (7,0 g) 1,3-Butadien zu einer Lösung und tropft dann
unter kräftigem Rühren bei 0 °C eine Lösung von 0,3 mol (34,2 g) Triethylaluminium in
100 cm^3 Benzen innerhalb von 3–4 Stunden zu. Die anfangs grüne Lösung wird dabei
orangerot. Bald scheiden sich hellgelbe Kristalle ab. Man rührt bei 0 °C noch eine
Stunde langsam weiter, um die Kristallisation zu vervollständigen, filtriert über eine
G3-Fritte und wäscht je zweimal mit 75 cm^3 kaltem Benzen und 75 cm^3 kaltem
Diethylether. Anschließend trocknet man im Vakuum. Ein Umkristallisieren aus
Benzen ist möglich.

Ausbeute, Eigenschaften; 89% bezogen auf Bis(acetylacetonato)-nickel(II); zitronen-
gelbe Kristalle, luftempfindlich, löslich in Benzen und THF.

Die bei der Reaktion anfallenden organischen Lösungsmittel Benzen und
Diethylether werden durch Destillation zurückgewonnen und können nach
gaschromatographischer Reinheitsprüfung wiederverwendet werden. Der verbleibende metallhaltige Rückstand wird vorsichtig mit Ethanol versetzt und mit
Natronlauge stark alkalisch gemacht. Die ausgefallenen Oxide und Oxidhydrate
werden abgetrennt und zu den Oxiden verglüht (s. S. 212f.).

Charakterisierung

Der Nickelgehalt wird nach Aufschluß mit Salpetersäure (Var. 3, s. S. 217) durch
komplexometrische Titration gegen Murexid bestimmt.
Fp. 142 °C (Zersetzung)
IR-Spektrum (Nujol, KBr): 1376, 1320, 1240, 1180, 990, 872, 845, 816, 752, 725, 512.

Synthesevarianten

Reduktion von wasserfreiem Nickel(II)-chlorid mit Kalium bei Anwesenheit von 1,5-
Cyclooctadien [3].
Elektrochemische Reduktion von Bis(acetylacetonato)-nickel(II) in Gegenwart von
1,5-Cyclooctadien [4].

Reduktion von Nickel(II)-bromid in Ethylenglykolmonomethylether mit Manganpulver in Gegenwart von 1,5-Cyclooctadien und Chinon [5].

Reaktionen, Verwendung

Bis(1,5-cyclooctadien)-nickel(0) stellt aufgrund der leichten Substituierbarkeit der Cyclooctadienliganden eine vielseitig verwendbare Spezies zur Darstellung anderer Nickel(0)-Komplexe dar, z. B. (bipy)Ni(COD) (s. unten) oder Dilithium-Olefin-Nickel-komplexe [6].

Die Reaktion von Bis(1,5-Cyclooctadien)-nickel(0) mit Lithium führt zu **Dilithium-bis(1,5-cyclooctadien)-nickel(0)**

$$Ni(COD)_2 + 2 Li + 4 THF \longrightarrow [Li_2(THF)_4]Ni(COD)_2.$$

In einem Schlenkgefäß mit Magnetrührer werden 0,02 mol (5,5 g) Bis(1,5-cyclooctadien)-nickel(0) mit 0,1 mol (0,7 g) fein geraspeltem Lithium oder Lithiumsand in 100 cm³ THF bei 0 °C so lange gerührt, bis alles Bis(1,5-cyclooctadien)-nickel(0) in Lösung gegangen ist. Die orangerote Lösung wird zur Entfernung unumgesetzten Lithiums über eine mit Kieselgur bedeckte G3-Fritte filtriert. Nach dem Einengen der Lösung auf 50 cm³ und Zugabe von 100 cm³ Diethylether erhält man beim Abkühlen große orangefarbene Kristalle des Dilithium-bis(1,5-cyclooctadien)-nickel(0)-Komplexes (**Ausbeute:** 75%; **IR-Spektrum:** 1655 ($v_{C=C}$)).

Literatur

[1] B. Bogdanović, M. Kröner u. G. Wilke, Liebigs Ann. Chem. **699** (1966) 1.
[2] R. A. Schunn, Inorg. Synth. **15** (1974) 5.
[3] S. Otsuka u. M. Rossi, J. Chem. Soc. A **1968**, 2630.
[4] H. Lehmkuhl, W. Leuchte u. W. Eisenbach, Liebigs Ann. Chem. **1973**, 692.
[5] F. Guerrieri u. G. Salerno, J. Organomet. Chem. **114** (1976) 339.
[6] K. Jonas, Angew. Chem. **87** (1975) 809.

(2,2'-Bipyridin)-(1,5-cyclooctadien)-nickel(0) [1]

$$Ni(COD)_2 + bipy \longrightarrow (bipy)Ni(COD) + COD$$

Alle Arbeiten werden unter Schutzgasatmosphäre durchgeführt. In einem 250 cm³-Dreihalskolben mit Rührer, Tropftrichter und Hahnschliff werden 0,04 mol (11,0 g) Bis(1,5-cyclooctadien)-nickel(0) (s. S. 74) in 150 cm³ Diethylether suspendiert. Unter Rühren tropft man bei 0 °C im Verlauf einer Stunde 0,04 mol (6,3 g) 2,2'-Bipyridin in 50 cm³ Diethylether zu. Während des Zutropfens wird auf Raumtemperatur erwärmt und noch weitere 30 Minuten gerührt. Die Lösung hat sich während der Reaktion tiefblau gefärbt. Daraus scheiden sich feine, glänzende, fast schwarze Kristalle ab, die über eine G4-Fritte filtriert, mit kaltem Diethylether gewaschen und im Ölpumpenvakuum getrocknet werden.

Ausbeute, Eigenschaften; 96% bezogen auf Bis(1,5-cyclooctadien)-nickel(0); tiefblaue, fast schwarze Kristalle, luftempfindlich, unlöslich in Diethylether und Benzen.

Der bei der Reaktion verwendete Diethylether kann durch Destillation zurückgewonnen und nach gaschromatographischer Reinheitsprüfung wiederverwendet
werden. Der verbleibende Rückstand, der Nickel, 1,5-Cyclooctadien und 2,2'-
Bipyridin in geringer Menge enthält, wird nach Hydrolyse mit Salpetersäure/Per-
chlorsäure oxidiert. Die verdünnte wäßrige Lösung kann nach Neutralisation ins
Abwasser gegeben werden.

Charakterisierung

Nach einem Aufschluß mit Salpetersäure/Perchlorsäure (Var. 4, s. S. 218) kann der
Nickelgehalt durch komplexometrische Titration gegen Murexid bestimmt werden.
Fp. (Zers.) 156–160 °C
IR-Spektrum (KBr, Nujol): 1590, 1550, 1320, 1280, 1270, 1160, 1030, 980, 870 [1]
H-NMR-Spektrum (Deuterobenzen): 4,55; 6,10; 7,29; 7,84 [1].

Reaktion, Verwendung

(bipy)Ni(COD) dient aufgrund der leichten Substituierbarkeit des Cyclooctadienliganden als Ausgangsverbindung für die Darstellung einer Reihe von Nickel(0)-Komplexen
mit der Einheit (bipy)NiL$_2$ wie z. B. (bipy)Ni(PR$_3$)$_2$ oder (bipy)Ni[P(OR)$_3$]$_2$.
Die Reaktion von (bipy)Ni(COD) mit Triphenylphosphit führt zu **(2,2'-Bipyridin)-
bis(triphenylphosphit)-nickel(0)**:

(bipy)Ni(COD) + 2 P(OPh)$_3$ ⟶ (bipy)Ni[P(OPh)$_3$]$_2$ + COD

In einem 150 cm^3-Schlenkgefäß mit Magnetrührer werden 8,3 mmol (2,7 g) (bipy)-
Ni(COD) in 80 cm^3 Diethylether suspendiert.
Bei Raumtemperatur tropft man im Verlauf von 15 Minuten 16,6 mmol (5,2 g)
Triphenylphosphit zu. Man engt die Lösung auf 40 cm^3 ein. Dabei scheiden sich
dunkelgrüne Kristalle ab, die über eine G3-Fritte abfiltriert werden. Danach wird mit
wenig kaltem Diethylether gewaschen und im Ölpumpenvakuum getrocknet (**Ausbeute:** 70% bezogen auf (bipy)Ni(COD); dunkelgrüne Kristalle, besonders im lösungsmit-
telfeuchtem Zustand sehr luftempfindlich; **Fp.** (Zers.) 150–152 °C).

Literatur

[1] E. Dinjus, I. Gorski, E. Uhlig u. H. Walter, Z. Anorg. Allg. Chem. **422** (1976) 75.

Bis(cyclopentadienyl)-butadien-zirkonium [1]

„Butadien-magnesium" ist an der Luft selbstentzündlich. Alle Operationen
müssen unter Schutzgas ausgeführt werden. Arbeiten mit THF (s. S. 15).

(C$_5$H$_5$)$_2$ZrCl$_2$ + Mg(C$_4$H$_6$)(THF)$_2$ ⟶ (C$_5$H$_5$)$_2$Zr(C$_4$H$_6$) + MgCl$_2$ + 2 THF

In einem Schlenkgefäß werden 10 mmol (2,9 g) Bis(cyclopentadienyl)-zirkonium(IV)-
chlorid (s. S. 84) in 25 cm^3 THF gelöst, und die Lösung wird auf − 40 °C gekühlt. Zu
dieser Lösung wird aus einem Tropftrichter eine Suspension von 10 mmol (2,2 g)

„Butadien-magnesium"-2-Tetrahydrofuran (s. S. 52) in 150 cm³ THF getropft, wobei ständig magnetisch gerührt wird. Nach einer Stunde läßt man die Lösung auf Zimmertemperatur erwärmen und erhitzt schließlich 10 Minuten auf 60 °C. Die rote Reaktionslösung wird im Vakuum („Kältedestillation" s. S. 203) zur Trockne eingeengt und der Rückstand aus einer Mischung von 50 cm³ Hexan und 15 cm Benzen in der Siedehitze umkristallisiert.

Ausbeute, Eigenschaften; 60% bezogen auf Cp_2ZrCl_2; rote Kristalle; löslich in Benzen, THF, wenig löslich in Hexan.

Das abdestillierte THF kann wiederverwendet werden, die Mutterlauge der Umkristallisation wird zur kommerziellen Verbrennung gegeben.

Charakterisierung

Das so hergestellte Präparat besteht aus einem 75:25-Gemisch der Isomeren.
IR-Spektrum (THF): 1515, 1479 ($v_{C=C}$, Butadien); 1442 ($v_{C=C}$, Cyclopentadienyl).

Cp_2Zr ⟨⟩ und Cp_2Zr ⟨⟩

Reaktionen

Bei stöchiometrischer Umsetzung mit Ketonen erfolgt eine Kopplung des Ketons mit dem koordinierten Butadien gemäß

$$Cp_2Zr \langle \rangle + O=CR_2 \longrightarrow Cp_2Zr$$

Die Hydrolyse führt zu den entsprechenden ungesättigten Alkoholen

$R-CR(OH)-CH_2-CH=CH-CH_3$ [2].

Literatur

[1] H. Yasuda, Y. Kajihara, K. Mashima, K. Nagasuna, K. Lee u. A. Nakamura, Organometallics **1** (1982) 388.
[2] H. Yasuda, Y. Kajihara, K. Mashima, K. Nagasuna u. A. Nakamura, Chem. Lett. **1981** 671 u. **1981** 719.

5 π-Cyclopentadienylverbindungen der Übergangsmetalle

Allgemeines zur Stoffklasse

Bald nach der erstmaligen Beschreibung des Ferrocens durch KEALY und PAUSON 1951 wurden in rascher Folge von nahezu allen Übergangsmetallen π-Cyclopentadienylverbindungen dargestellt [1]. Das charakteristische Strukturmerkmal dieser Verbindungen ist das aromatische Cyclopentadienylanion, über dessen Mittelpunkt das Metall durch Wechselwirkung mit den π-Elektronen an den Ring gebunden ist. Diese zentrosymmetrische Anordnung eines Metalles über einem aromatischen System wurde wenig später auch als Strukturprinzip der bereits viel früher von HEIN [2] gefundenen und als „Polyphenylchrom" bezeichneten Chromaromatenkomplexe erkannt.

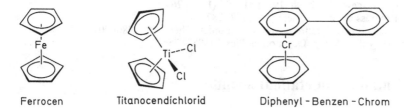

Ferrocen   Titanocendichlorid   Diphenyl - Benzen - Chrom

Die Cyclopentadienylkomplexe der Übergangsmetalle sind präparativ leicht durch Umsetzungen der entsprechenden Metallhalogenide mit Cyclopentadienyl-natrium, -lithium, -magnesiumbromid oder -thallium zugänglich. Ferrocen und Nickelocen lassen sich auch aus den Metallhalogeniden und Cyclopentadien selbst herstellen, wenn man durch Zusatz einer Base die Deprotonierung des Cyclopentadiens ermöglicht. Die Stabilität der Cyclopentadienylkomplexe reicht von den sehr stabilen Verbindungen, in denen das Metall die Edelgaskonfiguration erreicht (Ferrocen, Cyclopentadienyl-mangantricarbonyl oder Cobalticiniumsalze), bis zu den an der Luft selbstentzündlichen Verbindungen wie Chromocen oder Vanadocen.
Typische chemische Reaktionen der Cyclopentadienylmetallkomplexe sind
Substitution am (aromatischen) Cyclopentadienylring (s. S. 94)
Reaktionen am Zentralatom unter Erhalt der Metall-Kohlenstoff-Bindung (s. S. 66, 76 und 82)
Stufenweise Substitution der Cyclopentadienylliganden (s. S. 83, 89 ff.).
Cyclopentadienyl-Übergangsmetallkomplexe finden mannigfaltige Anwendungen:
Die Ferrocenylgruppe $C_5H_5FeC_5H_4-$ ist ein vielseitig verwendbarer, großvolumiger Substituent. Ferrocen selbst wird verschiedenen Kunststoffen zur Verbesserung ihrer Eigenschaften zugesetzt [3].
Cyclopentadienyltitanverbindungen sind Katalysatoren oder Präkatalysatoren zahl-

reicher organischer Reaktionen [4] (s. S. 158). Cp_2TiR wird zur Modifizierung der Carbanionenselektivität verwendet.

Bis(cyclopentadienyl)-zirkoniumverbindungen werden für die Hydrozirkonierung vielseitig eingesetzt [5], ein Bis(indenyl)-zirkoniumkomplex ist ein aktiver und sehr selektiver Katalysator für die Polymerisation von Propylen (mit 10^{-5} mol/l werden bei 60 °C 7700 kg Polypropylen pro mol Zirkonium und Stunde erzeugt) [6]. Cobaltocen ist Präkatalysator einer Reihe von [2+2+2]-Cycloadditionsreaktionen [7], und schließlich sind $C_5H_5 - M$ und $(C_5H_5)_2 - M$-Fragmente wesentliche Strukturelemente zahlreicher komplexer Metallcluster [8].

Literatur

[1] J. Birmingham, Adv. Organomet. Chem. **2** (1963) 365.
E. O. Fischer u. H. P. Fritz, Adv. Inorg. Radiochem. **1** (1959) 55.
[2] F. Hein, Chem. Ber. **52** (1917) 195.
[3] Gmelin Handbuch der Anorganischen Chemie, Erg. Werk, 8. Aufl., Bd. 14, T. A., S. 143; Springer Verlag Berlin, Heidelberg, New York, 1974.
[4] D. Seebach, B. Weidmann u. L. Widler, „Modern Synthetic Methods", Vol. 3; Otto Salle Verlag Frankfurt, Berlin, München; Verlag Sauerländer, Aarau, Frankfurt, Salzburg, 1983.
[5] J. Schwartz u. J. A. Labinger, Angew. Chem. **88** (1976) 402.
[6] W. Kaminski, K. Külper, H. H. Brintzinger u. F. R. W. P. Wild, Angew. Chem. **97** (1985) 507.
[7] K. P. C. Vollhardt, Angew. Chem. **96** (1984) 525.
H. Bönnemann, Angew. Chem. **90** (1978) 517, **97** (1985) 264.
[8] R. B. King, Progress in Inorg. Chem. **15** (1972) 287.
W. L. Gladfelter u. G. L. Geoffroy, Adv. Organomet. Chem. **18** (1980) 207.
F. Richter u. H. Vahrenkamp, Organometallics **1** (1982) 756.

5.1 Cyclopentadienylmetallhalogenide

Natriumcyclopentadienid-Lösung [1]

> Vorsicht beim Umgang mit Natrium (s. S. 62)! Wasserstoffentwicklung während der Reaktion (s. S. 11)! Arbeiten mit THF (s. S. 15).

$$2Na + 2C_5H_6 \longrightarrow 2NaC_5H_5 + H_2$$

Natriumcyclopentadienid-Lösungen sind luftempfindlich und müssen unter Schutzgas hergestellt und gehandhabt werden.

Für die Synthese wird Cyclopentadien benötigt, das in seiner monomeren Form frisch hergestellt werden muß:

Dicyclopentadien (Kp. 170 °C) wird durch Erhitzen auf 160 °C zu monomerem Cyclopentadien gespalten. Dazu wird es in einem Rundkolben mit aufgesetzter Vigreux-Kolonne und Destillationsapparatur erhitzt und das Monomere (Kp. 42 °C) in einem Schlenkgefäß aufgefangen, das – nachdem die Destillation beendet ist – mit Argon gespült und im Kühlschrank aufbewahrt wird. Monomerisiertes Cyclopentadien sollte möglichst bald verwendet werden.

Die Beschleunigung der Monomerisierung durch Zugabe von Kupferspänen oder Calciumhydrid ist beschrieben [2, 3].

In einen 500 cm^3-Dreihalskolben mit Rührer, Rückflußkühler und Hahnschliff werden

250 cm^3 THF gegossen. Über einem aufgesetzten Schlifftrichter werden 0,5 mol (11,5 g) Natrium mit einer Schere in möglichst kleine Stücke zerschnitten, die im Inertgasstrom sofort in das Tetrahydrofuran fallen. Unter Rühren werden dann langsam 0,65 mol (42,0 g) frisch destilliertes monomeres Cyclopentadien zugegeben, und es wird gerührt, bis alles Natrium in C$_5$H$_5$Na umgewandelt ist.

Ausbeute, Eigenschaften: Die Ausbeute wird durch acidimetrische Titration bestimmt. Die Lösung des in reinem Zustand farblosen Natriumcyclopentadienids ist meist orangerot, rot bis rotviolett. Diese Farberscheinungen rühren von geringfügiger Zersetzung infolge Luft- oder Feuchtigkeitszutritts her. Lösungen, die braun sind, können für weitere Synthesen nicht mehr verwendet werden.

Die Lösung wird als solche weiterverwendet, bei der Synthese fallen keine Abprodukte an.
Der Rückstand der Cyclopentadien-Monomerisierung wird zur kommerziellen Verbrennung gegeben, eventuell vorher mit 50 cm^3 Heptan verdünnt.

Charakterisierung

Der Gehalt der Natriumcyclopentadienidlösung wird nach Hydrolyse eines aliquoten Teils durch acidimetrische Titration bestimmt.

Reaktionen, Verwendung

Natriumcyclopentadienid-Lösungen sind ein Synthesereagens zur Herstellung der Cyclopentadienylverbindungen der Übergangsmetalle.
So können aus Übergangsmetallhalogeniden und der notwendigen Menge NaC$_5$H$_5$-Lösung zahlreiche Verbindungen hergestellt werden (s. Kap. 5.1 und 5.2).

Literatur

[1] J. J. Eisch u. R. B. King, „Organometallic Synth.", Vol. 1, S. 64; Acad. Press New York, 1965.
[2] D. E. Bublitz, W. E. McEwen u. J. Kleinberg, Org. Synth. **41** (1961) 97.
[3] J. M. Birmingham, Adv. Organomet. Chem. **2** (1964) 367.

Bis(cyclopentadienyl)-titan(IV)-chlorid [1]

Cp$_2$TiCl$_2$ sollte wegen seiner cytotoxischen Eigenschaften mit Vorsicht gehandhabt werden (s. Ref. [8]). Arbeiten mit THF (s. S. 15).

$$TiCl_4(THF)_2 + 2\,Na(C_5H_5) \longrightarrow (C_5H_5)_2TiCl_2 + 2\,NaCl + 2\,THF$$

Natriumcyclopentadienid ist hydrolyseempfindlich, die Synthese muß daher unter Schutzgas durchgeführt werden.
Ein 500 cm^3-Dreihalskolben wird mit einem Rührer, einem Zwischenstück mit Hahn sowie mit einem Krümmer ausgerüstet, sekuriert und mit 0,1 mol (33,4 g) Titan(IV)chlorid-2-Tetrahydrofuran (s. S. 16) und 50 cm^3 Tetrahydrofuran beschickt. Danach wird der Krümmer durch einen Tropftrichter – gefüllt mit 200 cm^3 einer einmolaren Natriumcyclopentadienid-Lösung (s. S. 80) –, ersetzt und auf das Zwischen-

stück ein Kühler mit T-Stück und Blasenzähler gesteckt (s. Bild 12.6). Unter Rühren bei Raumtemperatur wird die NaCp-Lösung langsam zugegeben. Nach beendeter Zugabe wird mindestens eine Stunde lang weitergerührt. Die Reaktionslösung ist kräftig rot. Unter vermindertem Druck wird das Lösungsmittel abdestilliert („Kältedestillation" s. S. 203), der trockene Rückstand in eine Extraktionshülse gegeben und mit siedendem Chloroform extrahiert. Die Extraktion braucht nicht unter Schutzgas zu erfolgen. Aus dem Chloroformextrakt scheiden sich beim Erkalten Kristalle des Bis(cyclopentadienyl)-titan(IV)-chlorids ab.

Ausbeute, Eigenschaften; 80% bezogen auf das eingesetzte Titan(IV)-chlorid-2-Tetrahydrofuran; rote Kristalle, wenig löslich in unpolaren, löslich in polaren Lösungsmitteln.

Das während der Synthese abdestillierte Tetrahydrofuran kann wiederverwendet werden; das zur Extraktion verwendete Chloroform wird am Rotationsverdampfer abdestilliert. Zu dem Rückstand wird der Inhalt der Extraktionshülse gegeben, dieses Gemisch mit Alkohol aufgeschlämmt und in Titandioxidhydrat umgewandelt (s. S. 212 f.).

Charakterisierung

Der Halogengehalt wird argentometrisch bestimmt, nachdem die Substanzprobe 10 Minuten mit 3N KOH gekocht, abgekühlt und neutralisiert worden ist.

Fp. 289–291 °C
IR-Spektrum: 3123 (v_{C-H}); 1439, 1363, $(v_{C=C})$; 1027, 1011 (δ_{C-H}); 871, 818 [4]
H-NMR-Spektrum (CDCl$_3$): 6,59 (s); (C$_6$D$_6$): 5,92 (s) [3]
Elektrische Leitfähigkeit (Nitromethan, 10^{-3} molare Lösung): nichtleitend [5].

Synthesevarianten

Die oben beschriebene Synthesemethode ist eine Variante der von EISCH und KING angegebenen [1]. Sie umgeht durch die Verwendung des Titan(IV)-chlorid-2-Tetrahydrofurans anstelle des Titan(IV)-chlorids selbst die unbequeme Handhabung der letztgenannten Substanz und ermöglicht damit auch die Verwendung des billigen Tetrahydrofurans anstelle des 1,2-Dimethoxyethans.

Das Natriumcyclopentadienid kann durch Cyclopentadienylmagnesiumchlorid oder Bis(cyclopentadienyl)-magnesium oder Lithiumcyclopentadienid ersetzt werden [2].

Reaktionen, Verwendung

Substitutionsreaktionen der Chloroliganden durch Pseudohalogenide oder durch Carbanionen verlaufen unter milden Bedingungen, unter denen die Titan-Kohlenstoff-Bindungen nicht gespalten werden.

Bis(cyclopentadienyl)-titan(IV)-thiocyanat entsteht gemäß

$$Cp_2TiCl_2 + 2\,KSCN \longrightarrow Cp_2Ti(NCS)_2 + 2\,KCl$$

durch zweistündiges Kochen von 10 mmol (2,49 g) Cp$_2$TiCl$_2$ und 22 mmol (2,13 g) KSCN in 50 cm^3 Aceton. Nachdem heiß vom abgeschiedenen KCl abfiltriert worden ist, kristallisiert das Thiocyanat beim Abkühlen in ziegelroten Kristallen (**Ausbeute:** 80%) [7].

Ganz analog entsteht das **Bis(cyclopentadienyl)-titan(IV)-cyanat** [5].

Mit Lithiumphenyl bildet sich Cp_2TiPh_2 (s. S. 66).

Bei der Einwirkung von $AlMe_3$ entsteht TEBBE's Reagens [6].

$$Cp_2Ti \underset{Cl}{\overset{CH_2}{\diagdown\diagup}} Al(CH_3)_2$$

Eine Spaltung der Titan-Kohlenstoff-Bindung im Cp_2TiCl_2 wird durch Kochen mit Thionylchlorid erreicht.

Synthese von $CpTiCl_3$ (s. unten).

Die ersatzlose Entfernung eines Halogenoliganden gelingt unter reduzierenden Bedingungen. So erhält man **Bis(cyclopentadienyl)-titan(III)-chlorid,** das als dimere Spezies $[Cp_2TiCl]_2$ vorliegt, gemäß

$$2\,Cp_2TiCl_2 + Zn \longrightarrow [Cp_2TiCl]_2 + ZnCl_2$$

wenn man 25 mmol (1,63 g) Zinkstaub mit 50 mmol (12,4 g) Cp_2TiCl_2 in 200 cm^3 THF bei Raumtemperatur 4 Stunden rührt, die Lösung auf ca. ein Viertel einengt und mit 150 m^3 Diethylether die grünen Kristalle des $[Cp_2TiCl]_2$ ausfällt (**Ausbeute:** 40%; **Magnetisches Verhalten:** $\mu_{eff} = 1,89$ B.M.) [9].

Cp_2TiCl_2 wird vielfach als Katalysator verwendet:

Synthese von Phenylacetaldehyd (s. S. 158).

Neuerdings wird Cp_2TiCl_2 auch als Pendant zum cis-$(NH_3)_2PtCl_2$ (s. S. 98) als Krebschemotherapeutikum vorgeschlagen [8]. Beiden Verbindungen ist gemeinsam, daß sie zwei inerte und zwei cis-ständige labile Liganden enthalten.

Literatur

[1] J. J. Eisch u. R. B. King, Organometallic Synth., Vol. 1 S. 75; Academic Press New York, 1965.
[2] G. Wilkinson u. J. M. Birmingham, J. Amer. Chem. Soc. **76** (1954) 4281.
    L. Summers, R. H. Uloth u. A. Holmes, J. Amer. Chem. Soc. **77** (1955) 3604.
[3] A. Glivicky u. J. D. McCowan, Can. J. Chem. **51** (1973) 2609.
[4] J. L. Petersen u. L. F. Dahl, J. Amer. Chem. Soc. **97** (1975) 6422.
[5] J. L. Burmeister, E. A. Deardorff u. C. A. Van Dyke, Inorg. Chem. **8** (1969) 170.
[6] N. F. Tebbe, G. W. Parshall u. G. S. Reddy, J. Amer. Chem. Soc. **100** (1978) 3611.
[7] S. A. Giddings, Inorg. Chem. **6** (1967) 849.
[8] H. Köpf u. P. Köpf-Maier, Nachr. Chem. Techn. Lab. **29** (1981) 155.
[9] M. L. H. Green u. C. R. Lucas, J. Chem. Soc. Dalton Trans. **1972**, 1000.

Cyclopentadienyl-titan(IV)-chlorid [1]

> Arbeiten mit Thionylchlorid (s. S. 4).

$$(C_5H_5)_2TiCl_2 + SO_2Cl_2 \longrightarrow C_5H_5TiCl_3 + SO_2 + C_5H_5Cl$$

0,05 mol (12,4 g) Bis(cyclopentadienyl)-titan(IV)-chlorid, 4 cm^3 Sulfurylchlorid und 50 cm^3 Thionylchlorid werden am Rückfluß 3 Stunden lang zum Sieden erhitzt. Der Überschuß an Thionylchlorid wird unter vermindertem Druck (Wasserstrahlpumpe)

abdestilliert und der trockene Rückstand im Ölpumpenvakuum bei 100 °C sublimiert.
Ausbeute, Eigenschaften; 90%; orangegelbe Kristalle, löslich in Tetrachlorkohlenstoff, Chloroform, Benzen, Ether und THF, weniger hydrolysestabil als Cp_2TiCl_2.

Das abdestillierte Thionylchlorid kann für präparative Zwecke wiederverwendet werden.

Charakterisierung

Fp. 210 °C
IR-Spektrum (KBr): 3100 (ν_{C-H}); 1440 $(\nu_{C=C})$; 1150 (Ring); 1000 (δ_{C-H}); 820 (γ_{C-H});
H-NMR-Spektrum $(CDCl_3)$: 7,4 (s).

Synthesevarianten

$CpTiCl_3$ läßt sich auch durch „Komproportionierung" aus Cp_2TiCl_2 und $TiCl_4$, durch Behandeln von Cp_2TiCl_2 mit Chlor in CCl_4 [2] oder aus $TiCl_4$ und Cp_2Mg in Xylen [3] herstellen.

Reaktionen, Verwendung

Die Chloroliganden lassen sich durch Carbanionen substituieren:
Mit Natriumcyclopentadienid entsteht Cp_2TiCl_2 [2], mit Natriummethylcyclopentadienid $Cp(CH_3-C_5H_4)TiCl_2$ [2].
Bei der Hydrolyse entsteht $[CpTiCl_2]_2O$ [2], bei der Alkoholyse mit Methanol dagegen **Cyclopentadienyl-methoxy-titan(IV)-chlorid** [2]:
Eine Mischung von 6,8 mmol (1,5 g) $CpTiCl_3$ und 15 cm³ Methanol wird am Rückfluß erhitzt, bis vollständige Auflösung erfolgt ist. Beim Abkühlen scheiden sich gelbe Kristalle ab (**Ausbeute:** 77%; **Fp.** 90–96 °C).
$CpTiCl_3$ ist ein Katalysator für die Synthese von Cp_2Mg aus Magnesium und Cyclopentadien (s. S. 87).

Literatur

[1] K. Chandra, R. K. Sharma, N. Kumar u. B. S. Garg, Chem. Ind. **1980**, 288.
[2] R. D. Gorsich, J. Amer. Chem. Soc. **82** (1960) 4211.
[3] C. L. Sloan u. W. A. Barber, J. Amer. Chem. Soc. **81** (1958), 1364.

Bis(cyclopentadienyl)-zirkonium(IV)-chlorid

$$ZrCl_4(THF)_2 + 2NaC_5H_5 \longrightarrow (C_5H_5)_2ZrCl_2 + 2NaCl + 2THF$$

Die Verfahrensweise ist völlig analog der beim Cp_2TiCl_2 beschriebenen; anstelle des $TiCl_4(THF)_2$ werden 0,1 mol (37,8 g) $ZrCl_4(THF)_2$ (s. S. 17) eingesetzt. Es entsteht eine gelbe Reaktionslösung.
Ausbeute, Eigenschaften; 75% bezogen auf eingesetztes $ZrCl_4$; farblose Kristalle, leichtlöslich in Methylenchlorid, löslich in THF, wenig löslich in Ether, weitgehend luftstabil.

Charakterisierung

Der Halogengehalt wird nach Aufschluß einer Substanzprobe mit KOH ($\rightarrow Cp_2TiCl_2$) argentometrisch bestimmt.

Fp. 241–244 °C

IR-Spektrum: 3108 (ν_{C-H}); 1443 ($\nu_{C=C}$); 1368 ($\nu_{C=C}$); 1022 (ring breathing); 1013, 851 (δ_{C-H}) [1]

H-NMR-Spektrum (CDCl$_3$): 6,74 (s); (C$_6$D$_6$): 5,91 (s) [2]

Elektrische Leitfähigkeit (10^{-3} molare Lösung in Nitromethan): nichtleitend.

Reaktionen, Verwendung

Die Substitution der Chloroliganden durch Hydrid, Pseudohalogenide oder Carbanionen erfolgt unter milden Bedingungen, ohne daß dabei die Cp-Zr-Bindungen gespalten werden.

Synthese des Hydrozirkonierungreagenzes Cp$_2$Zr(Cl)H (s. S. 45).

Bis(cyclopentadienyl)-zirkonium(IV)-cyanat wird gemäß

$$Cp_2ZrCl_2 + 2\,AgOCN \longrightarrow Cp_2Zr(OCN)_2 + 2\,AgCl$$

folgendermaßen dargestellt [3]:

4,4 mmol (0,66 g) AgOCN und 2 mmol (0,58 g) Cp$_2$ZrCl$_2$ werden in 20 cm^3 Methylenchlorid 2 Stunden lang bei Zimmertemperatur geschüttelt. Dann wird das Reaktionsgemisch filtriert, das Filtrat im Vakuum auf 10 cm^3 eingeengt und auf $-10\,°C$ abgekühlt. Nach kurzer Zeit scheidet sich das Cp$_2$Zr(OCN)$_2$ in Form farbloser Kristalle ab (**Ausbeute:** 60%).

Unter gleichzeitiger Reduktion des Zirkoniums lassen sich die Chloroliganden auch durch Kohlenmonoxid oder 1,3-Diene substituieren [4]:

Synthese von Cp$_2$Zr(Butadien) (s. S. 76)

Die definierte Spaltung einer Cp-Zr-Bindung erfolgt photochemisch bei der Behandlung von Cp$_2$ZrCl$_2$ mit Chlor in Tetrachlorkohlenstoff, wobei CpZrCl$_3$ entsteht [5]. Cp$_2$ZrCl$_2$ ist ein geeigneter Katalysator für die Cyclisierung von Eninen [6] und die Carbomagnesierung von Alkenen [7].

Literatur

[1] Gmelin Handbuch der Anorganischen Chemie, Erg. Werk 8. Aufl. Bd. 10, Zirkonium, S. 29; Springer Verlag Heidelberg, New York, 1973.
[2] E. Samuel u. M. D. Rausch, J. Amer. Chem. Soc. **95** (1973) 6263.
   D. R. Gray u. C. H. Brubaker, Inorg. Chem. **10** (1971) 2143.
[3] J. L. Burmeister, E. A. Deardorff, A. Jensen u. V. H. Christiansen, Inorg. Chem. **9** (1970) 58.
[4] D. J. Sikora, J. Wicher u. M. D. Rausch, J. Organomet. Chem. **276** (1984) 21.
   G. Erker, K. Engel u. C. Krüger, Chem. Ber. **115** (1982) 3300.
[5] G. Erker, K. Berg, L. Treschanke u. K. Engel, Inorg. Chem. **21** (1982) 1277.
[6] E. Negishi, S. J. Holmes, J. M. Tour u. J. A. Miller, J. Amer. Chem. Soc. **107** (1985) 2568.
[7] E. Negishi, J. A. Miller und T. Yoshida, Tetrahedron Lett. **25** (1984) 3407.

Bis(cyclopentadienyl)-vanadium(IV)-chlorid [1]

$$VCl_4(THF)_2 + 2\,NaC_5H_5 \longrightarrow (C_5H_5)_2VCl_2 + 2\,NaCl + 2\,THF$$

Die Verfahrensweise ist völlig analog der beim Cp_2TiCl_2 beschriebenen; anstelle des $TiCl_4(THF)_2$ werden 0,1 mol (33,7 g) $VCl_4(THF)_2$ (s. S. 20) eingesetzt. Die Reaktionslösung ist grün.

Ausbeute, Eigenschaften; 75%; grüne Kristalle; löslich in Wasser, Chloroform, Alkohol, wenig löslich in Ether, unlöslich in Kohlenwasserstoffen.

Charakterisierung

Der Halogengehalt wird nach Aufschluß mit KOH ($\rightarrow Cp_2TiCl_2$) argentometrisch bestimmt.

Fp. 250 °C

IR-Spektrum: 3098 (v_{C-H}); 1439, 1366 ($v_{C=C}$); 1122, 1022, 1007 (δ_{C-H}); 878 (γ_{C-H}); 823 (δ_{C-H}) [4]

Magnetisches Verhalten: $\mu_{eff} = 1,95$ B.M. [2]

EPR-Spektrum (Benzen, $0,9 \cdot 10^{-3}$ molare Lösung): g = 1,99; A = 71,2 G, Linienbreite 7,2 G [3].

Reaktionen, Verwendung

Substitution der Chloroliganden durch Pseudohalogenide und Carbanionen ist unter milden Bedingungen möglich, unter denen die Vanadium-Kohlenstoff-Bindung nicht angegriffen wird:

Bis(cyclopentadienyl)-vanadium(IV)-cyanat entsteht gemäß [5]

$$Cp_2VCl_2 + 2 KOCN \longrightarrow Cp_2V(OCN)_2 + 2 KCl$$

Dazu werden 4 mmol (1,0 g) Cp_2VCl_2 in 100 cm^3 Wasser gelöst und mit einer zweiten Lösung von KSCN im fünffachen molaren Überschuß versetzt. Es entsteht sofort ein grüner Niederschlag von $Cp_2V(NCS)_2$. (**Ausbeute:** quantitativ; **EPR-Spektrum** g_{iso} = 1,982, $A_{iso} = 68,6$ [7]).

Das entsprechende Azid ist ebenso zugänglich; es ist explosiv.

Die Substitution eines Cyclopentadienylliganden, die zur Bildung von $CpVCl_3$ führt, kann man durch Behandeln von Cp_2VCl_2 mit Chlor in Chloroform bewerkstelligen [5], in Gegenwart von Sauerstoff führt die Chlorierung zum $CpVOCl_2$ [6].

Literatur

[1] J. J. Eisch u. R. B. King, Organometall. Synth. Vol. 1, S. 75; Academic Press, New York, 1965.
[2] G. Wilkinson, P. L. Paulson, J. M. Birmingham u. F. A. Cotton, J. Amer. Chem. Soc. **75** (1953) 1011.
[3] C. W. J. Chien u. C. R. Boss, J. Amer. Chem. Soc. **83** (1961) 3767.
[4] J. L. Petersen u. L. F. Dahl, J. Amer. Chem. Soc. **97** (1975) 6422.
[5] G. Doyle u. R. S. Tobias, Inorg. Chem. **7** (1968) 2479.
[6] S. J. Skačilova, A. V. Savickij u. R. J. Vlaskina, Ž. Obšč. Chim. **36** (1966) 1059.
[7] M. Moran u. V. Fernandez, J. Organomet. Chem. **165** (1979) 215.

5.2 Bis(cyclopentadienyl)-metalle, Metallocene

Bis(cyclopentadienyl)-magnesium-2-Tetrahydrofuran [1]

> Bis(cyclopentadienyl)-magnesium brennt an der Luft und wird daher unter Argon hergestellt und gehandhabt. Arbeiten mit THF (s. S. 15).

$$3\,C_5H_6 + Mg + 2\,THF \xrightarrow{\text{CpTiCl}_3} (C_5H_5)_2Mg(THF)_2 + C_5H_8$$

In einem 260 cm^3 Schlenkgefäß werden 100 cm^3 THF, 0,2 mol (4,9 g) Magnesiumspäne, 0,2 mol (13,2 g) Cyclopentadien und 4 mmol (0,88 g) CpTiCl$_3$ 48 Stunden bei Raumtemperatur geschüttelt.

Danach wird vom unumgesetzten Magnesium abfiltriert und das Filtrat bis auf einen viskosen Rückstand im Vakuum durch „Kältedestillation" (s. S. 203) eingeengt. Dieser Rückstand wird mit ca. 100 cm^3 Diethylether extrahiert. Aus der etherischen Lösung kristallisieren in der Kälte farblose Nadeln des Cp$_2$Mg(THF)$_2$, die durch Filtration über eine G3-Fritte isoliert und im Vakuum getrocknet werden.

Ausbeute, Eigenschaften; 36% bezogen auf umgesetztes Magnesium; extrem luftempfindliche, farblose Kristalle, die mit Spuren Sauerstoff oder Feuchtigkeit gelb bis braun werden, löslich in Diethylether, THF, Benzen, Xylen.

> Unumgesetzte Magnesiumspäne werden in Salzsäure aufgelöst, und die Lösung wird mit viel Wasser verdünnt ins Abwasser gegeben.
> Das im Vakuum abdestillierte THF wird nochmals destilliert, die Reinheit gaschromatographisch kontrolliert und kann dann der Wiederverwendung zugeführt werden.
> Das etherische Filtrat wird nach einem Standardverfahren (s. S. 212) aufgearbeitet.

Charakterisierung

Eine Probe der Substanz wird mit Salpetersäure/Perchlorsäure aufgeschlossen (Var. 4, s. S. 218), danach wird der Magnesiumgehalt komplexometrisch bestimmt. Der Gehalt an THF wird nach Zersetzung der Verbindung gaschromatographisch bestimmt (s. S. 218).

Fp. 176 °C

Synthesevarianten

Als solvensfreie Verbindung kann man Bis(cyclopentadienyl)-magnesium (Cp$_2$Mg) aus Cyclopentadiendampf und Magnesium in einem elektrisch beheizten Reaktionsrohr geeigneter Bauweise bei 500 °C herstellen [2]. Die Isolierung des extrem luftempfindlichen Cp$_2$Mg kann man umgehen, wenn dieses beim Austritt aus der Heizzone in Xylen aufgefangen und die Lösung weiterverwendet wird [3].

Reaktionen

Bis(cyclopentadienyl)-magnesium dient als Synthesereagens zur Übertragung von Cyclopentadienylgruppen an andere Elemente, wenn in einem anderen Lösungsmittel als THF (in dem Natriumcyclopentadienid-Lösungen hergestellt werden) gearbeitet werden muß.

Literatur

[1] T. Saito, J. Chem. Soc. Chem. Comm. **1971**, 1422.
[2] K. Nützel in Houben-Weyl, „Methoden der organischen Chemie", Bd. 13/2a, S. 208; Georg Thieme Verlag Stuttgart, 1973.
[3] W. A. Barber u. W. L. Jolly, Inorg. Synth. **6** (1960) 11.

Bis(cyclopentadienyl)-chrom, Chromocen [1]

Cp_2Cr ist extrem luftempfindlich, alle Operationen müssen daher unter Schutzgas ausgeführt werden. Arbeiten mit Lithiumaluminiumhydrid (s. S. 43). Arbeiten mit Chromverbindungen (s. S. 23). Arbeiten mit THF (s. S. 15).

1. $4\,CrCl_3(THF)_3 + LiAlH_4 \longrightarrow 4\,CrCl_2(THF)_2 + LiCl + AlCl_3 + 4\,THF + 2\,H_2$

2. $CrCl_2(THF)_2 + 2\,NaC_5H_5 \longrightarrow (C_5H_5)_2Cr + 2\,NaCl + 2\,THF$

1. Ein $500\,cm^3$-Dreihalskolben wird mit einem Rührer, einem Zwischenstück mit Hahn (Bild 12.6) und einem Krümmer ausgerüstet, sekuriert und mit 0,15 mol (24 g) sorgfältig bei 150 °C im Vakuum getrocknetem wasserfreiem $CrCl_3$ und $150\,cm^3$ THF beschickt. Dann wird der Krümmer durch einen Tropftrichter mit einer Lösung von 40 mmol (1,52 g) Lithiumaluminiumhydrid in $150\,cm^3$ THF ersetzt und auf das Zwischenstück mit Hahn ein Rückflußkühler mit T-Stück und Blasenzähler aufgesetzt. Nun läßt man unter Rühren langsam 3–8 Tropfen der $LiAlH_4$-Lösung zu der Suspension des $CrCl_3$ tropfen. Dabei erfolgt unter leichter Wärmetönung die Umwandlung des $CrCl_3$ in das $CrCl_3(THF)_3$, deutlich erkennbar an der Farbänderung der Kristalle. Wenn die exotherme Reaktion vorbei ist, wird die Lithiumaluminiumhydrid-Lösung langsam und tropfenweise zugegeben. Dabei tritt an der Eintropfstelle eine olivgrüne Färbung auf, die sofort verschwindet. Nach und nach wandelt sich der fliederfarbene Niederschlag in das hellgrau erscheinende $CrCl_2(THF)_2$ um. Nach Zugabe der $LiAlH_4$-Lösung wird noch $^1/_2$ Stunde gerührt und dann das $CrCl_2(THF)_2$ auf einer Fritte gesammelt, mit wenig kaltem THF gewaschen und getrocknet (**Ausbeute:** ca. 90%; Halogengehalt 27,2%; farblose Kristalle).
2. Ein $250\,cm^3$-Dreihalskolben wird mit einem Rührer, einem Zwischenstück mit Hahn (Bild 12.3) und einem Krümmer mit Kappe ausgerüstet und sekuriert. Dann beschickt man den Kolben mit 0,1 mol (26,7 g) $CrCl_2(THF)_2$ und $50\,cm^3$ THF. Danach wird der Krümmer durch einen Tropftrichter ersetzt, der eine Lösung von 0,2 mol Natriumcyclopentadienid (s. S. 80) in $150\,cm^3$ THF enthält. Auf das Zwischenstück mit Hahn wird anstelle des Stopfens ein Rückflußkühler gesetzt, der mit einem T-Stück mit zwei Hähnen und Blasenzähler versehen ist (Bild 12.6).
Nun läßt man die NaCp-Lösung langsam unter Rühren in die Chrom(II)-chloridsuspension eintropfen. Dabei entsteht nach und nach eine braunrote Lösung,

die einen farblosen Niederschlag enthält. Nachdem die NaCp-Lösung zugegeben worden ist, wird das Reaktionsgemisch noch eine Stunde gekocht, abgekühlt und über Kieselgur klarfiltriert. Das Filtrat wird durch „Kältedestillation" (s. S. 203) bis auf ein Volumen von ca. 40 cm^3 eingeengt und auf $-20\,°C$ abgekühlt. Dabei scheidet sich das Cp_2Cr in Form roter Kristalle ab. Diese werden auf einer Fritte gesammelt und im Vakuum getrocknet. Eine weitere Fraktion kann man gewinnen, wenn man die Mutterlauge durch „Kältedestillation" bis zur Trockne eindampft und den Rückstand im Hochvakuum (0,01–0,1 Torr [1,3–13 Pa]) bei ca. 100 °C sublimiert.

Ausbeute, Eigenschaften; 70% bezogen auf $CrCl_3$; rote Kristalle, sehr luftempfindlich, löslich in Ether, Benzen und THF.

Das abdestillierte THF kann nach gaschromatographischer Reinheitsprüfung wiederverwendet werden. Der Rückstand der Sublimation wird mit dem Kieselgur, über das die Reaktionslösung filtriert worden ist, vereinigt und dann, wie auf S. 212f. beschrieben, in Chromoxide umgewandelt.

Charakterisierung

Nach Zersetzung einer Probe der Substanz mit Wasser und Kochen mit HNO_3 läßt sich der Chromgehalt iodometrisch bestimmen.

Magnetisches Verhalten: $\mu_{eff} = 3,01$ B.M. [2]

UV/VIS-Spektrum (Teflonmatrix): 23 800, 17 850 [3].

Synthesevarianten

Anstelle des $CrCl_2(THF)_2$ kann auch $CrCl_3$ verwendet werden [4]; es muß dann zur Reduktion des Chrom(III) zu Chrom(II) mit einem Überschuß von Natriumcyclopentadienid gearbeitet werden. Anstelle des NaCp kann auch Cyclopentadienylmagnesiumbromid eingesetzt werden [5].

Reaktionen, Verwendung

Die Spaltung aller Chrom-Kohlenstoff-Bindungen erfolgt bereits bei der Einwirkung von aliphatischen Alkoholen unter Schutzgas, es entstehen Chrom(II)-alkoxide $Cr(OR)_2$ [6].

Unter oxidativer Addition entsteht aus Cp_2Cr und $(SCN)_2$ das $Cp_2Cr(SCN)(NCS)$ [7]. Substitution eines Cyclopentadienylliganden unter gleichzeitiger Oxidation des Chroms erfolgt in einer radikalischen Reaktion mit Tetrachlorkohlenstoff [8]:

$$Cp_2Cr \xrightarrow{\text{CCl}_4/\text{THF}} CpCrCl_2(THF)$$

Cyclopentadienyl-chrom(III)-chlorid-Tetrahydrofuran wird hergestellt, indem man 10 mmol (1,82 g) Cp_2Cr in 15 cm^3 THF löst und langsam mit einer Lösung von 10 mmol (1,53 g; 0,95 cm^3) Tetrachlorkohlenstoff in 5 cm^3 THF versetzt. Unter merklicher Wärmeentwicklung (bei größeren Ansätzen muß das Reaktionsgemisch gekühlt werden!) bildet sich sofort ein grüner Niederschlag. Das Reaktionsgemisch wird weitere 2 Stunden gerührt, der grüne Niederschlag auf einer Fritte gesammelt und im Vakuum getrocknet. Dann wird das grüne Reaktionsprodukt so lange mit 15 cm^3 THF in der Siedehitze extrahiert, bis das THF nicht mehr blau abläuft. Aus der blauen Lösung kristallisieren beim Abkühlen blaue Kristalle des CpCrCl$_2$(THF). Diese werden auf einer Fritte gesammelt, mit Pentan gewachen und getrocknet (**Ausbeute:** fast quantitativ).

Völlig analog läßt sich das CpCrCl$_2$(Dioxan) gewinnen, wenn man anstelle des THF Dioxan zur Extraktion verwendet.

Substitution eines Cyclopentadienylliganden durch geeignete Carbanionen erfolgt bei der Reaktion mit bestimmten lithiumorganischen Verbindungen LiR unter Bildung von CpCrR [9], z. B.

Literatur

[1] K. Handliř, J. Holeček u. J. Klikorka, Z. Chem. **19** (1979) 265.
[2] H. P. Fritz u. K. E. Schwarzhans, J. Organomet. Chem. **1** (1964) 208.
[3] E. König u. R. Schnakig, Chem. Phys. **27** (1978) 331.
[4] F. A. Cotten u. G. Wilkinson, Z. Naturforsch. B **9** (1954) 417.
  J. J. Eisch u. R. B. King, „Organometallic Synth." Vol. **1**, S. 64; Acad. Press New York, 1965.
[5] E. O. Fischer, W. Hafner u. H. O. Stahl, Z. Anorg. Allg. Chem. **282** (1955) 47.
[6] J. Votinski, J. Kalousova, M. Nadvornik, J. Klikorka u. K. Komarek, Coll. Czech. Chem. Comm. **44** (1979) 80.
[7] M. Moran u. V. Fernandez, J. Organomet. Chem. **165** (1979) 215.
[8] E. O. Fischer, K. Ulm u. P. Kuzel, Z. Anorg. Allg. Chem. **319** (1963) 253.
[9] K. Jonas, Angew. Chem. **97** (1985) 292.

Bis(cyclopentadienyl)-nickel, Nickelocen [1]

Arbeiten mit Nickelverbindungen (s. S. 32). Ammoniakentwicklung während der Reaktion! Arbeiten mit THF (s. S. 15).

$$[Ni(NH_3)_6]Cl_2 + 2 C_5H_5Na \longrightarrow (C_5H_5)_2Ni + 2 NaCl + 6 NH_3$$

Alle Operationen müssen unter Ausschluß von Luft und Feuchtigkeit durchgeführt werden.

In einem 250 cm^3-Dreihalskolben mit Zwischenstück und Hahn (Bild 12.3) werden unter Schutzgas 135 cm^3 einer 1,5 molaren Lösung von Natriumcyclopentadienid in THF gegeben. Dann wird auf das Zwischenstück ein Rückflußkühler mit T-Stück und Blasenzähler aufgesetzt und aus einem Schlenkgefäß nach und nach unter Rühren 0,1 mol (23,2 g) Hexamminnickel(II)-chlorid (s. S. 101) in die Natriumcyclopentadienidlösung eingetragen. Nach beendeter Zugabe erwärmt man das Reaktionsgemisch vorsichtig, wobei eine Ammoniakentwicklung zu beobachten ist (vorsichtiges Erwärmen verhindert, daß die Gasentwicklung zu stürmisch wird). Dann wird das Gemisch weitere 2 Stunden zum Sieden erhitzt. Es entsteht eine grüne Reaktionslösung, die nach beendeter Reaktion über Kieselgur klarfiltriert und im Vakuum („Kältedestillation" s. S. 203) eingeengt wird. Wenn das Volumen noch ca. 50–70 cm³ beträgt, hat sich ein beträchtlicher Teil des Nickelocens in Form grüner Kristalle abgeschieden, der auf einer Fritte gesammelt werden kann. Die Mutterlauge wird bis zur Trockne eingedampft und der Rückstand im Hochvakuum sublimiert.

Man kann auch auf die Abtrennung des NaCl verzichten und von der gesamten Reaktionsmischung das Lösungsmittel abdestillieren und aus dem trockenen Rückstand das Nickelocen heraussublimieren.

Ausbeute, Eigenschaften; 90% bezogen auf [Ni(NH$_3$)$_6$]Cl$_2$; grüne Kristalle, im trockenen Zustand einige Zeit an der Luft beständig, löslich in Ethern und Kohlenwasserstoffen.

Das abdestillierte THF kann nach gaschromatographischer Reinheitsprüfung wiederverwendet werden. Der nickelhaltige Sublimationsrückstand wird wie auf S. 212f. beschrieben in ein unlösliches Oxid umgewandelt.

Charakterisierung

Der Nickelgehalt wird komplexometrisch bestimmt, nachdem eine Probe der Substanz mit Salpetersäure aufgeschlossen worden ist (Var. 3, s. S. 217).

Fp. 173–174 °C

IR-Spektrum: 3075 (v_{C-H}); 1430 ($v_{C=C}$); 1109, 1002 (δ_{C-H}); 800, 773 [3]

Magnetisches Verhalten: $\mu_{eff} = 2,86$ B.M. [3]

UV/VIS-Spektrum: 24000; 14500 [5].

Synthesevarianten

Nickelocen kann auch aus NiCl$_2$(DMSO)$_2$ und Cyclopentadien in Gegenwart von Diethylamin als Protonenacceptor dargestellt werden, ähnlich wie das für die Ferrocensynthese (s. S. 94) beschrieben ist [2].

Reaktionen, Verwendung

Die Substitution der Cyclopentadienylliganden durch Bipyridin, Phosphine, Phosphite, NO oder durch Carbanionen und Ethylen ist leicht zu bewerkstelligen. Häufig entstehen dabei unter gleichzeitiger Reduktion Nickel(I)- oder Nickel(0)-Verbindungen:

Cyclopentadienyl-(2,2'-bipyridin)-nickel(I) [4] stellt man her, indem man gemäß

$$\text{Cp}_2\text{Ni} \xrightarrow{\text{bipy}} \text{CpNi(bipy)}$$

10 mmol (1,89 g) Cp$_2$Ni und 30 mmol (4,7 g) bipy in einem Schlenkgefäß unter Schutzgas in 30 cm³ THF löst und die Lösung 4 Stunden am Rückfluß kocht. Nach dem Abkühlen wird das Lösungsmittel im Vakuum abgedampft, wobei das CpNi-(bipy) als blauvioletter Rückstand zurückbleibt. Das Produkt wird aus THF umkristal-

lisiert (**Ausbeute:** 40% bezogen auf Cp_2Ni; **magnetisches Verhalten:** $\mu_{eff} = 1,69$ B.M.; **EPR-Spektrum** ($g_1 = 2,184$; $g_2 = 2,080$; $g_3 = 2,033$).

Bei der Reaktion mit Triphenylphosphit entsteht Tetrakis(triphenylphosphit)-nickel(0) [6].

Mit Allyl-Grignard-Reagenzien bzw. lithiumorganischen Verbindungen und Olefinen erfolgt die Substitution eines Cyclopentadienylliganden unter Bildung von CpNi(allyl) bzw. CpNiR(Ethylen) [7].

Literatur

[1] J. F. Cordes, Chem. Ber. **95** (1962) 3084.
[2] N. Kuhn, Chemiker Zeitung **106** (1982) 146.
[3] Gmelin Handbuch der Anorganischen Chemie, Erg. Werk Bd. 17 T. 2 S. 197, Springer Verlag Berlin, Heidelberg, New York, 1974.
[4] E. K. Barefield, D. A. Krost, D. S. Edwards, D. G. van der Veer, R. C. Trytko u. S. P. O'Rear, J. Amer. Chem. Soc. **103** (1981) 6219.
[5] J. H. Ammeter u. J. D. Swalen, J. Chem. Phys. **57** (1972) 678.
[6] J. R. Olechowski, C. G. McAlister u. R. F. Clark, Inorg. Chem. **4** (1965) 246.
[7] H. Lehmkuhl, A. Rufińska, M. Mehler, R. Benn u. G. Schroth, Liebigs Ann. Chem. **1980**, 744.
K. Jonas, Angew. Chem. **97** (1985) 292.

Bis(cyclopentadienyl)-cobalt, Cobaltocen [1]

$$[Co(NH_3)_6]Cl_2 + 2\,NaC_5H_5 \longrightarrow (C_5H_5)_2Co + 2\,NaCl + 6\,NH_3$$

Die Verfahrensweise ist völlig analog zu der beim Nickelocen beschriebenen (s. S. 90). Anstelle des Hexamminnickelchlorides verwendet man 0,1 mol (23,4 g) Hexammincobalt(II)-chlorid (s. S. 100). Nach beendeter Reaktion bringt man die Reaktionslösung, ohne das Natriumchlorid abzutrennen, zur Trockne und sublimiert das Cp_2Co im Hochvakuum aus dem trockenem Rückstand.

Ausbeute, Eigenschaften; 75% bezogen auf $[Co(NH_3)_6]Cl_2$; schwarze Kristalle, sehr leicht löslich in Ethern und Kohlenwasserstoffen, in Lösung und im lösungsmittel-feuchtem Zustand stark luftempfindlich.

Charakterisierung

Der Cobaltgehalt einer Probe läßt sich nach Aufschluß mit Salpetersäure (Var. 3, s. S. 217) komplexometrisch bestimmen.

Fp. 173 °C

IR-Spektrum: 3041 (ν_{C-H}); 1751, 1650, 1493, 1411 ($\nu_{C=C}$); 1252, 1153, 1103 ($\nu_{C=C}$); 1038, 955 (δ_{C-H}); 866, 830, 799 (δ_{C-H}) [2]

Magnetisches Verhalten: $\mu_{eff} = 1,73$ B.M. [3]

VIS-Spektrum: 18 700 [4].

Reaktionen, Verwendung

Cobaltocen ist ein starkes Reduktionsmittel, seine Oxidation führt zu den Cobaltici-niumsalzen $[Cp_2Co]^+X^-$, die sich als 18-Elektronenkomplexe durch eine besondere Stabilität auszeichnen: Eisen(II)-chlorid wird durch Cobaltocen in THF zu elementa-rem Eisen reduziert [5], HCl oxidiert Cobaltocen zu **Cobalticiniumtetrachlorocobaltat** [6]:

$$Cp_2Co \xrightarrow{\text{HCl/Ether}} [Cp_2Co]_2[CoCl_4]$$

In einem Schlenkgefäß werden unter Schutzgas 0,01 mol (1,8 g) Cobaltocen in 200 cm^3 Ether gelöst, und unter magnetischem Rühren wird ein Strom von trockenem Chlorwasserstoff eingeleitet. Es entsteht sofort ein gelber Niederschlag von Cobalticiniumchlorid, der alsbald infolge weiterer Zersetzung und Bildung von [Cp$_2$Co]$_2$[CoCl$_4$] grün wird.

Sobald die überstehende Lösung farblos geworden ist, wird der Gasstrom gestoppt. Das Produkt wird auf einer Fritte gesammelt und aus Ethanol umkristallisiert (**Ausbeute:** 80%; etwas hygroskopische, grüne Kristalle).

Bei der Einwirkung von Tetrachlorkohlenstoff entsteht in einer radikalischen Redoxreaktion **Cobalticiniumchlorid** [7]:

$$2\,Cp_2Co \xrightarrow{\text{CCl}_4} [Cp_2Co]Cl + CpCo(\text{exo-CCl}_3C_5H_5)$$

Gibt man zu ca. 1 g feingepulvertem Cp$_2$Co ca. 30 cm^3 CCl$_4$, so bildet sich sofort ein Niederschlag von gelben [Cp$_2$Co]Cl (**Ausbeute:** ca. 45% bezogen auf Cobalt, 90% bezogen auf die obige Reaktionsgleichung).

Das bei dieser Reaktion in Lösung verbleibende **Cyclopentadienyl-exo-(trichlormethylcyclopentadien)-cobalt** gewinnt man besser folgendermaßen [8]:

Durch die dunkelrote Lösung von Cp$_2$Co in Chloroform leitet man einen Strom von Sauerstoff. Nach einer Stunde wird das Lösungsmittel im Vakuum abdestilliert: Es hinterbleiben orangerote Kristalle von (C$_5$H$_5$)Co(C$_5$H$_5$ − CCl$_3$) (**Ausbeute:** 97%; **Fp.** 80–81 °C).

Substitution eines Cyclopentadienylliganden unter gleichzeitiger Reduktion des Cobalts läßt sich bei der Einwirkung von Kalium in Gegenwart von Neutralliganden bewerkstelligen, z. B.:

$$Cp_2Co \xrightarrow{\text{K/Ethylen}} CpCo(CH_2{=}CH_2)_2 \qquad [9]$$

Monocyclopentadienylcobalt-Ligand-Komplexe dieser Art, z. B. CpCo(CO)$_2$ oder CpCo(COD) sind Katalysatoren für [2+2+2]-Cycloadditionsreaktionen [10].

Literatur

[1] J. F. Cordes, Chem. Ber. **95** (1962) 3085.
[2] Gmelin Handbuch der Anorganischen Chemie, Erg. Werk 8. Aufl. Bd. 5, Tl. 1, S. 361; Springer Verlag Berlin, Heidelberg, New York, 1974.
[3] E. König, R. Schnakig, S. Kremer, B. Kanellakopulos u. R. Klenze, Chem. Phys. **27** (1978) 331.
[4] H. J. Ammeter u. J. D. Swalen, J. Chem. Phys. **57** (1972) 678.
[5] G. Wilkinson, F. A. Cotton u. J. M. Birmingham, J. Inorg. Nucl. Chem. **2** (1956) 95.
[6] M. van den Akker u. F. Jellinek, Rec. Trav. Chim. Pays-Bas **90** (1971) 1101.
[7] S. Katz, J. F. Weiher u. A. F. Voigt, J. Amer. Chem. Soc. **80** (1958) 6459.
[8] H. Kojima, S. Takahashi, H. Yamazaki u. N. Hagihara, Bull. Chem. Soc. Jpn. **43** (1970) 2272.
[9] K. Jonas, Angew. Chem. **97** (1985) 292.
[10] H. Bönnemann, Angew. Chem. **97** (1985) 264.

Bis(cyclopentadienyl)-eisen, Ferrocen [1]

$$FeCl_2 + 2C_5H_6 + 2Et_2NH \longrightarrow (C_5H_5)_2Fe + 2(Et_2NH_2)Cl$$

Die Umsetzung von $FeCl_2$ zum Ferrocen erfolgt vorteilhaft in einem Sulfierkolben mit Rührer, Rückflußkühler und Innenthermometer. Der Sulfierkolben wird zunächst mit 0,4 mol (30 g) Diethylamin beschickt, dann werden unter Außenkühlung und Rühren 0,1 mol (12,7 g) Eisen(II)-chlorid (s. S. 10) hinzugegeben. Nachdem die Wärmeentwicklung abgeklungen ist, fügt man aus einem Tropftrichter langsam 0,18 mol (12,0 g) frisch destilliertes Cyclopentadien hinzu, wobei man dafür sorgt, daß die Reaktionsmischung nicht wärmer als $+5\,°C$ wird. Anschließend wird noch 2 Stunden bei dieser Temperatur gerührt und danach das überschüssige Diethylamin abdestilliert. Den dunkelbraunen Rückstand gibt man in eine Extraktionshülse und extrahiert das Ferrocen mit Hexan.

Ausbeute, Eigenschaften; 80% bezogen auf eingesetztes Cyclopentadien; braungelbe Kristalle, sublimierbar bei Normaldruck, löslich in Kohlenwasserstoffen, Ethern und Schwefelkohlenstoff.

Die Extraktionsmutterlauge wird bis zur Trockne eingedampft und das Hexan nach gaschromatographischer Reinheitsprüfung wiederverwendet. Der trockene Rückstand ebenso wie der Inhalt der Extraktionshülse kann über das Abwasser verworfen werden.
Das abdestillierte Diethylamin (ca. die Hälfte der eingesetzten Menge) wird wiederverwendet.

Charakterisierung

Der Eisengehalt wird nach Aufschluß mit Salpetersäure (Var. 3, s. S. 217) komplexometrisch bestimmt.
Fp. 175 °C
IR-Spektrum: 3095 (v_{C-H}); 1410 ($v_{C=C}$); 1257, 1106 (Ring); 999 (δ_{C-H}); 811 (δ_{C-H}) [3]
H-NMR-Spektrum ($CDCl_3$): 4,15 (s) [4].

Synthesevarianten

Anstelle des $FeCl_2$ kann auch $FeCl_2(THF)_{1.5}$ (s. S. 30) eingesetzt werden. Andere Synthesen benutzen Natriumcyclopentadienid und Eisen(III)-chlorid [2].

Reaktionen, Verwendung

Die aromatischen Cyclopentadienylliganden sind elektrophilen Substitutionen zugänglich, ohne daß dabei die Eisen-Cyclopentadienyl-Bindung angegriffen wird. Die elektrophilen Substitutionen verlaufen mit höherer Geschwindigkeit als am Benzen.
Acetylferrocen entsteht gemäß

$$(C_5H_5)_2Fe + Cl-CO-CH_3 \longrightarrow CH_3-CO-C_5H_4FeC_5H_5 + HCl \ [2]$$

wenn man eine Mischung von 0,1 mol (18,6 g) Ferrocen, 0,25 mol (50 cm³) Acetylchlorid und 20 cm³ 85%ige Phosphorsäure in einem Kolben auf 100 °C erwärmt. Nach ca.

10 min wird das Reaktionsgemisch auf Zimmertemperatur abgekühlt und durch Aufgießen auf Eis zersetzt. Dann wird zur Neutralisation mit 40 g Natriumcarbonat in 50 cm^3 Wasser versetzt, die entstehende braune Masse im Eisbad gekühlt und anschließend filtriert. Der gelbbraune Feststoff wird viermal mit je 20 cm^3 Wasser gewaschen und im Exsikkator getrocknet. Zur Reinigung kann man das Produkt im Ölpumpenvakuum bei 100 °C sublimieren. (**Ausbeute:** 70%; **Fp.** 85 °C, Acetylferrocen ist Edukt für die Synthese zahlreicher Ferrocenderivate [2]).

Die Zeitabhängigkeit der Acetylierung des Ferrocens kann man sehr gut verfolgen, wenn man die Acetylierung schon nach 1 Minute unterbricht und das Reaktionsprodukt nach der Zersetzung mit Eis ohne weitere Reinigung einer Trockensäulen-Chromatographie unterwirft [5]. Eine gelbe Zone zeigt das unumgesetzte Ferrocen an, und die langsamer laufende rote Zone enthält das Acetylferrocen. Beide Komponenten kann man anhand ihrer Schmelzpunkte identifizieren.

Die Acylierung in Methylenchlorid mit AlCl$_3$ als Katalysator führt zu 1,1-Diacetylferrocen [2].

Ökonomische Bewertung

Man vergleiche anhand des folgenden Schemas die relativen Aufwendungen für die Herstellung von 250 g Ferrocen unter folgenden Gesichtspunkten und unter der Annahme, daß beide Synthesevarianten das Produkt in gleicher Ausbeute liefern:

Chemikalienkosten
Apparative Ausstattung
Arbeitszeit für Synthese und Entsorgung.

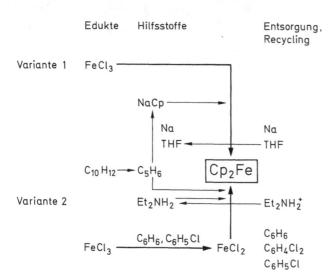

Literatur

[1] R. Gelius, W. Uhlmann u. W. Sperling, Z. Chem. **6** (1966) 228.
[2] D. E. Bublitz u. K. L. Rinehart, Org. Reactions **17** (1969) 1.
[3] I. J. Hyams, Spectrochimica Acta A **29** (1973) 839.
   E. R. Lippincott u. R. D. Nelson, Spectrochimica Acta A **10** (1957) 307.

[4] Gmelin Handbuch der Anorganischen Chemie, Erg. Werk 8. Aufl. Bd. 14, S. 40; Springer Verlag Berlin, 1974.
[5] J. C. Gilbert u. S. A. Monti, J. Chem. Educ. **50** (1973) 369.

6 Koordinationsverbindungen

Allgemeines zur Stoffklasse

Als Koordinations- oder Komplexverbindungen werden Verbindungen bezeichnet, die aus

einem Zentralatom M und
Liganden L (Ionen oder Moleküle),

bestehen.

Die Zahl der Liganden, die ein Zentralatom umgeben, wird als Koordinationszahl, ihre geometrische Anordnung um das Zentralatom als Koordinationspolyeder bezeichnet. Diese sehr allgemeine Definition wird in der Praxis meist auf solche Verbindungen beschränkt, in denen das Zentralatom ein Metall ist [1]. Liganden, die bevorzugt normale oder höhere Oxidationsstufen von Zentralatomen stabilisieren, sind typische „harte" LEWIS-Basen, d. h. sie sind wenig polarisierbar, und ihre Haftatome sind stark elektronegativ: Wasser, Ammoniak, Hydroxidion u. a.

„Weiche" Liganden stabilisieren bevorzugt niedrige Oxidationsstufen von Zentralatomen. In ihnen sind die Donoratome weniger elektronegativ und stärker polarisierbar. Häufig besitzen sie energetisch günstige unbesetzte antibindende oder freie Orbitale (π^* z. B. im CO oder d-Orbitale in R_3P), so daß neben der σ-Bindung zwischen Ligand und Zentralatom auch eine π-Bindung durch Wechselwirkung besetzter π-Orbitale eines Übergangsmetallzentralatoms mit diesen antibindenden oder freien Orbitalen ausgebildet wird. Typische Vertreter sind Kohlenmonoxid, Phosphine, Phosphite, Schwefeldioxid u. a.

Synthesen von Metallkomplexen beruhen meist auf

Substitutionsreaktionen, zu denen z. B. die Auflösung von Metallsalzen in Wasser gehört oder die Reaktion ihrer wäßrigen Lösungen mit stärkeren Liganden zählt.

$$(NiBr_2)_x + 6 x H_2O \longrightarrow x [Ni(H_2O)_6]Br_2$$
$$[Cu(H_2O)_6]^{2+} + 4 NH_3 \longrightarrow [Cu(NH_3)_4(H_2O)_2]^{2+} + 4 H_2O$$
$$Ni(CO)_4 + R_3P \longrightarrow (R_3P)Ni(CO)_3 + CO$$

Redoxreaktionen von Metallionen, die unter Erhalt der koordinativen Umgebung oder unter gleichzeitigem Ligandenaustausch verlaufen:

$$[Fe(CN)_6]^{3-} \xrightarrow{+e} [Fe(CN)_6]^{4-}$$
$$4 H^+ + 4 [Co(H_2O)_6]^{2+} + O_2 + 24 NH_3 \longrightarrow 4 [Co(NH_3)_6]^{3+} + 26 H_2O$$
$$2 [(C_6H_5)_3P]_2CoCl_2 + 2 (C_6H_5)_3P + Zn \longrightarrow 2 [(C_6H_5)_3P]_3CoCl + ZnCl_2$$

Reaktionen von Metallen mit Liganden:

$$Ni + 4 CO \longrightarrow Ni(CO)_4$$

Viele Komplexverbindungen fungieren als Ausgangsstoffe für Katalysatoren (Kap. 9, s. S. 155 ff.). In der homogenen Katalyse steuern dabei unterschiedliche Liganden katalytische Reaktionen in ganz subtiler, vielfach noch nicht völlig verstandener Weise. Metallcarbonyle liefern durch thermische Zersetzung reine Metalle.

Literatur

[1] F. Kober, Praxis d. Naturwiss.-Chemie **4** (1985) 1.

6.1 Amminkomplexe

cis-Dichloro-diammin-platin [2, 3]

Außer seiner akut toxischen Wirkung (LD_{50} Ratte i. P. = 12 mg/kg) ist *cis*-$(NH_3)_2PtCl_2$ (ebenso wie Chloroplatinate) stark allergisierend. Bei längerem Umgang sind vor allem Wirkungen auf die Haut und die Atmungsorgane beobachtet worden („Platinosis") [1].

$$K_2PtCl_4 + 2NH_3 \longrightarrow cis\text{-}(NH_3)_2PtCl_2 + 2KCl$$

In einem Becherglas werden unter Rühren bei Zimmertemperatur 24 mmol (10,0 g) K_2PtCl_4 in 60 cm³ destilliertem Wasser gelöst und diese Lösung mit Ammoniak auf pH 7 gebracht. Zu der Lösung fügt man unter Rühren eine Lösung von 10 g NH_4Cl in 27 cm³ Wasser und gibt schließlich 50 mmol Ammoniak (zweckmäßigerweise als 7-molare Lösung) hinzu. Dabei stellt sich ein pH-Wert von 8,5–9 ein. Es bildet sich ein gelbgrüner Niederschlag, die Fällung ist nach 4–6 Stunden vollständig. Die Mutterlauge ist bei richtiger Reaktionsführung schwach gelb, fast farblos. Rote Mutterlauge zeigt an, daß die Reaktion nur unvollständig abgelaufen ist!

Die Reaktionsmischung wird auf ca. 5 °C abgekühlt und das ausgefallene Produkt auf einer Fritte gesammelt. Zur Reinigung wird das Produkt in 0,1 n HCl (80 cm³/1 g Rohprodukt) bei 85 °C gelöst und die Lösung heiß filtriert; beim Abkühlen scheidet sich $(NH_3)_2PtCl_2$ in Form gelber Kristalle ab. Man kann auch das gesamte Rohprodukt in 250 cm³ Dimethylformamid lösen, die Lösung filtrieren und durch Zugabe von 400 cm³ 0,1 N Salzsäure das *cis*-$(NH_3)_2PtCl_2$ ausfällen.

Ausbeute, Eigenschaften; 65% bezogen auf K_2PtCl_4; gelbe Nadeln, löslich in Dimethylformamid, wenig löslich in Wasser.

Die Reaktionsmutterlaugen und die Mutterlauge der Umkristallisation werden zunächst gemeinsam mit den unlöslichen Nebenprodukten (vor allem grünes MAGNUS-Salz $[(NH_3)_4Pt][PtCl_4]$ und Hydrolyseprodukte des *cis*-$(NH_3)_2PtCl_2$) mit 20 g NaOH versetzt und gekocht, um die Hauptmenge des Ammoniaks zu vertreiben. Dann wird die Mischung mit HCl leicht angesäuert, ca. 1,2 g Magnesium zugegeben und gekocht. Dabei scheidet sich elementares Platin größtenteils als Schwamm ab. Zur Vervollständigung dieser Abscheidung wird soviel HCl zugegeben, bis sich in der Siedehitze alles Magnesium gelöst hat (ca. 30 cm³ 6 N HCl). Der entstandene Niederschlag wird auf einer Fritte gesammelt und mit HCl und Wasser gewaschen. Das Filtrat wird durch Zugabe von $NaBH_4$ auf Vollständigkeit der Reduktion des Platins geprüft.

Der Niederschlag von unreinem Platin läßt sich durch Kochen mit konzentrierter Salzsäure bei gleichzeitigem Einleiten von Chlor (evtl. einige Tropfen HNO_3 zugeben!) in H_2PtCl_6 umwandeln. Die rote Lösung wird fast bis zur Trockne eingedampft und die Hexachloroplatinsäure mit wenig Wasser gelöst (evtl. filtrieren). Zu der klaren Lösung gibt man eine Lösung von 7,5 g KCl in 25 cm^3 Wasser. Dabei fällt das Platin als K_2PtCl_6 aus.

Bei der beschriebenen Verfahrensweise lassen sich mehr als 90% des eingesetzten K_2PtCl_4 als cis-$(NH_3)_2PtCl_2$ und K_2PtCl_6 gewinnen.

Charakterisierung

IR-Spektrum: 3290, 3200 (v_{N-H}); 1626, 1537, 1378, 800 (δ_{NH_3}); 508 (v_{Pt-N}) [6]
UV/VIS-Spektrum (0,1 N HCl): 36 500 sh; 33 000.
Ein Reinheitskriterium ist das Verhältnis der Extinktionen am Maximum (301 nm) zu der beim Absorptionsminimum (247 nm), das größer als 4,3 sein sollte [4].
Dünnschichtchromatographie (Kieselgel 60 Type GF_{254} nach STAHL, DMF-Lösung, Laufmittel Essigester/Methanol/DMF/Wasser = 25:16:5:5, Detektion mit Ioddampf): Nur ein Fleck; R_f ca. 0,7.

Synthesevarianten

Anstelle des K_2PtCl_4 kann auch das Ammoniumsalz $(NH_4)_2PtCl_4$ [5] und anstelle von Ammoniak/NH_4Cl auch Ammoniumacetat zur Synthese von $(NH_3)_2PtCl_2$ angewandt werden [2].

Reaktionen, Verwendung

Mit KI werden alle 4 Liganden am Platin durch Iod substituiert (Unterschied zum trans-Isomeren!). Das kann man zeigen, indem man zu einer Lösung von cis-$(NH_3)_2PtCl_2$ in Wasser, die einige Tropfen Phenolphthalein enthält, KI-Lösung gibt: es entsteht eine Rotfärbung durch freiwerdendes Ammoniak.

Mit Thioharnstoff entsteht das kräftig gelbe Pt(Thioharnstoff)$_4Cl_2$ (das trans-Isomere bildet unter gleichen Bedingungen das farblose (Thioharnstoff)$_2PtCl_2$. Beim Erhitzen auf 700 °C entsteht Platin, Ammoniak, Chlorwasserstoff und Stickstoff.

cis-$(NH_3)_2PtCl_2$ ist ein Chemotherapeutikum zur Behandlung mehrerer Krebserkrankungen [7].

Literatur

[1] E. Browning, „Toxicity of industrial metals", S. 236; Butterworths London, 1961.
[2] J. N. Kukuškin u. S. C. Dchara, Ž. neorg. Chim. **15** (1970) 586.
[3] G. B. Kaufmann u. D. O. Cowan, Inorg. Synth. **7** (1967) 240.
[4] J. W. Reishus u. S. Martin, J. Amer. Chem. Soc. **83** (1961) 2457.
[5] S. M. Jørgensen, Z. Anorg. Allg. Chem. **24** (1900) 156.
[6] J. Hirashi, I. Nakagawa u. T. Shimanouchi, Spectrochim. Acta A **24** (1968) 819.
[7] A. W. Prestayko, S. T. Crooke u. S. T. Carter, „Cisplatin, Current Status and New Developments", Academic Press New York, 1980.

Hexammincobalt(III)-chlorid [1]

> Ammoniak oder konzentrierte Ammoniaklösungen sind stark tränen- und schleimhautreizend (Abzug!).

$$4\,CoCl_2(H_2O)_6 + 20\,NH_3 + 4\,NH_4Cl + O_2 \longrightarrow 4\,[Co(NH_3)_6]Cl_3 + 26\,H_2O$$

0,1 mol (23,7 g) Cobalt(II)-chlorid-6-Wasser, 0,4 mol (22,0 g) Ammoniumchlorid und 4 g pulverisierte Aktivkohle werden in 200 cm³ Wasser gegeben und mit 125 cm³ konzentrierter Ammoniaklösung versetzt. Anschließend saugt man 4 Stunden lang mit NH_3 gesättigte Luft durch diese Lösung. Danach wird der feste Rückstand mit 800 cm³ 0,6 N Salzsäure versetzt, erhitzt, filtriert und die Lösung auf 0 °C gekühlt. Der Niederschlag wird abfiltriert, zuerst mit 60%igem Ethanol und anschließend mit reinem Ethanol gewaschen und getrocknet.
Ausbeute, Eigenschaften; 85%; gelbbraune Kristalle.

Charakterisierung

Die Verbindung wird elementaranalytisch durch Bestimmung von Cobalt (komplexometrisch), Chlorid (argentometrisch) und Stickstoff (Verbrennung) charakterisiert.

Reaktionen

In einer Substitutionsreaktion bildet sich durch Umsetzung mit Kaliumethylxanthogenat beispielsweise Hexammin-cobalt(III)-ethylxanthogenat: Synthese von Tris-(ethylxanthogenato)-cobalt(III) (s. S. 142).

Literatur

[1] G. Bauer, „Handbuch d. Präp. Anorg. Chemie", Bd. 3, S. 1675; F. Enke Verlag Stuttgart, 1981.

Hexammincobalt(II)-chlorid [1]

> Arbeiten mit Ammoniak! Es sind die Arbeitsschutzbestimmungen für den Umgang mit ortsbeweglichen Druckgasbehältern zu beachten (Sicherheitsgefäß zwischen Apparatur und Stahlflasche, Überdrucksicherungen).

$$CoCl_2(H_2O)_6 + 6\,NH_3 \longrightarrow [Co(NH_3)_6]Cl_2 + 6\,H_2O$$

In einen 100 cm³-Dreihalskolben mit Rührer, Gaseinleitungsrohr sowie Rückflußkühler mit Blasenzähler gibt man 0,1 mol (23,7 g) Cobalt(II)-chlorid-6-Wasser und 22 cm³ Wasser. Unter Rühren und Einleiten von Schutzgas kocht man die Mischung luftfrei. Danach wird in der Hitze soviel Ammoniak eingeleitet, bis eine vollständige Lösung erfolgt ist. Man filtriert heiß ab und gibt zum noch heißen Filtrat luftfreies (am Rückfluß unter Schutzgas ausgekochtes) Ethanol, bis in der Hitze eine bleibende Trübung eintritt. Es wird unter fließendem Wasser abgekühlt und vom ausgeschiedenen Niederschlag abfiltriert. Man wäscht zunächst mit einem Gemisch aus konzentriertem Ammoniak und Ethanol 1:1, dann mit dem gleichen Gemisch 1:2 und am Ende mit luftfreiem mit Ammoniak gesättigtem Ethanol. Danach wird im Vakuum über KOH getrocknet.

Ausbeute, Eigenschaften; 48%; fleischfarbenes Pulver oder rosarote Kristalle, in verdünntem Ammoniak leicht, in konzentriertem schwer löslich, in Alkohol unlöslich, im feuchten Zustand leicht zum entsprechenden Cobalt(III)-Komplex oxidierbar (Braunfärbung).

Charakterisierung

Eine Probe der Verbindung wird nach Auflösen in Wasser durch Bestimmung von Cobalt, (komplexometrisch), Chlorid, (argentometrisch) und Stickstoff (Verbrennung) charakterisiert.

Synthesevarianten

Man erhält $[Co(NH_3)_6]Cl_2$ auch durch Überleiten von Ammoniakgas über wasserfreies Cobalt(II)-chlorid bei Raumtemperatur.
Synthese von $CoCl_2$ (s. S. 5).

Reaktionen

Synthese von Cp_2Co (s. S. 92).

Analoge Synthesen

In analoger Weise läßt sich **Hexamminnickel(II)-chlorid** synthetisieren.

$$NiCl_2(H_2O)_6 + 6\,NH_3 \longrightarrow [Ni(NH_3)_6]Cl_2 + 6\,H_2O$$

Dazu führt man die Reaktion mit 0,1 mol (23,7 g) Nickel(II)-chlorid-6-Wasser (Schutzgas nicht erforderlich) durch. Die erhaltenen blauen Kristalle des Hexamminnickel(II)-chlorids sind luftstabil. Der Komplex findet als Ausgangsstoff für die Darstellung anderer Komplexe oder metallorganischer Verbindungen des Nickel(II) vielseitige Verwendung. Synthese von Bis(cyclopentadienyl)-nickel (s. S. 90).

Literatur

[1] G. Brauer, „Handbuch d. Präp. Anorg. Chemie", Bd. 3, S. 1661; F. Enke Verlag Stuttgart, 1981.

trans-Dichloro-bis(ethylendiamin)-cobalt(III)-chlorid [1]

Vorsicht beim Umgang mit konzentrierter Salzsäure! $MAK_D = 5\,mg/m^3$.

$$4\,CoCl_2(H_2O)_6 + 8\,H_2N\text{-}CH_2\text{-}CH_2\text{-}NH_2 + 8\,HCl + O_2 \longrightarrow$$
$$4\,trans\text{-}[Co(en)_2Cl_2]Cl(HCl) + 8\,H_2O$$

$$trans\text{-}[Co(en)_2Cl_2]Cl(HCl) \xrightarrow{110\,°C} trans\text{-}[Co(en)_2Cl_2]Cl + HCl$$

600 g einer 10%igen Lösung von Ethylendiamin werden unter Kühlen zu einer Lösung von 0,7 mol (167 g) Cobalt(II)-chlorid-6-Wasser in 500 cm^3 Wasser gegeben. Ein kräftiger Luftstrom wird dann 10–12 Stunden durch die Lösung geleitet, noch längeres Durchleiten kann zur Bildung von Nebenprodukten führen. Anschließend setzt man 350 cm^3 konzentrierte Salzsäure zu und dampft die Lösung auf dem Wasserbad ein, bis sich an der Oberfläche eine Kristallkruste bildet. Nach Abkühlen und Stehen über Nacht lassen sich kräftig grüne Blättchen von *trans*-[Co(en)$_2$Cl$_2$]Cl(HCl) abfiltrieren, die mit Alkohol und Ether gewaschen und bei 110 °C getrocknet werden. Dabei wandeln sich die Kristalle unter HCl-Abgabe in ein dunkelgrünes Pulver der Zusammensetzung *trans*-[Co(en)$_2$Cl$_2$]Cl um.

Ausbeute, Eigenschaften; 43% bezogen auf Ethylendiamin; dunkelgrünes Pulver, unlöslich in den meisten organischen Lösungsmitteln.

Charakterisierung

Der Cobaltgehalt einer Probe läßt sich nach Aufschluß mit Salpetersäure (Var. 3, s. S. 217) komplexometrisch bestimmen.
IR-Spektrum (Nujol): 1127 (ν_{N-H}) [3]
UV/VIS-Spektrum (H$_2$O, 10^{-3} molar): 24400, 18900 [2].

Reaktionen

Durch Verdampfen einer neutralen wäßrigen Lösung von *trans*-[Co(en)$_2$Cl$_2$]Cl auf dem Wasserbad erfolgt eine Umwandlung in das rote ***cis*-Dichloro-bis(ethylendiamin)-cobalt(III)-chlorid.** Eventuell noch nicht umgewandeltes *trans*-Produkt kann mit wenig kaltem Wasser ausgewaschen werden. Die so erhaltene *cis*-Verbindung fällt in Form eines racemischen Gemisches an [1] (**Ausbeute:** 60%; **IR-Spektrum** (Nujol): 1137, 1121 (ν_{N-H}) [3]).

Literatur

[1] J. C. Bailar, Inorg. Synth. **2** (1946) 222.
[2] A. V. Babaeva u. R. I. Rudyj, J. Inorg. Chem. **1** (1956) 42.
[3] M. H. Chamberlein u. J. C. Bailar, J. Amer. Chem. Soc. **81** (1959) 6412.

6.2 Phosphin- und Phosphitkomplexe

Chloro-tris(triphenylphosphin)-cobalt(I) [1]

$$2\,CoCl_2(H_2O)_6 + 6\,(C_6H_5)_3P + Zn \xrightarrow{\;-12\,H_2O\;} 2\,[(C_6H_5)_3P]_3CoCl + ZnCl_2$$

In einem 250 cm^3-Dreihalskolben mit Rührer, Tropftrichter und Gasableitungsrohr werden in 120 cm^3 Ethanol 0,012 mol (3,2 g) Triphenylphosphin und 0,025 mol (1,6 g) Zinkpulver gelöst bzw. suspendiert. Zur Verringerung des Sauerstoffgehalts im Kolben wird dieser durch das Gasableitungsrohr bei geöffnetem Tropftrichter einige Minuten lang mit Schutzgas gespült. Danach tropft man innerhalb von 30 Minuten eine Lösung von 4 mmol (0,9 g) Cobalt(II)-chlorid-6-Wasser in 40 cm^3 Ethanol bei Raumtemperatur unter Rühren hinzu. Man rührt eine weitere Stunde, filtriert durch eine G3-Fritte, wäscht den Rückstand mit wenig kaltem Wasser und spült diesen mit etwa $30\,cm^3$ Wasser in den Kolben zurück. Das Filtrat wird zur Bestimmung des umgesetzten Zinks (komplexometrische Titration) in einen Maßkolben überführt.

Um restliches Zink im Niederschlag zu entfernen, wird dieser bei einer Temperatur von $0\,°C$ unter Rühren tropfenweise bis zur Beendigung der Wasserstoffentwicklung mit 4 N Salzsäure versetzt. Man saugt erneut ab, wäscht mit Wasser, bis im Filtrat keine Chloridionen mehr nachweisbar sind und spült mit Methanol nach. Schließlich wird das Präparat in einem Kolben mit Vakuum bei Raumtemperatur getrocknet.

Ausbeute, Eigenschaften; 57% bezogen auf Cobalt(II)-chlorid-6-Wasser; mikrokristallines, etwas luftempfindliches, grünes Pulver; löslich in Benzen, Chloroform und Tetrachlorkohlenstoff.

Die bei der Reaktion anfallenden Lösungsmittel Ethanol und Methanol werden durch Destillation zurückgewonnen. Die wäßrigen Salzlösungen können nach Neutralisation mit Natronlauge ins Abwasser gegeben werden, da sie bei dieser Ansatzgröße nur wenig Metall enthalten.

Charakterisierung

Nach Aufschluß mit Salpetersäure (Var.3, s. S.217) bestimmt man den Cobaltgehalt durch komplexometrische Titration gegen Murexid.
IR-Spektrum (Nujol): 1590, 1375, 1180, 1124, 1090, 1020, 998, 745, 730, 685
Magnetisches Verhalten: $\mu_{eff} = 3,05$ B.M. [1].

Synthesevariante

Anstelle des Zinks kann als Reduktionsmittel auch Natriumborhydrid verwendet werden.

Reaktionen

Oxidation mit Tetrachlorkohlenstoff zu **Dichloro-bis(triphenylphosphin)-cobalt(II)**

$$2\,[(C_6H_5)_3P]_3CoCl + 2\,CCl_4 \longrightarrow$$
$$2\,[(C_6H_5)_3P]_2CoCl_2 + (C_6H_5)_3PCl_2 + (C_6H_5)_3P + C_2Cl_4$$

Man erhitzt 0,5 g Chloro-tris(triphenylphosphin)-cobalt(I) in einem $100\,cm^3$-Kolben mit $30\,cm^3$ Tetrachlorkohlenstoff am Rückfluß. Danach verdampft man das Lösungsmittel unter dem Abzug, wäscht den Rückstand mit Ethanol, filtriert ab und trocknet im Trockenschrank bei $100\,°C$. Man erhält eine hellblaue, kristalline Verbindung. Charakterisierung durch den Cobaltwert (komplexometrisch) und Chloridwert (argentometrisch).

Den gleichen Cobalt(II)-Komplex erhält man auch durch thermische Disproportionierung (Erwärmen in Benzen) des Chloro-tris(triphenylphosphin)-cobalt(I):

$$2\,[(C_6H_5)_3P]_3CoCl \longrightarrow [(C_6H_5)_3P]_2CoCl_2 + Co + 4(C_6H_5)_3P$$

Literatur

[1] M. Aresta, M. Rossi u. A. Sacco, Inorg. Chim. Acta **3** (1969) 227.

Dibromo-bis(triphenylphosphin)-nickel(II) [1]

Arbeiten mit Nickelverbindungen (s. S. 32).

$$\text{NiBr}_2 + 2(\text{C}_6\text{H}_5)_3\text{P} \longrightarrow [(\text{C}_6\text{H}_5)_3\text{P}]_2\text{NiBr}_2$$

Man stellt zunächst in Analogie zum wasserfreien Cobalt(II)-bromid aus Nickelcarbonat und Bromwasserstoffsäure wasserfreies Nickel(II)-bromid her.

Man gibt 0,09 mol (19,7 g) wasserfreies Nickel(II)-bromid und 0,18 mol (47,2 g) Triphenylphosphin zusammen mit 200 cm³ Butanol in einen 500 cm³-Zweihalskolben mit Rückflußkühler und erhitzt 2 Stunden zum Sieden. Nach den Abkühlen kristallisiert das Produkt aus und kann abfiltriert werden. Ein Umkristallisieren aus Ethanol ist möglich.

Ausbeute, Eigenschaften; 54% bezogen auf eingesetztes Nickel(II)-bromid; monokline, nadelförmige Kristalle, dunkelgrün; löslich in THF, Benzen und Butanol; zersetzt sich in Methanol unter Abspaltung von Triphenylphosphin.

Die bei der Reaktion anfallenden Lösungsmittel Butanol und Ethanol werden durch Destillation gereinigt und wiederverwendet. Der metallhaltige Rückstand wird mit Ethanol/Natronlauge behandelt und das entstandene Hydroxid zum Oxid verglüht.

Charakterisierung

Nach einem Aufschluß mit Salpetersäure (Var. 3, s. S. 217) wird der Metallgehalt durch komplexometrische Titration gegen Murexid bestimmt.

Fp. 221–222 °C

IR-Spektrum (Nujol, KBr bzw. Polyethylen): 1584, 1376, 1185, 1120, 1092, 1025, 998, 745, 730, 685, 265 ($v_{\text{Ni}-\text{Br}}$); 232 ($v_{\text{Ni}-\text{P}}$); 164 ($v_{\text{Ni}-\text{P}}$)

UV/VIS-Spektrum: 16900; 16300 sh; 15600 sh; 10700 [2]

Magnetisches Verhalten: $\mu_{\text{eff}} = 3,22$; 3,27 B.M. (196 K; 300 K) [2].

Synthesevarianten

Das wasserfreie Nickel(II)-bromid wird in Tetrahydrofuran mit einem geringen Überschuß an Triphenylphosphin unter Rühren am Rückfluß gekocht [3].

Reaktionen, Verwendung

Dimerisierung von 1,3-Butadien mit Dibromo-bis(triphenylphosphin)-nickel(II) zu **E,E-1,3,6-Octatrien** [4]. Vorsicht, Druckreaktion!

In ein 100 cm³-Schlenkgefäß mit Magnetrührer gibt man 0,2 mmol (0,15 g) Dibromobis(triphenylphosphin)-nickel(II) und 0,42 mmol (0,016 g) Natriumborhydrid zusammen mit 10 cm³ THF/Ethanol-Gemisch (1:1). Es wird sofort eine Gasentwicklung sichtbar, und die Lösungsfarbe verändert sich von Grün über Gelb nach Dunkelbraun. Nach dem Abkühlen auf − 78 °C kondensiert man 19 mmol (1 g) 1,3-Butadien ein und erwärmt auf Raumtemperatur. Danach stellt man das Schlenkgefäß bei 100 °C in ein

Ölbad und rührt 24 Stunden. Nach dem Abkühlen auf Raumtemperatur untersucht man die Reaktionsmischung gaschromatographisch. Es ist kein unumgesetztes 1,3-Butadien nachweisbar. Man erhält als einziges Isomeres E,E-1,3,6-Octatrien (**Ausbeute:** quantitativ; **Präparative Gaschromatographie** zur Isolierung des Produkts (Carbowax 20 M, SE 30, OV 17 oder Apiezon-L jeweils 15% auf Chromosorb P); **IR-Spektrum** (Film): 3062, 3000, 2900, 1651, 1605, 1380, 1000, 965, 895; **UV-Spektrum** (Ethanol): 43 859 ($\varepsilon = 23\,500$)).

Darstellung von **Bromo-bis(triphenylphosphin)-nitrosyl-nickel(II)**

$$[(C_6H_5)_3P]_2NiBr_2 + NaNO_2 + (C_6H_5)_3P \longrightarrow$$
$$[(C_6H_5)_3P]_2Ni(NO)Br + (C_6H_5)_3PO + NaBr$$

In einem 250 cm³-Einhalskolben mit Rückflußkühler löst man 6,7 mmol (5,0 g) Dibromo-bis(triphenylphosphin)nickel(II) und 6,7 mmol (1,6 g) Triphenylphosphin in 50 cm³ THF. Dazu gibt man 115 mmol (7,9 g) Natriumnitrit und erhitzt 35 Minuten am Rückfluß. Nach dem Abkühlen wird die Reaktionslösung filtriert und auf 35 cm³ eingeengt. Nach Zugabe von 25 cm³ Hexan erhält man ein blaues Öl. Das Öl wird abgetrennt und mit 50 cm³ kaltem Methanol behandelt. Dabei scheiden sich blaue Kristalle ab, die aus Benzen/Hexan umkristallisiert werden (**Ausbeute:** 85% bezogen auf Dibromo-bis(triphenylphosphin)-nickel(II); **Fp.** (Zers.) 209–210 °C; blaue Kristalle, löslich in Benzen, THF und Chloroform; **IR-Spektrum** (Nujol, KBr): 1735 ($\nu_{N=O}$); andere Banden sind identisch mit dem Spektrum des Ausgangskomplexes).

Literatur

[1] Gmelin Handbuch der Anorganischen Chemie, Nickel Bd. 57, T.C S. 1031; Verlag Chemie Weinheim, 1969.
[2] F. A. Cotton, O. D. Faut u. D. M. L. Goodgame, J. Amer. Chem. Soc. **83** (1961) 344.
[3] K. Yamamoto, Bull. Chem. Soc. Jpn. **27** (1954) 501.
[4] C. U. Pittmann u. L. R. Smith, J. Amer. Chem. Soc. **97** (1975) 341.

Tetrakis(triphenylphosphit)-nickel(0) [1]

$$Ni(NO_3)_2(H_2O)_6 + 4\,P(OC_6H_5)_3 \xrightarrow{\ NaBH_4\ } Ni[P(OC_6H_5)_3]_4$$

Alle Arbeiten werden unter Schutzgas durchgeführt. In einem 250 cm³-Dreihalskolben, mit Rührer, Tropftrichter und Hahnschliff werden 0,01 mol (2,9 g) Nickel(II)-nitrat-6-Wasser in 60 cm³ Ethanol gelöst. Dazu gibt man 0,05 mol (15,5 g) Triphenylphosphit. 0,03 mol (1,0 g) Natriumborhydrid werden in 25 cm³ warmem Ethanol gelöst. Diese Lösung wird schnell auf Raumtemperatur abgekühlt und im Verlauf von 10 Minuten unter Rühren zu der Nickel(II)-nitrat-Lösung getropft. Dabei entfärbt sich die grüne Lösung des Nickelsalzes, und ein weißer Niederschlag scheidet sich ab.
Die weitere Reinigung des Komplexes kann durch Lösen in Benzen und Ausfällen mit Methanol erfolgen.
Ausbeute, Eigenschaften; 92% bezogen auf Nickel(II)-nitrat; weiße Kristalle, löslich in Benzen, THF, Tetrachlorkohlenstoff; im trockenen Zustand an der Luft beständig, zersetzt sich bei 168–170 °C.

Die geringen Mengen anfallender Lösungsmittel werden zur Verbrennung gegeben. Das überschüssige Triphenylphosphit wird mit Salpetersäure/Perchlorsäure zum Phosphat oxidiert und kann nach Neutralisation mit Natronlauge ins Abwasser gegeben werden.

Charakterisierung

Nach Aufschluß mit Salpetersäure/Perchlorsäure (Var. 4, s. S. 218) können der Nickelgehalt durch komplexometrische Titration gegen Murexid und der Phosphorgehalt gravimetrisch als Ammoniummolybdatophosphat [2] bestimmt werden.

Fp. 146–148 °C

IR-Spektrum (Nujol, KBr bzw. Polyethylen): 1188, 1072, 1024, 884, 760, 692, 592, 275 (v_{Ni-P}).

Synthesevarianten

Eine andere Synthesemöglichkeit für Tetrakis(triphenylphosphit)-nickel(0) stellt die Reduktion von Bis(acetylacetonato)-nickel(II) (s. S. 120) mit Natriumtetrahydridoborat in Petrolether bei Anwesenheit von Triphenylphosphit dar [3]. Der Komplex ist auch darstellbar durch Umsetzung von Bis(cyclopentadienyl)-nickel mit Triphenylphosphit bei 80 °C in Cyclohexan [4].

Reaktionen, Verwendung

Tetrakis(triphenylphosphit)-nickel(0) eignet sich sehr gut als Initiator der freien Radikalpolymerisation von Olefinen, z. B. vom Methylmethacrylat bei 25 °C in Gegenwart von Tetrachlorkohlenstoff [3] und katalysiert die Hydrocyanierung von 1,3-Butadien zu Adipinsäuredinitril [5].

Literatur

[1] J. R. Olechowski, C. G. McAlister u. R. F. Clark, Inorg. Synth. **9** (1967) 181.
[2] H. Biltz u. W. Biltz, „Ausführung quantitativer Analysen", S. 158; S. Hirzel Verlag Stuttgart, 1983.
[3] J. R. McLaughlin, Inorg. Nucl. Chem. Lett. **9** (1965) 246.
[4] J. R. Olechowski, C. G. McAlister u. R. F. Clark, Inorg. Chem. **4** (1965) 246.
[5] G. W. Parshall, J. Mol. Cat. **4** (1978) 243.

6.3 Halogeno- und Pseudohalogenokomplexe

Kaliumtetrachlorocobaltat(II) [1]

$$2 KCl + CoCl_2(H_2O)_6 \longrightarrow K_2CoCl_4 + 6 H_2O$$

0,1 mol (7,45 g) Kaliumchlorid und 0,05 mol (11,9 g) Cobalt(II)-chlorid-6-Wasser werden in einem Mörser zu einem feinen homogenen Pulver verrieben und anschließend in einem Porzellantiegel 3 Stunden lang auf 230–250 °C erhitzt. Nach dem Abkühlen wird unter Feuchtigkeitsausschluß in ein Präparaterohr umgefüllt.

Ausbeute, Eigenschaften; quantitativ, blaues, hygroskopisches Pulver.

Charakterisierung

Nach Lösen einer Probe in Wasser, können Cobalt komplexometrisch, Kalium durch Atomabsorptionsspektroskopie und Chlorid argentometrisch bestimmt werden.
Fp. 436 °C

Analoge Synthesen [1]

Kaliumtetrachloroniccolat

$$2 KCl + NiCl_2(H_2O)_6 \longrightarrow K_2NiCl_4 + 6 H_2O$$

In analoger Weise wie für K_2CoCl_4 beschrieben, werden 0,1 mol (7,45 g) Kaliumchlorid und 0,05 mol (11,9 g) Nickel(II)-chlorid-6-Wasser zu K_2NiCl_4 umgesetzt, das in quantitativer Ausbeute als hygroskopisches Pulver erhalten wird. (**Fp.** 502 °C).

Nach dem gleichen Verfahren erhält man:

Kaliumtetrachlorozinkat K_2ZnCl_4 **Fp.** 446 °C weiß, hygroskopisch
Kaliumtetrachloromagnesat K_2MgCl_4 **Fp.** 433 °C weiß, hygroskopisch

Literatur

[1] B. Durand u. J. M. Paris, Inorg. Synth. **20** (1980) 50.

Kaliumcyanat, Cyanatokomplexe des Cobalt, Nickel, Eisen und Kupfer [1]

$$KCN \xrightarrow{K_2Cr_2O_7, O_2} KOCN$$

0,05 mol (18,4 g) Kaliumhexacyanoferrat(II) werden in einer Porzellanschale im Abzug durch vorsichtiges Erhitzen vollständig entwässert. Eine Probe darf, wenn sie im Reagenzglas erhitzt wird, keinen Beschlag mehr geben; die Kristalle müssen vollständig zerfallen sein. In gleicher Weise werden 0,05 mol (14,7 g) Kaliumdichromat durch Schmelzen von anhaftendem Wasser befreit. Beide völlig trockenen Substanzen werden getrennt in einem Mörser gepulvert und anschließend innig vermischt.
Das Gemisch wird in Portionen von 3 g in eine eiserne Schale oder auf ein großes Blech gebracht und unter dem Abzug mit Hilfe eines kräftigen Brenners stark, jedoch nicht zum Glühen erhitzt. Die Temperatur soll so hoch sein, daß jedes Mal ein lebhaftes Aufglimmen eintritt; dabei entsteht eine lockere schwarze Masse, die keinesfalls zum Schmelzen kommen darf. Jeder Anteil wird vom Blech entfernt, und eine neue Portion wird erhitzt.
Die vereinigten Anteile werden im Kolben mit 100 cm³ 80%igem Ethanol etwa 10 Minuten zum Sieden erhitzt (Rückfluß, Wasserbad). Dann gießt man die klare Lösung vom schwarzen Bodenkörper in einen Erlenmeyerkolben ab, der sofort in Eis gestellt und durch Schütteln möglichst schnell gekühlt wird. Nach kurzem Stehen wird die Mutterlauge von den abgeschiedenen Kristallen in den Kolben zurückgegossen und der Prozeß wird – im ganzen sechsmal – wiederholt, bis alles Kaliumcyanat extrahiert ist. Nach dem Abfiltrieren (Glasfiltertiegel) wird mit 20 cm³ Ethanol zweimal gewaschen und anschließend im Vakuum getrocknet.
Ausbeute, Eigenschaften; 32% bezogen auf eingesetztes $K_4[Fe(CN)_6]$; weiß, kristallin.

Die während der Reaktion entstehenden Chrom- und Eisenoxide werden nach der Extraktion des Kaliumcyanats als fester, schwarzer Rückstand deponiert.

Charakterisierung

Die Verbindung wird elementaranalytisch durch Bestimmung von Kalium(AAS), Kohlenstoff, und Stickstoff (Verbrennung) charakterisiert.

IR-Spektrum (KI-Matrix): 2165 ($v_{C \equiv N}$); 1301, 1207 [$v_{C=O}(2\delta_{N=C=O})$]; 637, 628 ($\delta_{N=C=O}$) [2]

Reaktionen

Kaliumcyanat setzt sich mit Übergangsmetallsalzen zu Cyanatokomplexen um, die auf unterschiedliche Weise z.B. durch zusätzliche Liganden oder durch „at"-Komplexbildung stabilisiert werden können.

Kaliumtetracyanatocobaltat(II) [3]

$$Co(CH_3COO)_2 + 4 KOCN \longrightarrow K_2[Co(NCO)_4] + 2 KOOCCH_3$$

Man löst 0,02 mol (3,5 g) Cobalt(II)-acetat in 50 cm³ Wasser und gibt eine Lösung von 0,08 mol (6,4 g) Kaliumcyanat in 50 cm³ Wasser zu. Aus der entstandenen intensiv blauen Lösung scheidet sich das Kaliumtetracyanatocobalt(II) in Form großer, dunkelblauer, quadratischer Kristalle ab, die abfiltriert und im Vakuum getrocknet werden. (**Ausbeute:** 80%; **IR-Spektrum:** 2200 ($v_{C \equiv N}$)).

Dicyanato-tetrapyridin-nickel(II) [8]

$$NiCl_2(H_2O)_6 + 2 KOCN + 4 py \longrightarrow Ni(NCO)_2(py)_4 + 2 KCl + 6 H_2O$$

Beim Versetzen von 0,02 mol (4,8 g) NiCl$_2$(H$_2$O)$_6$ und 0,04 mol (3,2 g) Kaliumcyanat in 200 cm³ Wasser mit 13 cm³ Pyridin erhält man nach Extraktion mit Chloroform und Einengen der Lösung auf ²/₃ des Volumens Kristalle der Zusammensetzung Ni(NCO)$_2$(py)$_4$, die mit Ether gewaschen und im Vakuum getrocknet werden (**Ausbeute:** 80%; **IR-Spektrum:** 2205 ($v_{C \equiv N}$); 1314 ($v_{C=O}$); 618 ($\delta_{N=C=O}$)).

Dicyanato-hexapyridin-eisen(II) [4]

$$FeCl_2 + 2 KOCN + 3 py + H_2O \longrightarrow Fe(py)_3(H_2O)(NCO)_2 + 2 KCl$$
$$Fe(py)_3(H_2O)(NCO)_2 + 3 py \longrightarrow Fe(py)_6(NCO)_2 + H_2O$$

0,02 mol (2,5 g) Eisen(II)-chlorid (s. S. 10) werden in 50 cm³ luftfreiem Wasser gelöst. Dazu gibt man eine Lösung von 0,04 mol (3,2 g) Kaliumcyanat in 50 cm³ luftfreiem Wasser, die 0,06 mol (4,7 g) Pyridin enthält. Dabei scheiden sich hellbraune, luft- und feuchtigkeitsempfindliche Kristalle der Zusammensetzung Fe(py)$_3$(H$_2$O)(NCO)$_2$ ab, die abfiltriert und kurz getrocknet werden.

Die isolierte Verbindung erwärmt man dann mit 50 cm³ wasserfreiem Pyridin. Nach dem Erkalten der Lösung scheiden sich gelbgrüne Kristalle des Dicyanato-hexapyridin-eisen(II) ab, die abfiltriert und im Vakuum getrocknet werden (**Ausbeute:** 75%; **IR-Spektrum:** 2200 ($v_{C \equiv N}$); 1328 ($v_{C=O}$); 620 ($\delta_{N=C=O}$)).

Dicyanato-hexapyridin-kupfer(II) [5]

$$CuSO_4(H_2O)_5 + 2\,KOCN + 6\,py \longrightarrow Cu(py)_6(NCO)_2 + K_2SO_4 + 5\,H_2O$$

0,02 mol (5,0 g) Kupfer(II)-sulfat-5-Wasser und 0,04 mol (3,2 g) Kaliumcyanat werden in 50 cm³ Wasser gelöst. Dazu gibt man 50 cm³ Pyridin. Der Niederschlag wird mit 50 cm³ Chloroform extrahiert, die Lösung eingeengt. Danach werden die türkisfarbenen Kristalle des Dicyanato-hexapyridin-kupfer(II) abfiltriert und im Vakuum getrocknet. Die Verbindung ist hydrolyseempfindlich und spaltet sehr leicht Pyridin ab. Es empfiehlt sich deshalb eine Lagerung im Exsikkator über Kaliumhydroxid und Pyridinatmosphäre (**Ausbeute:** 80%; **IR-Spektrum:** 2198 ($v_{C\equiv N}$); 1330 ($v_{C=O}$); 612 ($\delta_{N=C=O}$)).

Kaliumtricyanatocuprat(II) [6]

$$CuSO_4(H_2O)_5 + 3\,KOCN \longrightarrow K[Cu(NCO)_3] + K_2SO_4 + 5\,H_2O$$

0,02 mol (5,0 g) Kupfer(II)-sulfat-5-Wasser werden in 50 cm³ Wasser gelöst. Dazu gibt man tropfenweise eine Lösung von 0,06 mol (4,9 g) Kaliumcyanat in 50 cm³ carbonatfreiem Wasser. Dabei fällt das Kaliumtricyanato-cuprat(II) in Form hellgrüner, seidiger Kristalle aus. Nach dem Abfiltrieren und Trocknen ist die Verbindung an der Luft beständig (**Ausbeute:** 85%; **IR-Spektrum:** 2240 ($v_{C\equiv N}$)).

Dicyanato-bis(ethylendiamin)-kupfer(II)-2-Methanol-4-Wasser [6]

$$K[Cu(NCO)_3] + 2\,en + 2\,CH_3OH + 4\,H_2O \longrightarrow$$
$$[Cu(en)_2(NCO)_2](CH_3OH)_2(H_2O)_4 + KOCN$$

Zu 50 cm³ einer wäßrigen Ethylendiaminlösung, die mindestens 0,04 mol (2,4 g) Ethylendiamin enthält, gibt man 0,02 mol (4,6 g) Kaliumtricyanato-cuprat(II). Man filtriert die entstandene dunkelpurpurfarbene Lösung und engt das Filtrat bis zur Trockne ein. Dieser Rückstand wird aus 50 cm³ heißem Methanol umkristallisiert. Beim Abkühlen scheiden sich hellblaue Nadeln der Zusammensetzung Cu(en)(CH₃OH)₂(NCO)₂(H₂O) ab, die abfiltriert und getrocknet werden (**Ausbeute:** 40%).

Charakterisierung

Die erhaltenen Cyanatokomplexe können elementaranalytisch charakterisiert werden. Bei der IR-spektroskopischen Untersuchung fällt auf, daß sich die $v_{C=O}$- und $v_{C\equiv N}$-Valenzschwingungsbanden nach höheren Wellenzahlen verschieben. Wesentlichster Unterschied zwischen der N-Koordination (Isocyanatkomplexe) und der O-Koordination des NCO⁻-Ions ist das Verschwinden der im freien NCO⁻-Ion zu beobachtenden Fermiresonanz zwischen $v_{C=O}$ und $2\,\delta_{N=C=O}$ in den Isocyanatkomplexen. Bei O-Koordination des NCO⁻ bleibt diese erhalten, jedoch verschiebt sich dieses Dublett nach tieferen Wellenzahlen (1070–1300 cm⁻¹) [7].

Literatur

[1] L. Gattermann u. H. Wieland, „Die Praxis des organischen Chemikers", S. 120; Walter de Gruyter & Co. Berlin, 1954.
[2] J. G. Decius u. D. J. Gordon, J. Chem. Phys. **47** (1967) 1286.

[3] C. W. Blomstrand, J. Prakt. Chem. **3** (1871) 221.
[4] R. Ripan, Bull. Soc. Stiinte Cluj **3** (1926) 177.
[5] T. L. Davis u. A. V. Logan, J. Amer. Chem. Soc. **50** (1928) 2495.
[6] G. T. Morgan, S. R. Carter u. W. F. Harrison, J. Chem. Soc. **1926**, 2027.
[7] A. M. Golub u. H. Köhler, „Chemie der Pseudohalogenide"; VEB Deutscher Verlag der
    Wissenschaften Berlin, 1979.
[8] M. R. Rosenthal u. R. S. Drago, Inorg. Chem. **4** (1965) 840.

6.4 Metallcarbonyle

Enneacarbonyldieisen(0) [1 – 3]

> Wegen der Giftigkeit der Metallcarbonyle und des Kohlenmonoxids stets unter
> einem Abzug arbeiten! Schutzmaske beim Umfüllen benutzen! Benutzte Gefäße
> sofort mit wäßriger Eisen(III)-chlorid-Lösung ausspülen!

$$2\,Fe(CO)_5 \xrightarrow{\;h\cdot\nu\;} Fe_2(CO)_9 + CO$$

Aus einem Vorratsgefäß mit Pentacarbonyleisen werden unter Schutzgas mittels einer
Pipette 0,1 mol (19,5 g $\triangleq$ 13,4 cm^3) Pentacarbonyleisen in ein Schlenkgefäß aus Kieselglas, das 80 cm^3 Eisessig enthält, gebracht. Unter magnetischem Rühren wird die
Lösung bestrahlt {150 W UV-Lampe (etwa 20 Stunden)}. Dabei wird das entstehende
Kohlenmonoxid von Zeit zu Zeit durch Öffnen des Hahns aus der Lösung abgelassen
und direkt durch einen Schlauch in den Abzugsschacht geleitet. Die Temperatur der
Lösung sollte 18 °C nicht überschreiten. Das wird gegebenenfalls nur durch Wasser-
kühlung mittels eines Kühlfingers erreicht, der in das Innere des Gefäßes eingeführt
wird. Es empfiehlt sich ferner, von den gebildeten orangefarbenen Kristallen des
Syntheseprodukts von Zeit zu Zeit abzufiltrieren. Das Filtrat wird dann jeweils weiter
bestrahlt. Die gesammelten Kristalle werden zunächst mit Wasser, dann mit Ethanol
und Diethylether gewaschen und kurz im Vakuum getrocknet.
Ausbeute, Eigenschaften; Die Gesamtausbeute kann bis zu 95% betragen, wenn
ausreichend lange bestrahlt wird; golden glänzende orangerote Kristalle, luftstabil,
wenig löslich in organischen Lösungsmitteln und in Wasser.

> Vor der Entsorgung ist zunächst zu ermitteln, wieviel Pentacarbonyleisen noch
> nicht umgesetzt wurde. Erst, wenn sich weniger als 10% des eingesetzten
> Carbonyls noch in Lösung befinden, sollte mit der Vernichtung der Abprodukte
> begonnen werden. Ansonsten wird die Lösung weiter bestrahlt.
> Restanteile von Eisencarbonylen werden durch Zutropfen von wäßrigem
> Eisen(III)-chlorid zunächst zu Eisen(II) oxidiert. Nach 24 Stunden Reaktionszeit
> werden noch 2 cm^3 Wasserstoffperoxid hinzugefügt und danach wird vorsichtig
> neutralisiert. Erst dann kann die Lösung in das Abwasser gegeben werden. Alle
> Operationen werden bis zum Schluß unter dem Abzug durchgeführt.
> Es empfiehlt sich auch, die Mutterlauge zu weiteren Synthesen von Enneacarbo-
> nyldieisen(0) zu verwenden, indem ständig frisches Pentacarbonyleisen(0) zugege-
> ben wird.

Charakterisierung

IR-Spektrum (KBr): 2080 ($\nu_{C=O}$); 2034 ($\nu_{C=O}$); 1828 ($\nu_{>C=O}$, Brücke) [2]
Röntgenstrukturanalyse: 2 CO-Gruppen wirken als Brückenliganden, zwischen den beiden Eisenzentralatomen (Fe-Fe-Abstand 246 pm) bestehen bindende Wechselwirkungen [4].

Synthesevarianten

Die Bestrahlung kann auch in einem Dreihalskolben erfolgen, der mit einer UV-Tauchlampe bestückt wird (Innenbestrahlung, Außenkühlung mit Eis) [5]. Dadurch wird die Reaktionszeit herabgesetzt und die Gefahr der Zersetzung zu Dodecacarbonyltrieisen(0) $Fe_3(CO)_{12}$ und (z. T. pyrophorem) Eisen vermindert.

Reaktionen, Verwendung

Enneacarbonyldieisen(0) wird häufig als Startprodukt zur Synthese von Verbindungen des Typs (1,3-Dien)tricarbonyleisen(0) verwendet. In diesen Komplexen ist das $Fe(CO)_3$-Fragment so stabil an das Diensystem fixiert, daß es als Schutzgruppe bei Reaktionen an anderen funktionellen Gruppen des Liganden, der das 1,3-Diensystem enthält, fungieren kann [6, 7].
Eine besonders milde Synthesevariante für (1,3-Dien)tricarbonyleisen(0)-komplexe besteht darin, diese Verbindungen durch Substitution aus Benzalaceton-tricarbonyleisen(0) herzustellen [8]:
Benzalaceton-tricarbonyleisen(0) ($C_6H_5CH=CH-CO-CH_3$)$Fe(CO)_3$ entsteht durch Umsetzung von 0,02 mol (3,0 g) Benzalaceton mit 0,02 mol (7,3 g) Enneacarbonyldieisen(0) in 30 cm³ Toluen bei 60 °C bei einer Reaktionszeit von 5 Stunden. Diese und die folgenden Operationen werden unter Schutzgas durchgeführt. Nach Abdestillieren aller flüchtigen Bestandteile im Vakuum {Entsorgung des Destillats, das noch Pentacarbonyleisen(0) enthält wie bei $Fe_2(CO)_9$ beschrieben (s. S. 110)} wird der Rest in 60 cm³ Toluen-Ethylacetat (9:1) aufgenommen und an einer Kieselgelsäule chromatographiert. Zur Entwicklung der roten Zone, die das Syntheseprodukt enthält, wird mit Toluen Ethylacetat (9:1) weiter chromatographiert, bis die orangefarbene Flüssigkeit vollständig durchgelaufen ist. Diese Flüssigkeit wird im Vakuum zur Trockne eingeengt, der Rückstand aus n-Hexan umkristallisiert.
Ausbeute, Eigenschaften; 30% bezogen auf den Eisencarbonylkomplex; rotorange Kristalle, Fp. 88 °C, luftempfindlich, leicht löslich in THF, Diethylether, Toluen, relativ gut löslich in aliphatischen Kohlenwasserstoffen.
IR-Spektrum (Cyclohexan): 2065, 2005, 1985 ($\nu_{C=O}$) [8]
H-NMR-Spektrum (C_6D_6): 2,5 (3 H, s, CH_3); 3,1 (1 H, d, $=CH-CO$); 6,02 (1 H, d, $C_6H_5-CH=$); 6,27 (5 H, m, C_6H_5) [8].

Ökonomische Bewertung

Bei der Verwendung von $Fe_2(CO)_9$ bzw. (C_6H_5-CO-CH=CH-CH_3)$Fe(CO)_3$ als Ausgangsverbindungen zur Fixierung des $Fe(CO)_3$-Fragments an organische Verbindungen mit 1,3-Dienstrukturen (Schutz dieser Gruppe) spielen sich die Reaktionen nach Variante 1 bzw. 2 ab:

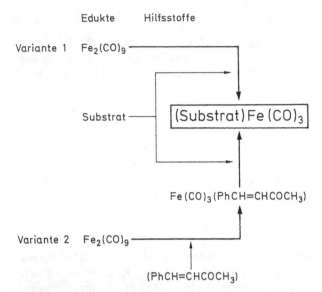

Dabei gehen die Eisenkomplexe durch Oxidation verloren. Die Kosten für die Funktionalisierungsreaktion werden damit durch die Preise des Ausgangskomplexes und des organischen Substrates, die Ausbeute an funktionalisiertem Dien und den Arbeitsaufwand für die Reaktion und Entsorgung bestimmt.

Man diskutiere, bei welchem Preisverhältnis organisches Substrat zu Benzalacetoneisentricarbonyl der Umweg über dieses Zwischenprodukt sinnvoll ist. Dabei wird vorausgesetzt, daß Benzalacetoneisentricarbonyl etwa dreimal so teuer ist wie $Fe_2(CO)_9$ und daß dafür aber die Reaktion nach Variante 2 mit 80%, die nach Variante 1 mit nur 60% Ausbeute an Zielprodukt verläuft.

Literatur

[1] D. F. Keeley u. R. E. Johnson, J. Inorg. Nucl. Chem. 11 (1959) 33.
[2] G. Brauer, „Handbuch d. Präp. Anorg. Chemie", Bd. 3, S. 1872; F. Enke Verlag Stuttgart 1981.
[3] E. Speyer u. H. Wolf, Chem. Ber. 60 (1927) 1424.
[4] F. A. Cotton, Progr. Inorg. Chem. 21 (1976) 2.
[5] J. J. Eisch u. R. B. King, „Organomet. Synth.", Vol. 1, S. 93; Academic Press New York, London, 1965.
[6] L. S. Hegedus, J. Organomet. Chem. 261 (1984) 361.
[7] D. Astruc, Tetrahedron 39 (1983) 4027.
[8] A. J. P. Domingos, J. A. S. Howell, B. F. G. Johnson u. J. Lewis, Inorg. Synth 16 (1976) 104.

6.5 Metallalkoxide

Titan(IV)-isopropylat, Tetrakis(*i*-propoxy)-titan [1]

Arbeiten mit Ammoniak (s. S. 100). Arbeiten mit Isopropanol (s. S. 33). Arbeiten mit Benzen (s. S. 50).

$$TiCl_4(THF)_2 + 4(CH_3)_2CHOH \longrightarrow Ti[OCH < \begin{matrix} CH_3 \\ CH_3 \end{matrix}]_4 + 4HCl + 2THF$$

In einem 500 cm^3-Dreihalskolben mit Rückflußkühler, Rührer und Gaseinleitungsrohr werden 100 cm^3 absolutes Isopropanol bei 5 °C mit Ammoniak gesättigt (15 Minuten Einleiten; 5 l/Stunde). Man beläßt den Reaktionskolben bei 5 °C, trägt unter Schutzgas 0,05 mol (16,7 g) TiCl$_4$(THF)$_2$ (s. S. 16) auf einmal ein und läßt die Reaktionsmischung unter Rühren auf Raumtemperatur erwärmen. Es bildet sich sofort ein weißer Niederschlag von Ammoniumchlorid. Man erhitzt noch eine Stunde auf dem Wasserbad und filtriert heiß über eine mit Kieselgur bedeckte G3-Fritte. Der Filterrückstand wird zweimal mit jeweils 50 cm^3 kaltem Benzen gewaschen. Man destilliert zunächst Isopropanol und Benzen bei Normaldruck ab. Der verbleibende Rückstand wird im Vakuum destilliert. **Kp.** 59–60 °C bei 0,4–0,45 Torr (50–60 Pa). **Ausbeute, Eigenschaften;** 75% bezogen auf Titan(IV)-chlorid-2-Tetrahydrofuran; farblose Flüssigkeit, hydrolyseempfindlich, löslich in Benzen, Alkoholen, THF.

Benzen und Isopropanol werden zur Verbrennung gegeben. Der Destillationsrückstand wird mit Ethanol und Natronlauge versetzt. Man trennt die ausgefallenen Oxidhydrate ab und vereinigt sie mit dem zur Filtration verwendeten Kieselgur. Nach dem Glühen dieses Gemisches erhält man ein deponiefähiges Oxid.

Charakterisierung

Kp. 224 °C bei 760 Torr (101 kPa)

Synthesevarianten

Für die Darstellung des Titan(IV)-isopropylates eignet sich als Ausgangsverbindung auch das Titan(IV)-chlorid. Jedoch ist dem Tetrahydrofuranaddukt wegen seiner leichteren Handhabbarkeit der Vorzug zu geben.

Reaktionen, Verwendung

Titan(IV)-alkoxide werden in zunehmender Masse als Reagenzien in der organischen Synthesechemie verwendet, z. B. als Katalysatoren für Veresterungen und Umesterungen [2].
Die aus den Titan(IV)-alkoxiden mit Organolithiumverbindungen leicht darstellbaren Verbindungen des Typs RTi(OR')$_3$ sind Carbanionenreagenzien mit ausgeprägter Stereoselektivität [2].

Analoge Synthesen

In völlig analoger Weise zum Titan(IV)-isopropylat ist auch die Darstellung des **Titan(IV)-butylat** möglich. Man verwendet dabei 100 cm^3 absolutes n-Butanol und etwa 0,05 mol Titan(IV)-chlorid-2-Tetrahydrofuran.

Literatur

[1] O. Meth-Cohn, D. Thorpe u. H. J. Twitchett, J. Chem. Soc. C **1970**, 132.
[2] D. Seebach, B. Weidmann u. L. Widler, „Modern Synthetic Methods", Vol. **3**; Otto Salle Verlag Frankfurt, Berlin, München; Verlag Sauerländer Aarau, Frankfurt, Salzburg, 1983.

Aluminiumisopropylat, Tris (*i*-propoxy)-aluminium [1]

> Quecksilber(II)-chlorid ist giftig! Wasserstoffentwicklung während der Reaktion (s. S. 11). Arbeiten mit Isopropanol (s. S. 33).

$$2\,Al + 6\,(CH_3)_2CH-OH \longrightarrow 2\,AL[OCH(CH_3)_2]_3 + 3\,H_2$$

Wegen der Hydrolyseempfindlichkeit des Produkts muß unter Ausschluß von Luftfeuchtigkeit gearbeitet werden.
1 mol (27,0 g) reinste Aluminiumfolie wird in einem 1000 cm³-Kolben mit 300 cm³ trockenem Isopropanol versetzt. (Das Trocknen erfolgt durch mehrstündiges Erhitzen über Calciumoxid, dann wird abdestilliert. Das Destillat wird mit 1 g Natrium versetzt und nach beendeter Reaktion erneut destilliert.) Nach Zugabe von 0,2 g Quecksilber(II)-chlorid wird die Mischung im Ölbad am Rückfluß erhitzt. Danach werden 1,5 cm³ Tetrachlorkohlenstoff durch den Rückflußkühler zugegeben. Ein auf den Rückflußkühler aufgesetztes Calciumchloridrohr verhindert das Eindringen von Luftfeuchtigkeit. Zunächst setzt eine lebhafte Wasserstoffentwicklung ein. Sollte die Reaktion zu heftig werden, wird die Heizquelle vorübergehend entfernt. Nachdem alles Aluminium gelöst ist, wird die Reaktionsmischung noch 12 Stunden bei 70 °C gehalten, dann wird vom gebildeten Schlamm abdekantiert. Zunächst wird bei Normaldruck Isopropanol abdestilliert (**Kp.** 82 °C), anschließend erfolgt die Destillation des Produkts bei 7 Torr (933 Pa) und 130–140 °C. In der Vorlage erstarrt die Verbindung nach 1–2 Tagen zu einer weißen Masse.
Ausbeute, Eigenschaften; nahezu quantitativ bezogen auf Aluminium; weiße Kristalle, hygroskopisch.

Charakterisierung

Zur Bestimmung des Aluminiums wird eine Probe in Salzsäure gelöst, das Metall wird gravimetrisch bestimmt.
Fp. 118–125 °C; **Kp.** 130–140 °C bei 7 Torr (933 Pa)
IR-Spektrum (Nujol): die Abwesenheit einer Bande bei 3300–3400 cm⁻¹ zeigt an, daß kein Isopropanol im Präparat vorhanden ist.

Das abdestillierte Isopropanol kann nach gaschromatographischer Reinheitskontrolle wiederverwendet werden.
Der beim Dekantieren erhaltene quecksilberhaltige Rückstand wird in Salpetersäure gelöst. Nach dem Verdünnen wird mit Natriumsulfid Quecksilbersulfid gefällt, filtriert und deponiert. Da nur relativ geringe Mengen anfallen, werden zweckmäßigerweise mehrere Ansätze gesammelt.

Eigenschaften, Verwendung

In der organischen Synthese wird Aluminiumisopropylat zur Reduktion von Ketonen verwendet. Dabei entstehen sekundäre Alkohole, während aus dem Isopropylatrest Aceton entsteht (MEERWEIN-PONNDORF-VERLEY-Reduktion). Vergl. z. B. [2].

Analoge Synthesen

Analog wie für das Aluminiumisopropylat beschrieben, werden auch andere Aluminiumalkoholate hergestellt, z. B. Aluminiummethylat und -ethylat.

Aluminiummethylat, Tris(methoxy)-aluminium [1]

$$2\,Al + 6\,CH_3OH \longrightarrow 2\,Al(OCH_3)_3 + 3\,H_2$$

Aus 0,1 mol (2,7 g) Aluminiumgrieß und 30 cm³ trockenem Methanol entsteht unter Zugabe von 40 mg Quecksilber(II)-chlorid und einer Spur Iod beim gelinden Erhitzen eine nahezu klare Lösung, die nach dem Filtrieren zur Trockne eingeengt wird. Dabei verbleibt ein leicht graues Pulver, das in nahezu quantitativer Ausbeute gebildet wird.

Aluminiumethylat, Tris(ethoxy)-aluminium [1]

$$2\,Al + 6\,C_2H_5OH \longrightarrow 2\,Al(OC_2H_5)_3 + 3\,H_2$$

1 mol (27,0 g) Aluminiumgrieß werden in einem 250 cm³-Dreihalskolben mit 130 cm³ über Natrium getrocknetem und dann destilliertem Xylen unter Rühren und Rückfluß im Ölbad erhitzt. Das Eindringen von Luftfeuchtigkeit wird durch ein dem Rückflußkühler aufgesetztes Calciumchloridrohr verhindert. Aus einem Tropftrichter werden insgesamt 88 cm³ sorgfältig getrockneten Ethanols zugetropft, dem 0,1 g Quecksilber(II)-chlorid und 0,1 g Iod zugesetzt sind. Die Reaktion wird so geführt, daß die Lösung siedet. Der Erfolg der Synthese hängt davon ab, ob Ethanol völlig wasserfrei ist. Danach wird noch 30 Minuten erhitzt und dann Xylen im Vakuum abdestilliert. Das entstandene Aluminiumethylat verbleibt als weißes Produkt. Es wird unter Ausschluß von Feuchtigkeit aufbewahrt (**Ausbeute:** nahezu quantitativ; **Fp.** 140 bis 145 °C; **Kp.** 205 °C bei 14 Torr (1,87 kPa)).

Literatur

[1] F. Schmidt in Houben-Weyl „Methoden der organischen Chemie"; VI/2, S. 18; Georg Thieme Verlag Stuttgart, 1963.
[2] Organikum, Organisch-Chemisches Grundpraktikum, S. 604; VEB Deutscher Verlag der Wissenschaften Berlin, 1977.

Orthokieselsäureethylester, Tetrakis(ethoxy)-silan

Arbeiten mit Silicium(IV)-chlorid (s. S. 55). Arbeiten mit Ammoniak (s. S. 100). Das herzustellende Tetrakis(ethoxy)-silan ist stark toxisch. Insbesondere Haut- und Augenkontakt (kann zur Erblindung führen) ist zu vermeiden (Schutzbrille, Gummihandschuhe)!

$$SiCl_4 + 4\,C_2H_5OH \longrightarrow Si(OC_2H_5)_4 + 4\,HCl$$

Wegen der Hydrolyseempfindlichkeit des Silicium(IV)-chlorid sind alle Arbeiten unter Schutzgas auszuführen. In einem 500 cm^3-Dreihalskolben mit Rückflußkühler, Rührer und Tropftrichter werden 150 cm^3 absolutes Ethanol bei 5 °C mit Ammoniak gesättigt (15 Minuten Einleiten; 5 l/Stunde). Man beläßt den Kolben bei 5 °C, tropft 0,05 mol (8,5 g) Silicium(IV)-chlorid langsam unter Rühren zu und läßt die Reaktionsmischung auf Raumtemperatur erwärmen. Es bildet sich sofort ein weißer Niederschlag von Ammoniumchlorid. Man erhitzt noch eine Stunde auf dem Wasserbad und filtriert heiß über eine mit Kieselgur belegte G3-Fritte. Der Filtrationsrückstand wird zweimal mit jeweils 50 cm^3 Benzen gewaschen. Man destilliert zunächst Ethanol und Benzen bei Normaldruck ab. Der verbleibende Rückstand wird im Vakuum destilliert. **Kp.** 81 °C bei 40 Torr (5,32 kPa).

Ausbeute, Eigenschaften; 92% bezogen auf Silicium(IV)-chlorid; wasserklare Flüssigkeit, süßlicher Geruch, löslich in Ethanol, Benzen und Tetrahydrofuran.

Die bei der Reaktion anfallenden organischen Lösungsmittel Ethanol und Benzen werden destilliert, wobei ein Benzen/Ethanol-Azeotrop erhalten wird. Der Destillationsrückstand wird mit Natronlauge versetzt und nach Neutralisation ins Abwasser gegeben.

Charakterisierung

Der Siliciumgehalt kann nach Aufschluß mit Salpetersäure (Var. 3, s. S. 217) atomabsorptionsspektrometrisch bestimmt werden.
Kp. 168,5 °C bei 760 Torr (101 kPa)
$n_D^{16} = 1,3862$

Synthesevarianten

Die Darstellung von Tetraethoxysilan ist auch durch Umsetzung von Silicium(IV)-chlorid mit Natriumethylat in Petrolether [1] oder von Silan mit Natriumethylat in Diethylether möglich [2].

Reaktionen, Verwendung

Tetrakis(ethoxy)-silan findet in der Farbenindustrie als Lackkomponente oder als Bindemittel für hitzebeständige Anstrichstoffe Verwendung. Es dient desweiteren zur Herstellung von Filmen, Folien und Harzen:

Herstellung eines klaren, harten und nichtbrüchigen Films

In ein 50 cm^3-Schlenkgefäß mit Gaseinleitungsrohr gibt man 0,05 mol (10,4 g) des dargestellten Tetraethoxysilan zusammen mit 8 mmol (2,0 g) Dibenzoylperoxid. Man erhitzt im Ölbad auf 160 °C und saugt 1 Stunde lang trockene Luft durch das Gemisch. Es bildet sich ein klarer, harter aber nicht brüchiger Film, den man durch Abschlagen des Schlenkgefäßbodens erhalten kann [3].

Literatur

[1] G. Fritz, Z. Naturforsch. B 6 (1951) 116.
[2] H. J. Backer u. H. A. Klasens, Rec. Trav. Chim. Pays-Bas 61 (1942) 500.
[3] J. B. Rust u. C. A. McKenzie, US-Pat. 2 625 520; zit. nach C. A. 1954, 9105i.

7 Chelatkomplexe

Allgemeines zur Stoffklasse

Komplexverbindungen, in denen Liganden mit 2 oder mehr Haftatomen an einem Zentralatom gebunden sind, werden als Chelatkomplexe oder Metallchelate bezeichnet.

Wie ein Vergleich der Stabilitätskonstanten zeigt, sind Metallchelate (z. B. $[Ni(en)_3]^{2+}$) thermodynamisch stabiler als Komplexe mit dem gleichen Haftatomsatz, aber einzähligen Liganden (z. B. $[Ni(NH_3)_6]^{2+}$). Ursache für die höhere thermodynamische Stabilität von Chelatkomplexen ist ein erhöhter Anteil an Entropiegewinn ΔS bei der Ausbildung der Chelatringe, so daß die freie Bindungsenthalpie $\Delta G = \Delta H - T \cdot \Delta S$ negativer wird.

Besonders stabil sind Chelatfünf- oder -sechsringe mit Liganden, in denen 2 Haftatome durch 2 bzw. 3 Atome miteinander verknüpft sind.

1,2-Diamine (z. B. Ethylendiamin) oder 1,2-Diimine (2,2'-Bipyridin oder Azomethine von 1,2-Diketonen oder Glyoxal) sind Chelatfünfringbildner:

Da 1,2-Diimine energetisch günstige freie π^*-Orbitale besitzen, sind sie im Unterschied zu Ethylendiamin in der Lage, auch niedrige Oxidationsstufen von Metallen (z. B. Nickel(0) s. S. 130f.) zu stabilisieren.

Chelatsechsringbildner sind z. B. die Anionen von 1,3-Diketonen, die mit Metallionen zu Komplexen mit folgendem Strukturelement reagieren:

Prototyp dieser Verbindungsgruppe sind die Acetylacetonatokomplexe (s. Kap. 7.1). Mit zweiwertigen Metallionen werden neutrale Komplexe des Typs $M(acac)_2$ gebildet, die entweder monomer (Cu^{2+}) oder oligomer (M z. B. Ni^{2+}, Co^{2+}) sind. In den oligomeren Verbindungen sind einige Sauerstoffatome an 2 verschiedene Zentralatome gebunden, fungieren also als verbrückende Donoratome:

$m - O - m$

In Komplexen des Salicylidenethylendiimins liegen sowohl Chelatfünf- als auch -sechsringe vor.
Metallacetate oder Metallxanthogenate enthalten Chelatvierringe:

Daneben treten in Metallacetaten häufig oligomere Strukturen auf (Palladium(II)-acetat s. S. 145); in diesem Fall wirkt das Acetat als Brückenligand.

Wichtige Reaktionen zur Herstellung von Chelatkomplexen sind:
Substitution einzähliger Liganden

$$mL_2 + L-L \longrightarrow m(L-L) + 2L$$

„template"-Reaktionen, bei denen der Chelatligand erst am Metallzentrum aufgebaut wird. Dabei fixiert das Zentralatom die Reaktionspartner in einer für den Ringschluß günstigen Anordnung. Insbesondere makrocyclische Komplexe werden häufig nach diesem Prinzip synthetisiert.

Chelatkomplexe spielen eine erhebliche Rolle in vielen Zweigen der Chemie, z. B. in der Analytik (Fällung von Ni^{2+} mit Diacetyldioxim; komplexometrische Bestimmung von Metallionen), zur Herstellung von homogenen Katalysatoren (s. Kap. 9) oder in biologischen Systemen (Chlorophyll, Haemoglobin und Vitamin B_{12} sind makrocyclische Komplexe mit N-Donoren).

7.1 Metallacetylacetonate

Bis(acetylacetonato)-nickel(II) [1]

Arbeiten mit Nickelverbindungen (s. S. 32). Wegen der Möglichkeit der Überhitzung infolge spontan einsetzender Kristallisation beim Abdestillieren der letzten $100\,cm^3$ Toluen im Vakuum arbeiten!

1. $Ni^{2+} + 2CH_3C(OH)CHCOCH_3 + 2OH^- \longrightarrow$

$$Ni(CH_3COCHCOCH_3)_2(H_2O)_2$$

2. $Ni(CH_3COCHCOCH_3)_2(H_2O)_2 \longrightarrow Ni(CH_3COCHCOCH_3)_2 + 2H_2O$

1. $0,5\,mol$ (145 g) Nickel(II)-nitrat-6-Wasser werden im $1000\,cm^3$-Dreihalskolben in $200\,cm^3$ Wasser gelöst und mit $1\,mol$ (100 g) Acetylaceton versetzt. Unter Rühren

werden innerhalb von 45 Minuten 1,05 mol (42 g) Natriumhydroxid in 200 cm³ Wasser zugetropft. Die Reaktionsmischung erwärmt sich, und nach kurzer Zeit beginnen hellblaue Kristalle des Bis(acetylacetonato)diaquo-nickel(II) auszufallen. Nach Beendigung der Zugabe von Natronlauge wird noch 30 Minuten zum Sieden erhitzt, dann auf 5 °C abgekühlt und nach etwa 5 Stunden filtriert. Nach dem Waschen mit Wasser wird das Produkt an der Luft getrocknet (**Ausbeute: 92%**).

2. Der wasserfreie Komplex ist hygroskopisch, daher am Ende unter Feuchtigkeitsausschluß arbeiten! Im 1000 cm³-Dreihalskolben wird der Diaquokomplex mit 500 cm³ Toluen im Ölbad am Wasserabscheider so lange erhitzt, bis kein Wasser mehr übergeht. Während dieser etwa 6–7 Stunden dauernden Reaktion löst sich die Komplexverbindung zu einer tiefgrünen Lösung, die unter Feuchtigkeitsausschluß filtriert wird. Nach Abdestillieren von etwa 400 cm³ Toluen bei Normaldruck wird weiteres Toluen bei 40 °C im Vakuum bis zur Bildung eines grünen Öls abdestilliert. Nach dem Erkalten werden unter Rühren 200 cm³ Ether eingetropft; dabei scheidet sich die Komplexverbindung in feinkristalliner Form ab. Stehen über Nacht in der Kälte vervollständigt die Kristallisation. Nach der Filtration unter Feuchtigkeitsausschluß wird das Präparat mit 50 cm³ Ether gewaschen und im Vakuum getrocknet. **Ausbeute, Eigenschaften;** 83% bezogen auf Nickel(II); grünes mikrokristallines Pulver, sehr gut löslich in Benzen, Toluen, Chloroform, unlöslich in Wasser.

Das abdestillierte Toluen wird nach Trocknung über Kaliumhydroxidplätzchen und Destillation wiederverwendet (gaschromatographische Reinheitskontrolle). Das Diethylether enthaltende Filtrat wird zur Wiedergewinnung des Diethylethers fraktioniert destilliert. Nickelhaltige Rückstände werden nach einem Standardverfahren aufgearbeitet (s. S. 212f.).

Auf diese Weise können zurückgewonnen werden:
420 cm³ Toluen, 200 cm³ Diethylether.

Charakterisierung

Eine Probe der Substanz wird mit Salpetersäure/Schwefelsäure (Var. 3, s. S. 217) aufgeschlossen und der Metallgehalt komplexometrisch bestimmt. Ein Produkt guter Qualität, das sich besonders für die Weiterverarbeitung zu metallorganischen Verbindungen eignet, hat eine Mindestlöslichkeit von 0,5 g/cm³ Benzen. Dabei dürfen weniger als 1% Rückstand auftreten (gravimetrische Bestimmung des Rückstandes von 5 g Präparat!).
Die kryoskopische Molmassebestimmung in Benzen zeigt trimeren Aufbau an [2].
Magnetisches Verhalten: $\mu_{eff} = 3,2$ B.M. (20 °C), die Temperaturabhängigkeit folgt dem CURIE-WEISSschen Gesetz [3].
IR-Spektrum: Tabelle 7.1
UV/VIS-Spektrum (n-Hexan): 34000 (lg $\varepsilon = 4,55$); 24400 (4,1); 15500 (0,63); 9100 (0,50) [1,4].
Die **Röntgenstrukturanalyse** weist aus, daß die Verbindung trimer mit oktaedrischer Koordination vorliegt [5].

Tabelle 7.1 IR-Spektren (KBr) und Zuordnung der wichtigsten Banden in Acetylacetonato-metallkomplexen [1–5]

Ni(II)	Cu(II)	Pd(II)	Cr(III)	Fe(III)	Co(III)	Zuordnung nach [3, 4]
1598	1580	1570	1575	1572	1578	$\nu_{(C=O)}$
1598	1554	1547	1524	1526	1527	$\nu_{(C=C)}$
–	1534	1523	–	–	–	
1514	1464	1430	1427	1425	1430	$\delta_{(CH_3)\,(asymm.)}$
1453	–	–	–	–	–	
1398	1415	1395	1385	1390	1390	$\delta_{(CH_3)\,(sym.)}$
1367	1356	1358	1370	1365	1372	
1261	1274	1273	1281	1276	1284	$\nu_{(C=C)} + \nu_{C-CH_3}$
1198	1190	1199	1195	1190	1195	$\delta_{(C-H)}$
1020	1020	1022	1025	1022	1022	$\varrho_{(CH_3)}$
929	937	936	934	930	934	$\nu_{(C-CH_3)} + \nu_{(C=O)}$
764	781	781	788	800	780	$\delta_{(C-H)}$
–	–	–	–	–	771	
–	–	–	772	770	764	
666	684	697	677	663	691	$\delta_{Ringdef.} + \nu_{(M-O)}$
–	654	676	658	654	671	
579	614	659	609	559	633	$\nu_{(M-O)}$
563	–	–	594	549	–	
452	455	463	459	434	466	$\delta_{(C-CH_3)} + \nu^{(M-O)}$
427	427	442	416	411	432	$\delta_{(O-M-O)}$

Literatur

[1] K. Nakamoto, P. J. McCarthy, A. Ruby u. A. E. Martell, J. Amer. Chem. Soc. **83** (1961) 1066 u. 1072.
[2] K. Nakamoto, „Infrared and RAMAN-Spectra of Inorganic and Coordination Compounds", S. 249; J. Wiley & Sons Chichester, Brisbane, Toronto, 1978.
[3] S. Pinkas, B. L. Silver u. I. Laulicht, J. Chem. Phys. **46** (1967) 1506.
[4] G. T. Behnke u. K. Nakamoto, Inorg. Chem. **6** (1967) 433 u. 440.
[5] K. E. Lawson, Spectrochim. Acta **17** (1961) 248.

Synthesevarianten

Die technische Gewinnung erfolgt mit Ausbeuten von etwa 87% durch Zugabe wäßriger Ammoniaklösung zur wäßrigen Lösung von Nickel(II)-nitrat und Acetylaceton. Dabei sind pH-Wert und Temperatur genau einzuhalten [1]. Anstelle von Natronlauge oder Ammoniak kann auch Natriumacetat eingesetzt werden [6]. Gefälltes Nickelhydroxid kann ebenfalls mit Acetylaceton umgesetzt werden, doch ist die Entfernung der Fremdionen aus Nickelhydroxid zeitaufwendig [7].

Reaktionen, Verwendung

Die Substitution der Brückensauerstoffatome durch ein- oder zweizählige Neutralliganden liefert monomere oktaedrische Komplexe der Zusammensetzung $L_2Ni(acac)_2$ oder $(L-L)Ni(acac)_2$:

$$[Ni(CH_3COCHCOCH_3)_2]_3 + 6\,L \longrightarrow 3\,L_2Ni(CH_3COCHCOCH_3)_2$$

Bis(acetylacetonato)-bis(pyridin)-nickel(II) läßt sich aus 0,01 mol (2,6 g) Bis-(acetylacetonato)-nickel(II) in 40 cm³ wasserfreiem THF nach Zugabe von 0,06 mol

(4,8 g) Pyridin herstellen. Einengen der Lösung liefert die Komplexverbindung als blaue Kristalle (**Ausbeute:** 75%; **Fp.** 240 °C, $\mu_{eff} = 3{,}15$ B.M.) [8].
Reaktionen mit Organoverbindungen der Hauptgruppenelemente in Gegenwart zusätzlicher Neutralliganden führen zu σ-Organometallverbindungen des Nickel(II) oder zu Nickel(0)-Komplexen:
Synthese von Bis(cyclooctadien)-nickel(0) (s. S. 74)
Bis(acetylacetonato)-nickel(II) wird häufig als Ausgangsprodukt zur Erzeugung homogener Katalysatoren verwendet.
Katalytische Dimerisierung von Butadien (s. S. 162).

Ökonomische Bewertung

Man ermittle
die Chemikalienkosten
den Arbeitsaufwand
die Energiekosten
zur Herstellung von 1 kg Bis(acetylacetonato)-nickel(II) und vergleiche mit dem Marktpreis!
Welche Kostenveränderung tritt ein, wenn die bei der Synthese verwendeten Lösungsmittel wiedergewonnen werden?

Literatur

[1] Gmelins Handbuch der anorganischen Chemie Bd. 57, Nickel C, Lfg. 2, S. 512; Verlag Chemie Weinheim, 1969.
[2] J. P. Fackler u. F. A. Cotton, J. Amer. Chem. Soc. 83 (1961) 3775.
[3] S. Shibatu, M. Kishata u. M. Kubo, Nature 179 (1957) 320.
[4] F. A. Cotton u. J. P. Fackler, J. Amer. Chem. Soc. 83 (1961) 2818.
[5] G. J. Bullen, R. Mason u. P. Pauling, Inorg. Chem. 4 (1965) 456.
[6] W. H. Watson u. C. T. Lin, Inorg. Chem. 5 (1966) 1074.
[7] F. Gach, Monatsh. Chem. 21 (1900) 98.
[8] E. J. Olszewski u. D. F. Martin, J. Inorg. Nucl. Chem. 27 (1965) 1043.

Tris(acetylacetonato)-cobalt(III) [1, 2]

> Die Zugabe von Wasserstoffperoxid zur Oxidation von Cobalt(II) muß sehr vorsichtig erfolgen, da sonst eine heftige Reaktion eintritt.

$$CoCO_3 + 3 CH_3C(OH)CHCOCH_3 + 0{,}5 H_2O_2 \longrightarrow$$
$$Co(CH_3COCHCOCH_3)_3 + CO_2 + 2 H_2O$$

0,1 mol (11,9 g) Cobaltcarbonat und 0,9 mol (90 g) Acetylaceton werden im 500 cm³-Dreihalskolben im Wasserbad auf 80 °C erhitzt, und unter Rühren werden innerhalb von 1,5 Stunden 120 cm³ 10%iges Wasserstoffperoxid zugetropft. Anfangs tritt starke Gasentwicklung auf. Nachdem die tiefgrüne Reaktionslösung, aus der bereits ein Teil des Produkts ausfällt, noch eine weitere Stunde bei Raumtemperatur reagiert hat, wird auf -20 °C abgekühlt. Nach der Filtration wird das noch mit etwas Ausgangsverbindung verunreinigte Präparat in 100 cm³ Toluen gelöst, erneut filtriert und auf etwa 30 cm³ Volumen eingeengt.

Die Kristallisation wird durch Zugabe von $300\,cm^3$ Hexan und Kühlen auf $-30\,°C$ vervollständigt, getrocknet wird im Vakuum.

Ausbeute, Eigenschaften; Die Ausbeute ist abhängig von der Qualität des eingesetzten Cobaltcarbonats und beträgt mindestens 80%; dunkelgrüne Kristalle, leicht löslich in Chloroform, THF, Toluen, gut löslich in Alkoholen, schwer löslich in Wasser.

Durch fraktionierte Destillation können zurückgewonnen und nach gaschromatographischer Reinheitskontrolle wiederverwendet werden:
$40\,g$ Acetylaceton aus dem ersten Filtrat, $60\,cm^3$ Toluen und $260\,cm^3$ n-Hexan aus dem zweiten Filtrat.
Die cobalthaltigen Rückstände werden nach einer Standardvorschrift entsorgt, dabei muß zur Fällung des Hydroxids zum Sieden erhitzt werden (s. S.212f.).

Charakterisierung

Eine Probe der Substanz wird mit Salpetersäure/Perchlorsäure (Var.4, s. S.218) aufgeschlossen und der Metallgehalt komplexometrisch bestimmt.
IR-Spektrum: Tabelle 7.1
UV/VIS-Spektrum (CHCl$_3$): 39000 (lg $\varepsilon = 4,54$); 34000 (4,0); 31000 (3,9); 25000 (2,5); 17000 (2,1); 12500 (0,5); 9100 (0,28) [3].

Synthesevarianten

Statt Cobaltcarbonat läßt sich auch Cobalt(II)-chlorid-6-Wasser verwenden, wenn Natronlauge zur Einstellung des richtigen pH-Wertes eingesetzt wird [4]. Wenn Natrium-tris(carbonato)-cobalt(III) als Ausgangskomplex verwendet wird, kann auf Wasserstoffperoxid verzichtet werden, doch ist die Herstellung der Ausgangsverbindung zeitaufwendig [5].

Reaktionen, Verwendung

Substitutionsreaktionen führen analog zu den Reaktionen des Tris(acetylacetonato)-chrom(III) (s. S.127) zu 3-substituierten Produkten:
Tris(3-bromacetylacetonato)-cobalt(III) entsteht durch Einwirkung von 4,2 mmol (0,76 g) N-Bromsuccinimid auf 1,4 mmol (0,50 g) Tris(acetylacetonato)-cobalt(III) in $50\,cm^3$ Eisessig (**Ausbeute:** 84%, schwarzgrüne Kristalle; **IR-Spektrum** (Nujol): 1545 (ν_{CO}) (nur eine Bande zwischen 1500 und $1600\,cm^{-1}$) [6]).
Durch Reduktion des Chelatkomplexes lassen sich Cobaltverbindungen niedriger Oxidationsstufen herstellen, z.B. entsteht mit Cyclopentadien und 1,5-Cyclooctadien als Liganden und aktivem Magnesium als Reduktionsmittel:
Cyclopentadienyl-, cyclooctadien(1,5)-cobalt(I) [7]
Tris(acetylacetonato)-cobalt(III) und Triethylaluminium bilden ein hochaktives Katalysatorsystem zur stereospezifischen Polymerisation von Butadien zu Z-Polybutadien [8].

Literatur

[1] B. E. Bryant u. W. C. Fernelius, Inorg. Synth. **5** (1957) 188.

[2] Gmelins Handbuch der anorganischen Chemie, Bd. 58 (Erg.Bd.), Lfg. 2, Cobalt B, S. 639; Verlag Chemie Weinheim, 1964.
[3] D. W. Barnum, Inorg. Nucl. Chem. **21** (1961) 221.
[4] T. Moeller u. E. Gulyas, J. Inorg. Nucl. Chem. **5** (1958) 245.
[5] H. F. Bauer u. W. C. Drinkhard, J. Amer. Chem. Soc. **82** (1960) 5031.
[6] J. P. Collman, R. A. Moss, H. Maltz u. C. C. Heindel, J. Amer. Chem. Soc. **83** (1961) 531.
[7] H. Bönnemann, B. Bogdanovič, R. Brinkmann, Da-wei He u. B. Spliethoff, Angew. Chem. **95** (1983) 749.
[8] T. Sato, Y. Uchida u. A. Misono, Bull. Chem. Soc. Jpn. **37** (1964) 105.

Bis(acetylacetonato)-kupfer(II) [1]

$$Cu^{2+} + 2\,CH_3C(OH)CHCOCH_3 + 2\,NH_3 \longrightarrow$$
$$Cu(CH_3COCHCOCH_3)_2 + 2\,NH_4^+$$

0,05 mol (12,1 g) Kupfer(II)-nitrat-3-Wasser werden im Becherglas in 100 cm^3 Wasser gelöst. Unter Rühren werden 17 cm^3 wäßrige konzentrierte Ammoniaklösung hinzugetropft, so daß sich das tiefblaue Tetramminkupfer(II)-ion bildet. Nach tropfenweiser Zugabe von 0,12 mol (12,0 g) Acetylaceton und einstündigem Rühren wird vom hellblauen, schwerlöslichen Syntheseprodukt abfiltriert; Waschen mit Wasser und wenig Ethanol sowie Trocknen an der Luft liefert ein für die meisten Zwecke genügend reines Produkt. Eine Feinreinigung erfolgt durch Lösen in möglichst wenig heißem Chloroform, Filtration, Abdestillieren des größten Teiles des Lösungsmittels, Zugabe von 40 cm^3 Ethanol und Kühlen auf $-30\,°C$. Nach Abfiltration wird mit wenig Ethanol gewaschen.

Ausbeute, Eigenschaften: 85–90% bezogen auf Kupfer(II)-nitrat; hellblaue Kristalle, kaum wasserlöslich, wenig löslich in Ethanol, leicht löslich in Chloroform und Toluen.

Chloroform wird nach gaschromatographischer Reinheitskontrolle wiederverwendet. Rückstände werden nach einem Standardverfahren (s. S. 212) zur Entfernung des Schwermetalls aufgearbeitet.

Charakterisierung

Eine Probe der Substanz wird mit Salpetersäure/Schwefelsäure (Var. 3, s. S. 217) aufgeschlossen und der Metallgehalt komplexometrisch bestimmt.

Magnetisches Verhalten: $\mu_{eff} = 1,95$ B.M. [2]

IR-Spektrum: Tabelle 7.1

UV/VIS-Spektrum: (CHCl$_3$): 15 380 (lg $\varepsilon = 1,59$); 18 150; 26 670 (4,1); 32 800 (Schulter); 33 700 (4,1); 40 700 (4,05) [2]

EPR-Spektrum: $g_{\parallel} = 2,254$, $g_{\perp} = 2,075$ [2]

Röntgenstrukturanalyse: planar-quadratische Struktur [2].

Reaktionen, Verwendung

Additionsreaktionen mit einzähligen Liganden führen zu monomeren Verbindungen des Typs L$_2$Cu(acac)$_2$ mit verzerrt oktaedrischer Koordination (L z. B. Pyridin, 2-Methylpyridin) [3].

Substitutionsreaktionen in 3-Stellung erlauben die Darstellung 3-substituierter Derivate (z. B. Bromierung mit N-Bromsuccinimid [4], Nitrierung mit Distickstofftetroxid [5]) in Analogie zu der beim Tris(acetylacetonato)-chrom(III) beschriebenen Verfahrensweise (s. S. 128).

Literatur

[1] M. M. Jones, J. Amer. Chem. Soc. **81** (1959) 3188.
[2] Gmelins Handbuch der anorganischen Chemie Bd. **60,** Teil B, Kupfer, S. 1578; Verlag Chemie Weinheim, 1962.
[3] D. P. Graddon u. E. C. Watton, J. Inorg. Nucl. Chem. **21** (1961) 49.
[4] R. W. Kluiber, J. Amer. Chem. Soc. **82** (1960), 4839.
[5] C. Djordjevic, J. Lewis u. R. S. Nyholm, Chem. Ind. **1959,** 122.

Tris(acetylacetonato)-eisen(III) [1]

$$Fe^{3+} + 3\,CH_3C(OH)CHCOCH_3 + 3\,OH^- \longrightarrow$$
$$Fe(CH_3COCHCOCH_3)_3 + 3\,H_2O$$

0,1 mol (27,0 g) Eisen(III)-chlorid-6-Wasser werden in 150 cm³ Wasser gelöst und in einem 500 cm³-Dreihalskolben mit 0,3 mol (30 g) Acetylaceton versetzt. Unter Rühren werden tropfenweise innerhalb einer Stunde 0,33 mol (13,1 g) Natriumhydroxid in 70 cm³ Wasser zugetropft. Nach kurzer Zeit bilden sich rote Kristalle, die nach 24 Stunden abfiltriert, mit Wasser gewaschen und an der Luft getrocknet werden. Für viele Verwendungszwecke ist das Produkt genügend rein. Eine Umkristallisation erfolgt durch Lösen in heißem Toluen. Nach Abdestillieren des größten Teils des Lösungsmittels und Zugabe von Hexan wird vom Produkt abfiltriert und im Vakuum getrocknet.

Ausbeute, Eigenschaften; 85%, bezogen auf Eisen(III)-chlorid-6-Wasser; rote Kristalle, gut löslich in Alkohol, Chloroform, THF, Benzen und Toluen, schwer löslich in Wasser.

Toluen und Hexan können nach dem Abdestillieren und gaschromatographischer Reinheitskontrolle wiederverwendet werden. Die wasserhaltigen Mutterlaugen können in das Abwasser gegeben werden.

Charakterisierung

Eine Probe der Substanz wird mit Salpetersäure/Schwefelsäure (Var. 3, s. S. 217) aufgeschlossen und der Metallgehalt komplexometrisch bestimmt.
Magnetisches Verhalten: $\mu_{eff} = 5,9$ B.M. [2]
IR-Spektrum: Tabelle 7.1
UV/VIS-Spektrum (CHCl₃): 36 600 (lg ε = 4,46); 28 300 (3,52); 23 000 (3,51); 13 800 (0,5); 10 300 (0,2) [3].

Synthesevarianten

In sehr guten Ausbeuten (etwa 88%) kann Tris(acetylacetonato)-eisen (III) auch aus frisch gefälltem Eisenhydroxid und Acetylaceton hergestellt werden, doch ist die

Reinigung des Hydroxids durch mehrmaliges Dekantieren zeitaufwendig. Auch die Reaktion mit dem Chelatliganden erfordert mindestens 48 Stunden [1].

Reaktionen, Verwendung

Der Chelatkomplex dient als Ausgangsprodukt zur Synthese von metallorganischen Verbindungen des Eisens. So entsteht z. B. durch Reaktion mit Triethylaluminium in Gegenwart von Cyclooctatetraen Bis(cyclooctatetraen)-eisen(0) [4].

Ökonomische Bewertung

Zu welchen Selbstkosten läßt sich Tris(acetylacetonato)-eisen(III) erzeugen, wenn im 2 kg-Maßstab ohne oder mit Umkristallisation gearbeitet wird?
Man vergleiche mit dem Marktpreis!

Literatur

[1] Gmelins Handbuch der anorganischen Chemie, Bd. **59**, Eisen Teil B, S. 554; Verlag Chemie Berlin, 1932.
[2] M. Gerloch, J. Lewis u. R. C. Slade, J. Chem. Soc. A **1969**, 1422.
[3] D. W. Barnum, Inorg. Nucl. Chem. **21** (1961) 221.
[4] D. H. Gerlach u. R. A. Schunn, Inorg. Synth. **15** (1974) 2.

Tris(acetylacetonato)-chrom(III) [1, 2]

Arbeiten mit Chromverbindungen (s. S. 23).

$$Cr^{3+} + 3 CH_3C(OH)CHCOCH_3 + 3 NH_3 \longrightarrow$$
$$Cr(CH_3COCHCOCH_3)_3 + 3 NH_4^+$$

0,05 mol (13,5 g) Chrom(III)-chlorid-6-Wasser werden in 200 cm^3 Wasser gelöst und im 500 cm^3-Dreihalskolben mit 0,16 mol (16 g) Acetylaceton und 1,5 mol (90 g) Harnstoff 12 Stunden am Rückfluß erhitzt. Nach der Filtration werden die rotvioletten Kristalle mit Wasser gewaschen und an der Luft getrocknet.
Eine Reinigung erfolgt durch Lösen in wenig heißem Toluen (etwa 100 cm^3), Filtration, Abdestillieren von 50 cm^3 Lösungsmittel und Zutropfen von 250 cm^3 Hexan zur 60 °C warmen Lösung. Nach mehrstündigem Kühlen auf $-20\,°C$ wird filtriert und im Vakuum getrocknet.
Ausbeute, Eigenschaften; 88%; bezogen auf Chrom(III)-salz; violette Kristalle, schwer löslich in Wasser, leicht löslich in Chloroform, THF, Benzen, Toluen.

Die wäßrige Mutterlauge wird eingeengt, und in der Hitze werden die Chrom(III)-ionen nach einem Standardverfahren entfernt (s. S. 212f.). Toluen und Hexan können nach fraktionierter Destillation und gaschromatographischer Reinheits-kontrolle wiederverwendet werden. Zurückgewonnen werden: 90 cm^3 Toluen, 220 cm^3 Hexan. Die schwermetallhaltigen Rückstände werden nach dem Standardverfahren (s. S. 212f.) behandelt.

Charakterisierung

Eine Probe des Produktes wird mit Salpetersäure/Schwefelsäure (Var. 3, s. S. 217) aufgeschlossen, die Chrombestimmung erfolgt gravimetrisch als Chrom(III)-oxid.

Fp. 214 °C

IR-Spektrum: Tabelle 7.1

UV/VIS-Spektrum (CHCl$_3$): 39 200 (lg ε = 4,06); 36 800 (4,03); 33 600 (Schulter, 3,8); 29 800 (4,2; 26 200 (2,66); 25 800 (2,63); 24 400 (Schulter, 3,8); 17 900 (breite Bande, 1,82)

Magnetisches Verhalten: μ_{eff} = 3,86 B.M. [2].

Synthesevarianten

Frisch gefälltes Chrom(III)-hydroxid läßt sich mit Acetylaceton zu Tris-(acetylacetonato)-chrom(III) umsetzen, doch ist zur Beseitigung von Fremddionen nötig, das Hydroxid mehrmals durch Abdekantieren der überstehenden Lösung zu reinigen [4].

Anstelle von Harnstoff kann auch Natriumcarbonat als Base eingesetzt werden [5].

Vor der in älteren Vorschriften anzutreffenden Verfahrensweise, den Chelatkomplex aus Chrom(III)-nitrat in ethanolischer Lösung mit Acetylaceton herzustellen, wird wegen mitunter zu beobachtender explosiver Zersetzung ausdrücklich gewarnt [6].

Reaktionen, Verwendung

Wegen der kinetischen Inertheit von Tris(acetylacetonato)-chrom(III) können Substitutionsreaktionen am mittleren Kohlenstoffatom des Chelatringes zu 3-substituierten Derivaten durchgeführt werden, z. B. erfolgt die Bromierung mittels N-Bromsuccinimid:

$$Cr(CH_3COCHCOCH_3)_3 + 3\ \text{(N-Br)} \longrightarrow Cr(CH_3COC(Br)COCH_3)_3 + 3\ \text{(N-H)}$$

Tris(3-bromacetylacetonato)-chrom(III) entsteht, wenn zu 1,5 mmol (0,55 g) Tris(acetylacetonato)-chrom(III), gelöst in 20 cm^3 wasserfreier Essigsäure, 5 mmol (0,9 g N-Bromsuccinimid in 15 cm^3 wasserfreier Essigsäure zugetropft werden. Nach 5 Minuten wird vom Niederschlag abfiltriert. Die Umkristallisation des Produkts erfolgt aus Toluen/Heptan (1:1) (**Ausbeute:** 65%, braune Kristalle; **Fp.** 228 °C; **IR-Spektrum** (Nujol): nur eine Bande zwischen 1600 und 1500 cm^{-1} bei 1540 cm^{-1} [7]).

Literatur

[1] W. C. Fernelius u. J. E. Blanch, Inorg. Synth. **5** (1958) 130.

[2] Gmelins Handbuch der anorganischen Chemie Bd. **52,** Chrom S. 319; Verlag Chemie Weinheim, 1962.

[3] D. W. Barnum, J. Inorg. Nucl. Chem. **21** (1961) 221.

[4] T. Moeller u. E. Gulyas, Inorg. Nucl. Chem. **5** (1958) 245.

[5] C. K. Jørgensen, Acta Chem. Scand. **9** (1955) 1363.

[6] F. Gach, Monatsh. Chem. **21** (1900) 98, G. Brauer, „Handbuch d. Präp. Anorg. Chemie", Bd. 3, S. 1520; F. Enke Verlag Stuttgart, 1981.

[7] J. P. Collman, R. A. Moss, H. Maltz u. C. C. Heindel, J. Amer. Chem. Soc. **83** (1961) 531.

Bis(acetylacetonato)-palladium(II) [1]

$$Pd^{2+} + 2\,CH_3C(OH)CHCOCH_3 + 2\,HCO_3^- \longrightarrow$$
$$Pd(CH_3COCHCOCH_3)_2 + 2\,H_2O + 2\,CO_2$$

0,01 mol (1,8 g) Palladium(II)-chlorid werden in einem Becherglas in 100 cm^3 Wasser mit 0,05 mol (5,0 g) Kaliumhydrogencarbonat versetzt und unter Rühren 0,04 mol (4,0 g) Acetylaceton zugetropft. Nach kurzer Zeit scheiden sich gelbe Kristalle ab, von denen nach 4 Stunden abfiltriert wird. Der an der Luft getrocknete Niederschlag wird aus 40 cm^3 Toluen umkristallisiert. Die Toluenlösung wird dabei durch Abdestillieren eines Teils des Lösungsmittels – gegebenenfalls nach Filtration – konzentriert und dann auf $-30\,°C$ gekühlt.

Ausbeute, Eigenschaften; 75% bezogen auf Palladium(II)-chlorid; kanariengelbe Kristalle, löslich in gebräuchlichen organischen Lösungsmitteln, schwerlöslich in Wasser.

Zur Wiedergewinnung des Palladiums werden alle Mutterlaugen eingeengt und wie beschrieben (s. S. 214 f.), aufgearbeitet, das Toluen kann wiederverwendet werden.

Charakterisierung

Eine Probe des Produkts wird mit Salpetersäure/Schwefelsäure (Var. 3, s. S. 217) aufgeschlossen und der Metallgehalt komplexometrisch bestimmt.
IR-Spektrum: Tabelle 7.1
Magnetisches Verhalten: diamagnetisch.

Synthesevarianten

Ausgehend von Palladium(II)-chlorid in Gegenwart von Acetylaceton und Natriumacetat kann der Chelatkomplex in vergleichbaren Ausbeuten erhalten werden [2, 3].

Reaktionen, Verwendung

Bis(acetylacetonato)-palladium(II) wird häufig als Ausgangsverbindung zur Erzeugung aktiver Palladiumkomplexkatalysatoren verwendet:
Cooligomerisierung von Kohlendioxid mit Butadien (s. S. 168).
Viele Palladium(0)-komplexe werden durch Reduktion von Bis(acetylacetonato)-palladium(II) in Gegenwart zusätzlicher Liganden hergestellt; so entsteht z.B. mit Triphenylphosphin und mit Triethylaluminium als Reduktionsmittel in Gegenwart von Ethylen:
Bis(triphenylphosphin)(ethylen)-palladium(0) [3].

Literatur

[1] Gmelins Handbuch der anorganischen Chemie, Bd. **65,** Palladium, S. 302; Verlag Chemie Berlin, 1942.
[2] R. G. Charles u. M. A. Pawlikowski, J. Phys. Chem. **62** (1958) 440.
[3] A. Visser, R. van der Linder u. R. O. de Jongh, Inorg. Synth. **16** (1976) 127.

7.2 Azomethinkomplexe

Bis[glyoxal-bis(*t*-butylimin)]-nickel(0) [1, 2]

> t-Butylamin ist giftig! Der Ligand wirkt tränenreizend, Hautkontakt vermeiden!

1. $(OHC\text{-}CHO)_3 + 6(CH_3)_3CNH_2 \longrightarrow$
$$3(CH_3)_3C\text{-}N=CH\text{-}CH=N\text{-}C(CH_3)_3 + 6H_2O$$
2. $(C_8H_{12})_2 Ni + 2(CH_3)_3CN=CH-CH=NC(CH_3)_3 \longrightarrow$
$$Ni[(CH_3)_3CN=CH-CH=NC(CH_3)_3]_2 + 2C_8H_{12}$$

1. Zur Herstellung des Chelatliganden Glyoxal-bis-*t*-butylimin werden 0,1 mol Glyoxal, das in Form einer 30%igen wäßrigen Lösung eingesetzt wird, langsam bei 0–5 °C zu einer Mischung von 0,2 mol (14,7 g) *t*-Butylamin in 80 cm³ Wasser und 80 cm³ Aceton unter Rühren zugetropft. Der Niederschlag wird nach dem Filtrieren, Waschen mit Wasser und Trocknen an der Luft bei 1 Torr (133 Pa) sublimiert. (**Ausbeute:** 70%; weiße, hydrolyseempfindliche Kristalle; **Fp.** 56 °C; **IR-Spektrum** (Nujol): 1631 ($v_{C=N}$) [4]).
2. Alle Operationen unter Schutzgas durchführen!
0,02 mol (5,5 g) Bis(1,5-cyclooctadien)-nickel(0) s. S. 74) werden in 150 cm³ Diethylether in 500 cm³-Dreihalskolben suspendiert. Bei Raumtemperatur wird unter Rühren eine Lösung von 0,044 mol (7,5 g) Glyoxal-bis-*t*-butylimin in 50 cm³ Diethylether zugetropft. Dabei färbt sich die Reaktionsmischung allmählich tief rotbraun. Nach 5stündigem Rühren wird filtriert und im Vakuum (Kältedestillation s. S. 203) weitgehend eingeengt. Nach Stehen in der Kälte fällt die Komplexverbindung aus; durch Zugabe von Pentan kann die Ausbeute noch erhöht werden. Eine Reinigung erfolgt durch Lösen der Verbindung in wenig THF, Filtration, Zugabe von 0,1 g Ligand, Einengen der Lösung, sowie Zugabe von Pentan und Stehen in der Kälte. Das Produkt wird nach der Filtration im Vakuum getrocknet.

Ausbeute, Eigenschaften; 70% bezogen auf Bis(1,5-cyclooctadien)-nickel(0); rotbraune, metallisch glänzende Kristalle, löslich in aliphatischen Kohlenwasserstoffen, gut löslich in THF, Benzen, Toluen; mit Wasser Zersetzung, im festen Zustand lange Zeit luftstabil, Lösungen werden bei Luftzutritt schnell zersetzt.

> Der abdestillierte Diethylether kann nach gaschromatographischer Reinheitskontrolle wiederverwendet werden. Die metallhaltigen Rückstände werden nach einem Standardverfahren aufgearbeitet (s. S. 212 f.).

Charakterisierung

Eine Substanzprobe wird mit Salpetersäure/Perchlorsäure (Var. 4, s. S. 218) aufgeschlossen und der Metallgehalt komplexometrisch bestimmt.
UV/VIS-Spektrum (Hexan): 21 030 (lg $\varepsilon = 3,9$); 14 600 (2,6) [2]
H-NMR-Spektrum (C_6D_6): 1,94 (18 H, m); 9,03 (2 H, s) [2]
Die **Röntgenstrukturanalyse** zeigt, daß das Zentralatom tetraedrisch koordiniert ist.

Reaktionen, Verwendung

Die Verbindung wirkt als Katalysator zur Cyclooligomerisation von Propargylalkohol und anderen substituierten Alkinen [5, 6]:
Cyclotetramerisierung von Propargylalkohol (s. S. 164f.)

Analoge Synthesen

Nach gleicher Verfahrensweise, wie beim Bis[glyoxal-bis(t-butylimin)]-nickel(0) beschrieben, werden andere 1,4 Diazadiene und deren Nickel(0)-Komplexe hergestellt:

Bis[glyoxal-bis(cyclohexylimin)]-nickel(0) [1, 2]

$$(C_8H_{12})_2Ni + 2C_6H_{11}N = CH - CH = NC_6H_{11} \longrightarrow$$
$$Ni[C_6H_{11}N = CH - CH = NC_6H_{11}]_2 + 2C_8H_{12}$$

Zur Synthese des Liganden Glyoxal-bis-cyclohexylimin werden 0,05 mol Glyoxal (als 30%ige wäßrige Lösung) tropfenweise bei 0 °C zu 0,1 mol (10 g) Cyclohexylamin in 50 cm³ Wasser gegeben. Der Niederschlag wird aus Methanol umkristallisiert. (**Ausbeute:** 85%; weiße Kristalle, **Fp.** 149 °C, **IR-Spektrum** (KBr): 1631 ($v_{C=N}$)).

Die Komplexverbindung läßt sich aus 5 mmol (1,37 g) Bis(1,5-cyclooctadien)-nickel(0) und 0,01 mol (2,2 g) Glyoxal-bis-cyclohexylimin in 80 cm³ Diethylether herstellen. Nach analoger Aufarbeitung, wie für Bis[glyoxal-bis(t-butylimin)]-nickel(0) beschrieben, resultieren metallisch glänzende Kristalle.
Ausbeute: 78% bezogen auf Bis(1,5-cyclooctadien)-nickel(0); nicht luftempfindlich im festen Zustand, in Lösung bei Luftzutritt Zersetzung; löslich in organischen Lösungsmitteln.

UV/VIS-Spektrum (Benzen): 20900 (lg $\varepsilon = 4$); 14670 (2,54); [1, 2]
H-NMR-Spektrum (C_6D_6): 1,8–2,78 (11 H, m, C_6H_{11}); 8,87 (2 H, s, CH = N –) [1, 2]
Röntgenstrukturanalyse: Tetraedrische Koordination des Zentralatoms [2].

Bis[glyoxal-bis(p-tolylimin)]-nickel(0) [1, 2]

$$(C_8H_{12})_2Ni + 2p\text{-}CH_3C_6H_4N = CH - CH = NC_6H_4CH_3(\text{-}p) \longrightarrow$$
$$Ni[CH_3C_6H_4N = CH - CH = NC_6H_4CH_3]_2 + 2C_8H_{12}$$

Der 1,4-Diazadienligand Glyoxal-bis-p-tolylimin wird aus 0,1 mol Glyoxal (als 30%ige wäßrige Lösung) und 0,1 mol p-Methylanilin (p-Toluidin) in 50 cm³ Methanol bei 0 °C hergestellt. Nach tropfenweiser Zugabe der Glyoxallösung zum Amin fällt ein gelber Niederschlag, der aus Isopropanol umkristallisiert wird (**Ausbeute:** 30%; **Fp.** 164 °C, **IR-Spektrum** (KBr): 1630 ($v_{C=N}$) [3]).
Aus 5 mmol (1,37 g) Bis(1,5-cyclooctadien)-nickel(0) und 0,01 mol (2,49 g) 1,4-Diazadien entstehen in 80 cm³ Diethylether, nach gleicher Verfahrensweise wie oben beschrieben, dunkelrote, metallisch glänzende Kristalle.
Ausbeute: 80% bezogen auf Ni(COD)$_2$; luftstabil im festen Zustand, in Lösung bei Luftzutritt Zersetzung; gut löslich in Toluen und THF, mäßig löslich in Pentan, Hexan
UV/VIS-Spektrum (Benzen): 18900 (lg $\varepsilon = 4,04$), 13700 (2,9) [1, 2]
H-NMR-Spektrum (C_6D_6): 1,40 (6 H, s, –CH$_3$); 6,80 (4 H, d, Aromat); 9,07 (4 H, d, Aromat); 9,87 (2 H, s, CH = N –) [1, 2].

Literatur

[1] D. Walther, Z. Anorg. Allg. Chem. **431** (1977) 17.
[2] M. Svoboda, H. tom Dieck, C. Krüger u. Y.-H. Tsay, Z. Naturforsch. B **36** (1981) 814.
[3] J. M. Kliegmann u. R. K. Barnes, Tetrahedron **26** (1970) 2555.
[4] H. tom Dieck u. I. W. Renk, Chem. Ber. **104** (1971) 92.
[5] R. Diercks u. H. tom Dieck, Z. Naturforsch. B **39** (1984) 1913.
[6] R. Diercks u. H. tom Dieck, Chem. Ber. **118** (1985) 428.

Bis(N-phenylsalicylaldiminato)-nickel(II) [1]

1. $C_6H_5NH_2 + o\text{-}HO\text{-}C_6H_4CHO \longrightarrow o\text{-}HO\text{-}C_6H_4CH = N\text{-}C_6H_5 + H_2O$
2. $Ni(OOCCH_3)_2(H_2O)_2 + 2\,o\text{-}HO\text{-}C_6H_4CH = N\text{-}C_6H_5 + 2\,OH^- \longrightarrow$

(LH)

$$NiL_2 + 4\,H_2O + 2\,CH_3COO^-$$

NiL

1. Ca. 0,1 mol (10 cm³) frisch destillierter Salicylaldehyd – verdünnt mit 100 cm³ Ethanol – werden in einem 250 cm³-Zweihalskolben mit Rückflußkühler zum Sieden erhitzt. Dazu gibt man über einen Tropftrichter schnell ca. 0,1 mol (10 cm³) frisch destilliertes Anilin. Nach kurzer Zeit erfolgt beim Abkühlen der Lösung die Abscheidung gelber Kristalle des Liganden, die von der kalten Lösung abfiltriert und eventuell aus 100 cm³ Ethanol umkristallisiert werden (**Ausbeute** 85%, **Fp.** 123 °C).

2. Zu 0,1 mol (19,7 g) Ligand, gelöst in 100 cm³ heißem Ethanol, gibt man in einem 250 cm³-Dreihalskolben mit Rückflußkühler und Rührer langsam eine Lösung von 0,05 mol (10,6 g) Nickel(II)-acetat-2-Wasser in 50%igem Ethanol. Danach erfolgt die Zugabe von etwas weniger als der theoretischen Menge Natriumhydroxid (0,1 mol ≙ 4,0 g), gelöst in Ethanol.

Die beim Abkühlen ausfallenden Kristalle werden von der Lösung abfiltriert, mit je 20 cm³ Wasser und Ethanol gewaschen und getrocknet.

Ausbeute, Eigenschaften; 65% bezogen auf Nickelacetat-2-Wasser; grüne bis gelbgrüne Kristalle, löslich in Ethanol, Chloroform, Benzen, nicht löslich in aliphatischen Kohlenwasserstoffen.

Von den vereinigten Filtraten der Synthesen wird Ethanol abdestilliert, dessen Reinheit gaschromatographisch kontrolliert wird und das danach der Wiederverwendung dienen kann. Der Rückstand, von dem im wesentlichen noch Wasser abdestilliert werden muß, wird nach einem Standardverfahren aufgearbeitet (s. S. 212).

Charakterisierung

Zur Bestimmung des Nickelgehalts wird eine Probe der Substanz mit Schwefelsäure/Salpetersäure aufgeschlossen (Var. 3, s. S. 217). Anschließend wird der Nickelgehalt komplexometrisch bestimmt.

Fp. (Zers.) 248 °C
VIS-Spektrum (CHCl$_3$): 16260; 12800; 9478 [2]
Magnetisches Verhalten: diamagnetisch
Röntgenstrukturanalyse: trans-planare Struktur [3].

Reaktionen

Die koordinativ nicht gesättigte Nickelverbindung reagiert mit einzähligen Donor-liganden zu Polyedern höherer Koordinationszahl.
So erhält man z. B. **Bis(N-phenylsalicylaldiminato)-tris(pyridin)-nickel(II)**, wenn man 5 mmol (1,0 g) der Nickelverbindung in 25 cm^3 wasserfreiem Pyridin erhitzt, die beim Abkühlen der Lösung auskristallisierende Verbindung abfiltriert, die Kristalle mit Petrolether wäscht und trocknet [4] (**Ausbeute:** 60% bezogen auf die Nickelverbindung; **magnetisches Verhalten:** $\mu_{eff} = 2,9$ B.M.)

Analoge Synthesen

Nach analoger Verfahrensweise wie bei der Synthese von Bis(N-phenylsalicyl-aldiminato)-nickel(II) beschrieben, entstehen aus 0,05 mol Metallacetat und 0,1 mol SCHIFFscher Base die in Tabelle 7.2 aufgeführten Verbindungen in den angegebenen Ausbeuten.

Tabelle 7.2   Synthesen von Salicylaldiminato-nickel(II)- und -kupfer(II)-Verbindungen

Verbindung	μ_{eff} (293 K)	Fp. [°C]	UV/VIS (CHCl$_3$)	Ausbeute	Lit.
Bis(N-o-tolylsalicyl-aldiminato)-nickel(II)	diamagn.	293	16200	grüne Kristalle 72%	[1]
Bis(N-m-tolylsalicyl-aldiminato)-nickel(II)	3,34 B.M.	295	15800	braune Kristalle 65%	[1]
Bis(N-o-aminophenyl-salicylaldiminato)-nickel(II)	diamagn.	319	16000	braune Kristalle 80%	[1]
Bis(N-p-bromphenyl-salicylaldiminato)-kupfer(II)	1,73 B.M.	251	18000	rotbraunes Pulver 85%	[1]
Bis(N-o-tolylsalicyl-aldiminato)-kupfer(II)	1,76 B.M.	243–246	18800	dunkelbraune Kristalle 90%	[1]
Bis(N-m-chlorphenyl-salicylaldiminato)-kupfer(II)	1,91 B.M.	210–212	17200	rotbraune Kristalle 95%	[1]
Bis(N-m-nitrophenyl-salicylaldiminato)-kupfer(II)	1,83 B.M.	272	18200	gelbe Kristalle 95%	[1]
Bis(N-ethyl-salicylaldiminato)-Kupfer(II)	1,85 B.M.		16700 27000 32400	braunrote Kristalle 82%	[5]

Literatur

[1] L. Hunter u. J. A. Marriott, J. Chem. Soc. **1939**, 2000.
[2] R. H. Holm u. K. Swaminathan, Inorg. Chem. **1** (1962) 599.
[3] M. Dobler, Helv. Chim. Acta **45** (1962) 1628.
[4] F. Basolo u. W. R. Matouse, J. Amer. Chem. Soc. **75** (1953) 5663.
[5] L. Sacconi, R. Cini, M. Ciampolini u. F. Maggio, J. Amer. Chem. Soc. **82** (1960) 3487.

Tris(N-phenylsalicylaldiminato)-cobalt(III) [1]

1. $C_6H_5NH_2 + o\text{-HO-}C_6H_4CHO \longrightarrow o\text{-HO-}C_6H_4CH = N\text{-}C_6H_5 + H_2O$
2. $2\,Co(OOCCH_3)_2(H_2O)_4 + 6\,o\text{-HO-}C_6H_4CH = N\text{-}C_6H_5 + H_2O_2 \longrightarrow$

   (LH)

   $2\,CoL_3 + 10\,H_2O + 4\,CH_3COOH$

1., 2. 0,02 mol (5,0 g) Cobalt(II)-acetat-4-Wasser werden in 50 cm³ Wasser gelöst. Man filtriert vom Unlöslichen ab und tropft die klare Lösung in einen 500 cm³-Dreihalskolben mit Rührer und Rückflußkühler, in dem sich 0,06 mol (11,8 g) N-Phenylsalicylaldimin (s. S. 132), gelöst in 300 cm³ Ethanol, befinden.
Danach gibt man sehr langsam über den Tropftrichter 0,013 mol Wasserstoffperoxid als 3%ige Lösung (105 cm³) zu.
Aus der gelbbraunen Lösung kristallisieren bei 10 °C dunkle Nadeln. Sie werden abfiltriert, an der Luft getrocknet und aus 150 cm³ Ethanol umkristallisiert.
Ausbeute, Eigenschaften; 91% bezogen auf Cobalt(II)-acetat-4-Wasser; dunkle Nadeln, die beim Zerreiben olivgrün aussehen, löslich in Alkohol und Benzen, nicht löslich in aliphatischen Kohlenwasserstoffen sind.

Von den vereinigten Filtraten wird Ethanol abdestilliert, das nach gaschromatographischer Reinheitskontrolle wiederverwendet werden kann. Der cobalthaltige wäßrige Rückstand wird nach dem Standardverfahren (s. S. 212 f.) aufgearbeitet.

Charakterisierung

Eine Probe der Substanz wird mit Schwefelsäure/Salpetersäure aufgeschlossen (Var. 3, s. S. 217) und der Cobaltgehalt komplexometrisch gegen Xylenolorange bestimmt.
Fp. 194 °C
Magnetisches Verhalten: diamagnetisch
UV/VIS-Spektrum (CHCl₃): 33 100; 26 000; 17 000 sh; 10 000 [2].

Analoge Synthesen

Analog zum Tris(N-phenylsalicylaldiminato)-cobalt(III) werden die in Tabelle 7.3 aufgeführten Verbindungen hergestellt.

Tabelle 7.3 Synthesen von Salicylidenaldiminato-cobalt(III)-Verbindungen

Verbindung	μ_{eff}	Fp.	Ausbeute	Lit.
Tris(N-*p*-tolyl-salicylaldiminato)-cobalt(III)	diamagn.	193 °C	85%	[1]
Tris(N-*p*-aminophenyl-salicylaldiminato)-cobalt(III)	diamagn.	197 °C	90%	[1]

Literatur

[1] B. O. West, J. Chem. Soc. **1960**, 4944.
[2] R. H. Holm, G. W. Everett u. A. Chakravorty, Progr. Inorg. Chem. **7** (1966) 88.

N,N′-Ethylen-bis(salicylidenaldiminato)-cobalt(II), Co(salen) [1]

1. $H_2N\text{-}CH_2\text{-}CH_2\text{-}NH_2 + 2\,o\text{-}HO\text{-}C_6H_4CHO \longrightarrow$
$$o\text{-}HO\text{-}C_6H_4\text{-}CH=N\text{-}CH_2\text{-}CH_2\text{-}N=CH\text{-}C_6H_4\text{-}OH + 2\,H_2O$$
$$(LH_2)$$
2. $Co(OOCCH_3)_2(H_2O)_4 + LH_2 \longrightarrow CoL + 2\,CH_3COOH + 4\,H_2O$

CoL

1. Die Synthese der Cobaltverbindung wird wegen ihrer Oxidationsempfindlichkeit unter Schutzgas ausgeführt.
Der Chelatligand wird in analoger Verfahrensweise wie bei N-Phenylsalicylaldimin beschrieben (s. S. 132) aus 0,1 mol 7 cm³ Ethylendiamin und 0,2 mol (15 cm³) Salicylaldehyd hergestellt (**Ausbeute:** 77%; **Fp.** 143 °C).
2. 0,05 mol (13,4 g) Ligand werden in 50–70 cm³ Ethanol gelöst und zum Sieden erhitzt; dabei wird Schutzgas durch die Lösung geleitet.
In gleicher Weise erhitzt man 0,05 mol (12,5 g) Cobalt(II)-acetat-4-Wasser in 100 cm³ Ethanol und gibt die warme Lösung (oder Suspension) unter Schutzgas in die Lösung des Liganden. Man erhitzt die entstehende dunkelrote Lösung 15 Minuten zum Sieden. Beim Abkühlen erhält man Kristalle, die abfiltriert und die im Ölpumpenvakuum getrocknet werden.
Ausbeute, Eigenschaften; 65% bezogen auf Cobalt(II)-acetat-4-Wasser; violette bis rotbraune Kristalle, sehr gut in Aminen löslich, wenig löslich in Ethanol, Benzen, unlöslich in Wasser und Diethylether.

Die vereinigten Filtrate werden wie im Standardverfahren beschrieben (s. S. 212 f.) aufgearbeitet. Abdestilliertes Ethanol kann nach gaschromatographischer Reinheitskontrolle wiederverwendet werden.

Charakterisierung

Eine Probe der Substanz wird mit Salpeter/Schwefelsäure aufgeschlossen (Var. 3, s. S. 217) und der Cobaltgehalt komplexometrisch gegen Xylenolorange bestimmt.
Magnetisches Verhalten: $\mu_{eff} = 1,90$ B.M.
UV/VIS-Spektrum (CH_2Cl_2): 28 600; 24 500; 21 000 [2].

Reaktionen, Verwendung

Co(salen) besitzt die Fähigkeit, im festen Zustand und in aprotischen komplexierenden Solvenzien wie DMF oder DMSO, sowie in nichtkomplexierenden Lösungsmitteln in Gegenwart stärkerer Basen wie Pyridin mit Sauerstoff zweikernige $(Co:O_2 = 2:1)$ oder einkernige $(Co:O_2 = 1:1)$ Komplexe zu bilden, die beim Erhitzen den Sauerstoff wieder abgeben [1]. Es wird der Sauerstoff aus der Luft fixiert, die Zahl der Oxygenierungs-Desoxygenierungszyklen kann bis 3000 betragen, dabei tritt jedoch auch eine beträchtliche irreversible Oxidation der Komplexe ein.
Co(salen) ist ein Katalysator der Autoxidation von 2,6-disubstituierten Phenolen. Dabei werden die Phenole selektiv oxygeniert und es entstehen Benzo- bzw. Diphenochinone [3]. Mit Iod läßt sich Co(salen) leicht zum [Co(I)(salen)] oxidieren, Lithiumborhydrid, Alkyl-Grignard-Verbindungen oder Natrium reduzieren Co(salen) [2].
Ein gut isolierbares Reduktionsprodukt erhält man, wenn in inerter Atmosphäre 13 mmol (4,25 g) Co(salen) bei Raumtemperatur in 30 cm³ THF gelöst und mit 0,3 g Natriumsand gerührt werden. Dabei färbt sich die orangerote Lösung grün. Nach 3 Stunden Reaktionszeit wird die Lösung filtriert, dann eingeengt und mit 10 cm³ Heptan versetzt. Man erhält grünschwarze Kristalle der Zusammensetzung **Na[Co-(salen)]**.
Ausbeute: 80%; $\mu_{eff} = 1,54$ B.M. [2].
Aus Na[Co(salen)] läßt sich eine luftstabile Metallorganoverbindung, CH_3-Co(III)-salen herstellen, wenn dieses bei tiefen Temperaturen mit Methyliodid umgesetzt wird [2].

Literatur

[1] M. Calvin u. R. H. Bailes, J. Amer. Chem. Soc. **69** (1947) 1886.
[2] C. Floriani, M. Puppis u. F. Calderazzo, J. Organomet. Chem. **12** (1968) 209.
[3] H. M. van Dort u. H. J. Geursen, Rec. Trav. Chim. Pays-Bas **86** (1967) 520.
    L. H. Vogt, J. G. Wirth u. H. L. Finkbeiner, J. Org. Chem. **34** (1969) 273.

7.3 Komplexe mit makrocyclischen Liganden

5,7,12,14-Tetramethyl-2,3,9,10-benzo$_2$-14-hexaenato(2)N$_4$-nickel(II) [1]

Bei Verwendung von Stickstoff aus der Stahlflasche sind die Arbeitsschutzbestimmungen für das Arbeiten mit ortsbeweglichen Druckgasbehältern zu beachten (Sicherheitsgefäße zwischen Apparatur und Reaktionsgefäß, Überdrucksicherung)!

$$o\text{-}NH_2\text{-}C_6H_4\text{-}NH_2 + 2\,CH_3\text{-}CH(OH)\!=\!CH\text{-}CO\text{-}CH_3 +$$
$$+ Ni(OOCCH_3)_2(H_2O)_4 \longrightarrow NiL + 8\,H_2O + 2\,CH_3COOH$$

NiL

In einem 500 cm³ Zweihalskolben werden 0,1 mol (24,9 g) Nickel(II)-acetat-4-Wasser mit 0,2 mol (21,6 g) o-Phenylendiamin versetzt. Anschließend gibt man 0,2 mol (20,0 g) frisch destilliertes Acetylaceton und 250 cm³ wasserfreies Methanol hinzu. Danach wird der Kolben mit Hahnschliff sowie Rückflußkühler mit Blasenzähler bestückt und es wird 4 Stunden unter Schutzgas am Rückfluß gekocht.
Zunächst koordiniert das o-Phenylendiamin am zweiwertigen Nickel unter Bildung eines gelbgrünen Komplexes, der ausfällt. Innerhalb einer Stunde entsteht eine blaugrüne Lösung. Nach einer Reaktionszeit von mindestens 48 Stunden läßt man abkühlen, filtriert das Produkt ab, wäscht mit Methanol und trocknet an der Luft.
Zur Reinigung werden 5 g des Komplexes in 75 cm³ Toluen umkristallisiert. Nach dem Erkalten gibt man 50 cm³ wasserfreies Methanol zu. Nach Stehen im Kühlschrank fallen dunkelblaue Kristalle aus, die abfiltriert und mit Methanol gewaschen werden.
Ausbeute, Eigenschaften; 45% bezogen auf Nickel(II)-acetat; blaugrüne Kristalle, löslich in Benzen, Toluen, Chloroform und Methanol.

Die bei der Reaktion anfallenden Lösungsmittel Methanol und Toluen werden destilliert und können nach gaschromatographischer Reinheitsprüfung wieder-verwendet werden. Der metallhaltige Rückstand wird mit Natronlauge stark alkalisch gemacht und die erhaltenen Oxidhydrate werden zum Oxid verglüht.

Charakterisierung

Nach einem Schwefelsäureaufschluß (Var. 2, s. S. 217) erfolgt die Bestimmung des Nickelgehaltes durch komplexometrische Titration gegen Murexid.
IR-Spektrum (Nujol): 2020 ($\nu_{C=N}$); 1550, 1310, 1280, 1205, 1030, 780, 750
VIS-Spektrum (CHCl₃): 25 200; 17 000
Magnetisches Verhalten: diamagnetisch.

Reaktionen, Verwendung

Modellsubstanz für die Untersuchung reversibler Sauerstoffaufnahme [2].

Literatur

[1] V. L. Goedken u. M. C. Weiss, Inorg. Synth. **20** (1980) 115.
[2] T. G. Appelton, J. Chem. Educ. **54** (1977) 443.

5,7,7,12,14,14,-Hexamethyl-1,4,8,11-(tetraazacyclotetra-4,11-dien)-nickel(II)-thiocyanat-1-Wasser [1]

1. $Ni(SCN)_2 + 3\,H_2NCH_2\text{-}CH_2NH_2 \longrightarrow Ni(H_2NCH_2\text{-}CH_2NH_2)_3(SCN)_2$
2. $Ni(H_2NCH_2\text{-}CH_2NH_2)_3(SCN)_2 + 4\,CH_3COCH_3 \longrightarrow$
$$NiL + 3\,H_2O + H_2N\text{-}CH_2\text{-}CH_2\text{-}NH_2$$

NiL

1. In einem Becherglas werden 0,5 mol (87,0 g) Nickel(II)-thiocyanat (darstellbar aus Nickel(II)-carbonat und wäßriger Rhodanwasserstoffsäure) in etwa 400 cm³ Wasser gelöst. Diese Lösung versetzt man vorsichtig mit 1,0 mol (60,0 g) Ethylendiamin. Unter starker Wärmeentwicklung entsteht ein violetter Komplex, der beim Abkühlen auskristallisiert. Man saugt die Verbindung über einen Büchnertrichter ab, wäscht mit einem Gemisch aus Methanol und Diethylether und trocknet an der Luft.
2. 0,04 mol (15,0 g) des dargestellten Tris(ethylendiamin)-nickel(II)-thiocyanat werden in einem 250 cm³-Kolben mit Rückflußkühler mit 150 cm³ Aceton 10 Stunden am Rückfluß gekocht. Danach werden 100 cm³ des Acetons abdestilliert. Dabei scheidet sich die gewünschte Verbindung in Form orangefarbener Kristalle ab, die abfiltriert und getrocknet werden. Beim Umkristallisieren aus Wasser erhält man das Monohydrat.

Ausbeute, Eigenschaften; 96% bezogen auf Tris(ethylendiamin)-nickel(II)-thiocyanat; orangefarbene Kristalle, löslich in Wasser, Methanol, Aceton, fällt in der Racematform an, geht beim Kochen mit Wasser in die meso-Form über.

Das bei der Reaktion zurückbleibende überschüssige Ethylendiaminhydrat kann durch Destillation zurückgewonnen und für weitere Umsetzungen verwendet werden.
Das verwendete Aceton wird ebenfalls durch Destillation gereinigt und nach gaschromatographischer Reinheitsprüfung wiederverwendet.

Charakterisierung

Nach Salpetersäureaufschluß (Var. 3, s. S. 217) wird der Nickelgehalt durch komplexometrische Titration gegen Murexid bestimmt.
IR-Spektrum (KBr, Nujol bzw. Hexachlorbutadien): 3571, 3483, 3425, 3247 (v_{O-H}); 3185, 3068 (v_{N-H}); 2070, 2045, 2030, 1968 ($v_{C=N}$ von SCN); 1661 ($v_{C=N}$ von Imin); 1624 (δ_{H_2O}) [2]
H-NMR-Spektrum (D₂O, ext. TMS): 1,75, 2,21, 2,69 (CH₃); 3,11, 3,29, 4,07 (CH₂)
Magnetisches Verhalten: diamagnetisch (planar-quadratische Struktur).

Synthesevarianten

Es ist auch möglich, zunächst in einer „non-template"-Reaktion aus Ethylendiamin-perchlorat mit Aceton den makrocyclischen Liganden 5,7,7,12,14,14-Hexamethyl-1,4,8,11-tetraazacyclotetradeca-4,11-dien in Form seines Perchlorates herzustellen und mit Nickel(II)-acetat den Metallkomplex als Perchlorat zu synthetisieren. Kocht man diesen mit Ammoniumrhodanid in Wasser, so erhält man den oben beschriebenen Komplex [2].

Literatur

[1] E.-G. Jäger, pers. Mitteilung.
[2] L. G. Warner, N. J. Rose u. D. H. Busch, J. Amer. Chem. Soc. **90** (1968) 6938.
[3] A. M. Tait, D. H. Busch u. N. F. Curtis, Inorg. Synth. **18** (1976) 4.

7.4 Metallxanthogenate

Kaliummethylxanthogenat [1]

Arbeiten mit Schwefelkohlenstoff (s. S. 18). Arbeiten mit Diethylether (s. S. 13). Beim Pulverisieren von Kaliumhydroxid sind Handschuhe und Schutzbrille zu tragen, es muß unter einem Abzug gearbeitet werden. Methanol ist ein giftiges Lösungsmittel.

$$KOH + CS_2 + CH_3OH \longrightarrow CH_3OCS_2K + H_2O$$

0,2 mol (11,2 g) Kaliumhydroxid werden vorsichtig fein gepulvert. Das feine Pulver wird bei Raumtemperatur in einer Menge Methanol, die zum Lösen gerade ausreicht, aufgenommen (ca. 150 cm³). Nach dem Abkühlen auf 10 °C werden unter Rühren in einem 250 cm³-Dreihalskolben 0,2 mol (15,2 g) Schwefelkohlenstoff im Verlauf von 30 Minuten zugetropft.
Dann wird noch eine Stunde bei Raumtemperatur gerührt, und anschließend werden 20 cm³ Diethylether zugefügt.
Das ausgefallene Kaliumsalz wird abfiltriert, mit Diethylether gewaschen, getrocknet und aus 100 cm³ Ethanol umkristallisiert.
Ausbeute, Eigenschaften; 95% bezogen auf Schwefelkohlenstoff; hellgelbe, nadelförmige Kristalle, nur mäßig löslich in polaren Lösungsmitteln, unlöslich in unpolaren Lösungsmitteln.

Die bei der Reaktion und Umkristallisation anfallenden flüssigen Rückstände lassen sich destillativ nicht völlig von anhaftendem Schwefelkohlenstoff befreien. Man destilliert vom Filtrat zunächst den Ether ab, danach den Alkohol. Dabei destilliert man fast rückstandsfrei, wenn 95% Ausbeute erreicht wird.
Die abdestillierten Lösungsmittel sind zur kommerziellen Verbrennung zu geben bzw. für Folgereaktionen des Methylxanthogenats weiterverwendbar (Methanol).

Charakterisierung

Fp. 183–186 °C
IR-Spektrum (Nujol): 1326 ($v_{C=S}$); 1145 (v_{C-O-C}); 1050 (v_{C-S}) [2].

Reaktionen

Umsetzung zu Bis(methylxanthogenato)-nickel(II) (s. unten).

Analoge Synthesen

Kaliumethylxanthogenat

$$KOH + CS_2 + C_2H_5OH \longrightarrow C_2H_5OCS_2K + H_2O$$

Analog zur Synthese des Kaliumethylxanthogenates entsteht unter Verwendung von Ethanol anstelle des Methanols die entsprechende Ethylverbindung [1]. (**Fp.** 226 °C; **IR-Spektrum** (Nujol): 1326 ($v_{C=S}$); 1135 (v_{C-O-C}); 1050 (v_{C-S}) [2]).

Reaktionen

Umsetzung zu Bis(ethylxanthogenato)-nickel(II) (s. S. 141)
Umsetzung zu Tris(ethylxanthogenato)-chrom(III) s. S. 141).

Literatur

[1] K. H. Reuther, F. Drawert u. F. Born, Chem. Ber. **93** (1960) 3056.
[2] D. Coucouvanis, Progr. Inorg. Chem. **11** (1970) 233.

Bis(methylxanthogenato)-nickel (II) [1]

> Arbeiten mit Diethylether und Methanol (s. S. 13 und 139).

$$2\,CH_3OCS_2K + Ni(OOCCH_3)_2)_2(H_2O)_2 \longrightarrow$$
$$Ni(S_2COCH_3)_2 + 2\,CH_3COOK + 2\,H_2O$$

0,15 mol (22 g) Kaliummethylxanthogenat (s. S. 139) werden in 150 cm³ einer Mischung aus 80% Methanol und 20% Wasser gelöst. Unter ständigem Rühren wird eine methanolische Lösung von 0,075 mol (16 g) Nickel(II)-acetat-2-Wasser bei Raumtemperatur zugetropft. Die Reaktionsmischung verfärbt sich sofort, und es fällt ein dunkler Niederschlag aus.

Nach zweistündigem Rühren wird der Niederschlag auf der Fritte gesammelt und mit Methanol gewaschen. Der Rückstand wird aus ca. 100 cm³ Diethylether umkristallisiert.

Ausbeute, Eigenschaften: 70% bezogen auf Nickel(II)-acetat-2-Wasser; metallisch glänzende, schwarzgrüne bis grüne Kristalle, wenig löslich in Ether, mäßig löslich in Ethanol.

Die beiden nickelhaltigen Filtrate werden nach einem Standardverfahren aufgearbeitet (s. S. 212f.).
Über die Wiederverwendung der abdestillierten Lösungsmittel s. bei Kaliummethylxanthogenat (s. S. 139).

Charakterisierung

Eine Probe der Substanz wird mit Salpetersäure/Schwefelsäure (Var. 3, s. S. 217) aufgeschlossen und der Metallgehalt komplexometrisch bestimmt. Bei ungenügenden Resultaten ist das Präparat durch Hochvakuumsublimation zu reinigen.

Fp. 160 °C

IR-Spektrum (Nujol): 1326 ($v_{C=S}$); 1255 (v_{S-C-S}); 1145 (v_{C-O-C}); 1050 (v_{C-S}) [2]
VIS-Spektrum (CHCl$_3$): 25700; 23900; 20800; 15500 [2].

Reaktionen

Additionsreaktionen mit einzähligen Liganden führen zu Verbindungen des Typs Ni(Rxant)$_2$L$_2$ mit oktaedrischer Koordination.

Bis(methylxanthogenato)-bis(pyridin)-nickel(II) entsteht gemäß

$$Ni(S_2COCH_3)_2 + 2\,py \longrightarrow Ni(S_2COCH_3)_2(py)_2$$

aus 3 g der Nickelverbindung, gelöst in möglichst wenig Aceton, bei Zusatz von überschüssigem Pyridin. Nach einstündigem Stehen wird ein Teil des Acetons im Vakuum vorsichtig abgezogen. Der entstehende dunkle Niederschlag wird filtriert, mit wenig Ether gewaschen und getrocknet. (**Ausbeute:** 40% bezogen auf eingesetzte Nickelverbindung; gut löslich in überschüssigem Pyridin, **VIS-Spektrum** (CHCl$_3$/py 9:1): 15900; 10200; 9300 [2]).

Analoge Synthesen

Bis(ethylxanthogenato)-nickel(II)

In gleicher Weise wie Bis(methylxanthogenato)-nickel(II) erhält man Bis(ethylxanthogenato)-nickel(II), wenn Kaliumethylxanthogenat (s. S. 140) im Molverhältnis 2:1 mit Nickel(II)-acetat-2-Wasser umgesetzt wird (**Ausbeute:** 55% bezogen auf Nickel(II)-acetat-2-Wasser; blauschwarze bis schwarze Kristalle).

Literatur

[1] C. K. Jørgensen, J. Inorg. Nucl. Chem. **24** (1962) 1571.
[2] D. Coucouvanis, Progr. Inorg. Chem. **11** (1970) 233.

Tris(ethylxanthogenato)-chrom(III) [1]

Arbeiten mit Methanol und Diethylether (s. S. 13 und 139). Arbeiten mit Chromverbindungen (s. S. 23).

$$CrCl_3(H_2O)_6 + 3\,C_2H_5OCS_2K \longrightarrow Cr(S_2COC_2H_5)_3 + 3\,KCl + 6\,H_2O$$

Die Umsetzung von Chrom(III)-chlorid-6-Wasser mit Kaliumethylxanthogenat im Molverhältnis 1:3 erfolgt in gleicher Weise wie bei Bis(methylxanthogenato)-nickel(II) (s. S. 140) beschrieben.

Ausbeute, Eigenschaften: 55% bezogen auf Chrom(III)-chlorid; schwarzgrüne Kristalle.

Charakterisierung

Eine Probe der Substanz wird mit Schwefelsäure/Salpetersäure (Var. 3, s. S. 217) aufgeschlossen und der Metallgehalt iodometrisch bestimmt.

Fp. 138–140 °C

IR-Spektrum (Nujol): 1322 $(v_{C=S})$; 1250 (v_{S-C-S}); 1145 (v_{C-O-C}); 1050 (v_{C-S}) [1]

VIS-Spektrum (CHCl$_3$): 19900; 16130 [2]

Magnetisches Verhalten: $\mu_{eff} = 3,85$ B.M. (19,8 °C).

Analoge Synthesen

In gleicher Weise werden dargestellt:

(ROCS$_2$)$_2$Ni   R = C$_n$H$_{2n+1}$ n = 3 − 7 [3]

(ROCS$_2$)$_3$Co   n = 3   [2]

(ROCS$_2$)$_3$Cr   n = 1   [1]

(ROCS$_2$)$_3$Fe   n = 2   [4]

Literatur

[1] G. W. Watt u. B. J. McCormick, J. Inorg. Nucl. Chem. **27** (1965) 898.
[2] D. Coucouvanis, Progr. Inorg. Chem. **11** (1970) 233.
[3] F. Drawert, Chem. Ber. **93** (1960) 3056.
[4] L. Cambi u. L. Szegő, Chem. Ber. **64** (1931) 2591.

7.5 Metallacetate

Eisen(II)-acetat [1]

Vorsicht beim Umgang mit Eisessig und Acetanhydrid (Abzug, Gummihandschuhe)! MAK$_D$ = 20 mg/m^3. Wasserstoffentwicklung!

$$Fe + 2\,CH_3COOH \longrightarrow Fe(CH_3COO)_2 + H_2$$

Alle Arbeiten werden unter Schutzgas durchgeführt. Auf eine G3-Fritte werden 0,9 mol (50,0 g) trockene und entfettete Stahlspäne gegeben, ein Rückflußkühler mit T-Stück und Blasenzähler wird aufgesetzt und dreimal sekuriert. Diese Fritte wird auf ein ebenfalls sekuriertes 150 cm^3-Schlenkgefäß aufgesetzt, in dem sich 90 cm^3 Eisessig und 2,5 cm^3 Acetanhydrid befinden. Dann wird das Lösungsmittel zum Sieden erhitzt. Die siedende Essigsäure löst einen Teil des Eisens zu Eisen(II)-acetat auf, das beim Abkühlen mit der abfließenden Lösung in das Schlenkgefäß gelangt. Nach mehrfacher Wiederholung des Vorgangs fällt Eisen(II)-acetat aus der Extraktionslösung in Form reinweißer Kristalle aus. Man filtriert über eine G3-Fritte ab, wäscht zweimal mit je 30 cm³ Diethylether und trocknet im Ölpumpenvakuum.

Ausbeute, Eigenschaften; 30% bezogen auf eingesetztes Eisen (bei Extraktion über 30 Stunden) reinweiße Kristalle, im feuchten Zustand sehr luftempfindlich, löslich in Wasser und Ethanol.

Die unumgesetzten Eisenspäne können für weitere Ansätze zur Darstellung von Eisen(II)-acetat verwendet werden. Die als Extraktionsmittel verwendete Essigsäure wird nach Neutralisation ins Abwasser gegeben.

Charakterisierung

Der Eisengehalt kann nach Lösen in Wasser durch komplexometrische Titration gegen Sulfosalicylsäure bestimmt werden.

IR-Spektrum (KBr, Preßling): 1552, 1520, 1500, 1448, 1415, 1355, 1048, 1033, 940, 680
Magnetisches Verhalten: $\mu_{eff} = 5,3$ B.M. [1].

Reaktionen, Verwendung

Eisen(II)-acetat stellt eine gebräuchliche Ausgangsverbindung für die Synthese von Eisen(II)-Komplexen dar.

Durch Reaktion mit Pyridin entsteht **Eisen(II)-acetat-4-Pyridin.**

2 g Eisen(II)-acetat werden in einem Schlenkgefäß mit aufgesetztem Rückflußkühler unter Schutzgas mit 50 cm³ getrocknetem und luftfreiem Pyridin bis zum Sieden erhitzt. Nach dem Abkühlen fallen sattgrüne Kristalle des $Fe(OOCCH_3)_2(py)_4$ aus. (**Ausbeute:** 95% bezogen auf Eisen(II)-acetat; die Verbindung gibt beim thermischen Behandeln (ca. 100 °C oder beim Waschen mit Diethylether zwei Pyridinliganden leicht wieder ab. Es bildet sich das gelbe $Fe(OOCCH_3)_2(py)_2)$.

Literatur

[1] H. D. Hardt u. W. Möller, Z. Anorg. Allg. Chem. **313** (1961) 57.

Chrom(II)-acetat-Wasser [1]

Quecksilber(II)-chlorid ist wegen seiner Giftigkeit mit Vorsicht zu handhaben und zuverlässig zu entsorgen! Arbeiten mit Chromverbindungen (s. S. 23).

$$2\,CrCl_3(H_2O)_6 + Zn + 4\,NaOOCCH_3 \longrightarrow$$
$$[Cr(OOCCH_3)_2]_2(H_2O)_2 + ZnCl_2 + 10\,H_2O + 4\,NaCl$$

In einen JONES-Reduktor gießt man eine Lösung von 0,03 mol (8,0 g) Chrom(III)-chlorid-6-Wasser in 15 cm³ 4n Schwefelsäure über mit Quecksilber(II)-chlorid aktiviertes Zink und tropft die so entstandene Chrom(II)-chloridlösung unter Schutzgasatmosphäre sofort in eine heiße luftfreie Lösung von 0,2 mol (16,0 g) wasserfreiem Natriumacetat in 35 cm³ Wasser.

Es entsteht sofort ein tiefroter Niederschlag, der nach beendeter Reaktion auf einer G3-Fritte gesammelt wird. Man wäscht mit kaltem Wasser und trocknet im Vakuum.

Ausbeute, Eigenschaften; 96% bezogen auf Chrom(III)-chlorid-6-Wasser; tiefrotes Pulver, im feuchten Zustand mäßig luftempfindlich, leicht löslich in Wasser und Ethanol.

Der mit aktiviertem Zink gefüllte JONES-Reduktor kann für weitere Reduktionen genutzt werden. Das wäßrige Filtrat kann nach Neutralisation ins Abwasser gegeben werden.
Quecksilberhaltige Lösungen werden wie beschrieben (s. S. 115) entsorgt.

Charakterisierung

Die Bestimmung des Chromwertes erfolgt durch iodometrische Titration.
IR-Spektrum (KBr, Preßling): 1552, 1525, 1500 ($\nu_{O\doteq C\doteq O}$ asymm.); 1459, 1416, 1355 ($\nu_{O\doteq C\doteq O}$ sym.); 1048, 1033 (ϱ_{CH_3}); 940 (ν_{C-C}); 680 ($\delta_{O\doteq C\doteq O}$); 405 ($\nu_{Cr-O}$); 387 ($\nu_{Cr-O}$) [2].

Reaktionen, Verwendung

Chrom(II)-acetat stellt eine gebräuchliche Ausgangsverbindung für die Herstellung anderer Chrom(II)-Komplexe dar.
Darstellung von wasserfreiem **Chrom(II)-acetat:**
Das $[Cr(OOCCH_3)_2]_2(H_2O)_2$ kann durch Erwärmen auf 100 °C im Ölpumpenvakuum entwässert werden.
Reaktion mit Acetylaceton: **Bis(acetylacetonato)-chrom(II)**

$$[Cr(OOCCH_3)_2]_2(H_2O)_2 + 4CH_3C(OH)CHCOCH_3 \longrightarrow$$
$$2Cr(CH_3COCHCOCH_3)_2 + 4CH_3COOH + 2H_2O$$

In einem 50 cm³-Schlenkgefäß werden 0,02 mol (7,5 g) Chrom(II)-acetat-Wasser mit 5 cm³ Wasser und mit 0,1 mol (10 g) Acetylaceton versetzt. Es entsteht sofort ein gelbbrauner Niederschlag, der sehr schnell abgesaugt werden muß.
Man wäscht mit Wasser und trocknet im Ölpumpenvakuum bei 100 °C. (**Ausbeute:** 90% bezogen auf Chrom(II)-acetat; luftempfindliche, pyrophore Verbindung, unlöslich in Wasser; **Fp.** (Zers.) 218–219 °C [3]).

Literatur

[1] R. L. Ocone u. B. P. Block, Inorg. Synth. **8** (1966) 125.
[2] C. D. Garner, R. G. Senior u. T. J. King, J. Amer. Chem. Soc. **98** (1976) 3526.
[3] R. L. Ocone u. B. P. Block, Inorg. Synth. **8** (1966) 130.

Nickel(II)-acetat-4-Wasser

Vorsicht beim Umgang mit Eisessig (Abzug)! $MAK_D = 20\,mg/m^3$. Arbeiten mit Nickelverbindungen (s. S. 32).

$$NiCO_3 + 2CH_3COOH \longrightarrow Ni(OOCCH_3)_2 + H_2O + CO_2$$

In ein 500 cm³-Becherglas mit 200 cm³ Eisessig trägt man unter Umrühren mit einem Glasstab 0,25 mol (30,0 g) Nickel(II)-carbonat ein. Zur Vervollständigung der Reaktion kann noch kurzzeitig zum gelinden Sieden erhitzt werden. Nach dem Abkühlen erhält man Nickel(II)-acetat-4-Wasser in Form grüner Kristalle, die abfiltriert und mit wenig kaltem Wasser neutral gewaschen und getrocknet werden.

Ausbeute, Eigenschaften; 78% bezogen auf Nickel(II)-carbonat; leicht löslich in Wasser und Ethanol; zerfällt in der Hitze unter Abscheidung von Nickel(II)-hydroxid.

Die verbleibende wäßrige Essigsäure kann nach Neutralisation ins Abwasser gegeben werden.

Charakterisierung

Nach Auflösen in Wasser kann der Nickelgehalt durch komplexometrische Titration gegen Murexid bestimmt werden.

IR-Spektrum (KBr, Nujol): 3472–3352 (breit); 1850 (breit); 1100, 1024, 1000, 960, 908, 704, 676, 652.

Reaktionen, Verwendung

Nickel(II)-acetat-4-Wasser dient als Ausgangsverbindung für die Darstellung von Nickel(II)-Komplexen z.B. mit makrocyclischen Liganden (s. S. 136 f.). Des weiteren findet es begrenzte Anwendung in galvanischen Lösungen und als Beize in der Baumwollfärberei.

Synthesevarianten

Als Ausgangsstoff für die Darstellung von Nickel(II)-acetat-4-Wasser eignet sich auch Nickel(II)-hydroxid, daß durch Umsetzung eines anderen Nickel(II)-salzes mittels Natronlauge erhalten werden kann.

Palladium(II)acetat [1]

Wegen der Entwicklung nitroser Gase sind alle Operationen unter dem Abzug durchzuführen! Arbeiten mit Eisessig (s. S. 142).

$$Pd + 4H^+ + 2NO_3^- \longrightarrow Pd^{2+} + 2NO_2 + 2H_2O$$
$$3Pd^{2+} + 6CH_3COO^- \longrightarrow [Pd(OOCCH_3)_2]_3$$

0,1 mol (10,6 g) Palladiumpulver werden mit 250 cm³ wasserfreier Essigsäure und 6 cm³ konzentrierter Salpetersäure am Rückflußkühler im 500 cm³-Kolben so lange zum gelinden Sieden erhitzt bis die Entwicklung nitroser Gase beendet ist, die in Natronlauge absorbiert werden. Danach bleibt in der Regel etwas Palladium ungelöst zurück. Sollte das nicht der Fall sein, wird noch etwas Palladium zugesetzt und so lange erhitzt, bis die Entwicklung brauner Dämpfe beendet ist. Die siedende Lösung wird filtriert, beim Erkalten fällt das Reaktionsprodukt aus, das nach mehrstündigem

Stehen abfiltriert, mit Essigsäure und mit Wasser gewaschen und an der Luft getrocknet wird.

Ausbeute, Eigenschaften; 95%; braune Kristalle, löslich in Acetonitril, Chloroform, Aceton, Diethylether, luftstabil.

> Die Lösung wird zur Wiedergewinnung der Essigsäure fraktioniert destilliert. Der Rückstand, auch der der ersten Filtration, wird zum Zwecke der Wiedergewinnung von Palladium gesammelt (s. S. 214).

Charakterisierung

Palladium wird nach Lösen der Substanz in Salpetersäure komplexometrisch bestimmt.

Fp. (Zers.) 205 °C

Eine osmometrische Molmassebestimmung in Benzen bei 37 °C zeigt an, das die Verbindung trimer ist [1].

IR-Spektrum (Nujol): 1600 ($v_{O \doteq C \doteq O}$, sym.); 1427 ($v_{O \doteq C \doteq O}$, asymm.) [1]

Röntgenstrukturanalyse: trimer, 2 Acetatgruppen verknüpfen 2 Palladium-Atome [2].

Synthesevarianten

Palladium(II)-acetat kann in nicht ganz reiner Form auch durch Zugabe von Essigsäure zu einer Palladium(II)-sulfatlösung hergestellt werden [1].

Reaktionen, Verwendung

Die trimere Struktur des Palladium(II)-acetats wird durch Reaktion mit Neutralliganden L (z. B. Pyridin, Diethylamin, Triethylamin, Triphenylphosphin) aufgebrochen:

$$[Pd(OOCCH_3)_2]_3 + 6 L \longrightarrow 3 Pd(OOCCH_3)_2 L_2$$

Bis(acetato)-bis(pyridin)-palladium(II) entsteht durch Umsetzung von 5 mmol (1,12 g) Palladium(II)-acetat mit einigen Tropfen Pyridin. Nach Einengen kristallisiert die gelbe Komplexverbindung aus. (**Ausbeute:** 90%; **IR-Spektrum** (Nujol): 1626 (v_{O-C-O}); 1377, 1361 ($v_{O \doteq C \doteq O}$)).

Palladium(II)-acetat wird bei vielen homogenkatalytischen Prozessen als Ausgangsprodukt zur Bildung der katalytisch aktiven Spezies verwendet [3]:

Telomerisation von Butadien und Ammoniak zu Tri-octa-2,7-dienylamin (s. S. 166).

Bei der Carbonylierung von Butadien in Alkoholen wird das System Triphenylphosphin/Palladium(II)-acetat als Präkatalysator verwendet [4].

Analoge Synthesen

Palladium(II)-propionat

$$3 Pd^{2+} + 6 C_2H_5COO^- \longrightarrow [Pd(OOCC_2H_5)_2]_3$$

10 mmol (1,06 g) Palladium werden – in analoger Weise wie bei Palladium(II)-acetat beschrieben – mit 25 cm³ Propionsäure und 0,6 cm³ konzentrierter Salpetersäure in der Hitze gelöst. Nachdem die Lösung in der Hitze filtriert wurde, fällt beim Stehen in der

Kälte die Verbindung aus. (**Ausbeute:** 95% bezogen auf Palladium; orangefarbene Kristalle; **Fp.** 161–165 °C; **IR-Spektrum** (Nujol): 1595 $(v_{O\overset{..}{=}C\overset{..}{=}O})$; 1425 $(v_{O\overset{..}{=}C\overset{..}{=}O})$).

Literatur

[1] T. A. Stephenson, S. M. Morehouse, A. R. Powell, J. P. Heffer u. G. Wilkinson; J. Chem. Soc. **1965**, 3632.
[2] A. C. Skapski u. M. L. Smart; Chem. Comm. **1970**, 658.
[3] A. Aguilo, Adv. Organomet. Chem. **5** (1967) 321.
[4] J. Tsuji, Y. Mori u. M. Hara, Tetrahedron **28** (1972) 3721.

8 Schwefel-Stickstoff-Verbindungen

Allgemeines zur Stoffklasse

Es gibt cyclische und offenkettige Schwefel-Stickstoff-Verbindungen. Die Klasse cyclischer Verbindungen kann nach der Art des Ringgerüsts oder nach der formalen Koordinationszahl des Schwefels geordnet werden [1]. Im ersteren Fall unterteilt man in drei Gruppen, die mit den allgemeinen Formeln $(SN)_x$, $S_2N(SN)_x$ und $SN_2(SN)_x$ zu beschreiben sind.

$N_3S_3^-$ $\qquad$ $S_3N_2Cl^+$ $\qquad$ $S_4N_5^-$

Die Verbindungen des Typs $(SN)_x$ enthalten alternierend Schwefel- und Stickstoffatome. Im Fall von $S_2N(SN)_x$ kommt eine Schwefel-Schwefel-Bindung hinzu.
Die Verbindungen $SN_2(SN)_x$ haben bicyclische Strukturen.
Unsubstituierte Schwefel-Stickstoff-Cyclen sind thermodynamisch nicht sehr stabil und zerfallen leicht, teilweise schlagartig unter SO_2-Entwicklung und Schwefelbildung. Das ändert sich beim Übergang zu den Halogenderivaten, die durch Umsetzung mit Halogenüberträgern wie Thionylchlorid

$$S_4N_4 \xrightarrow{\text{SOCl}_2} (S_3N_2Cl)^+ Cl^-$$

oder ausgehend von offenkettigen Halogeniden durch gleichzeitige Ringaufbau- und Halogenierungsreaktion hergestellt werden:

$$12\,S_2Cl_2 + 6\,(NH_2)_2CO \longrightarrow 3\,(S_3N_2Cl)^+ Cl^- + 8\,HCl + 15\,S + 2\,(HOCN)_3$$

Die erste Reaktion – ausgehend von cyclischen Verbindungen – zeugt dabei von der Leichtigkeit, mit der eine Ringveränderung eintreten kann.
Da mit Dischwefeldichlorid ein Reagens zur Verfügung steht, das gleichzeitig Schwefelatome zur Verfügung stellt und halogenierend wirkt, ist dies gegenüber der Halogenierung eines fertigen S-N-Ringes ein einfaches Syntheseverfahren, zumal die Synthese des unsubstituierten Ringes nicht gefahrlos ist.
Als Beispiel für eine Substitution am Ringsystem von $(S_3N_2Cl)Cl$ sei die Umsetzung mit Ameisensäure genannt, die hier als Sauerstoffüberträger wirkt:

$$(S_3N_2Cl)Cl + HCOOH \longrightarrow S_3N_2O + 2\,HCl + CO$$

Die $-N=S=O$-Gruppierung, die isoelektronisch mit SO_2 ist, liegt als funktionelle Gruppe den N-Sulfinylverbindungen zugrunde.
Die Synthese erfolgt durch die Übertragung der $>S=O$-Funktion auf eine entsprechende Aminkomponente [2]:

$$R-NH_2 + SOCl_2 \longrightarrow R-NSO + 2\,HCl$$

In einigen Fällen, z.B. wenn $R-NH_2$ leicht flüchtig ist, sind auch Umsulfinierungen möglich:

$$R-NSO + R'-NH_2 \longrightarrow R'-NSO + R-NH_2$$

N-Sulfinylverbindungen sind reaktive Ausgangs- und Zwischenstoffe der präparativen Chemie.

Literatur

[1] R. Gleiter, Angew. Chem. **93** (1981) 442.
[2] G. Kreße u. W. Wucherpfennig, Angew. Chem. **79** (1967) 109.

8.1 N-Sulfinylverbindungen

N-Sulfinylanilin [1]

> Chlorwasserstoffentwicklung während der Reaktion (s. S. 10). Wegen der Giftigkeit von Anilin unter dem Abzug arbeiten!

$$C_6H_5NH_2 + SOCl_2 \longrightarrow C_6H_5N=S=O + 2\,HCl$$

Alle Arbeiten unter Feuchtigkeitsausschluß durchführen!
0,25 mol (23,3 g) frisch destilliertes Anilin werden im $500\,\text{cm}^3$-Dreihalskolben in $100\,\text{cm}^3$ Toluen gelöst. Unter Rühren und Rückflußkühlung (Verschluß mittels Blasenzählers, durch den Chlorwasserstoff entweicht) werden – anfangs sehr langsam – 0,25 mol (30 g) Thionylchlorid, gelöst in $100\,\text{cm}^3$ Toluen, zugetropft. Zunächst erfolgt eine ziemlich heftige Reaktion unter Ausscheiden einer weißen Festsubstanz (Anilinhydrochlorid). Nach beendeter Zugabe wird die breiige Masse im Ölbad etwa 3–4 Stunden erhitzt, bis die Entwicklung von Chlorwasserstoff beendet ist.
Nach dem Erkalten wird unter Feuchtigkeitsausschluß filtriert und der zurückbleibende weiße Rückstand mit Toluen ausgewaschen. Anschließend erfolgt das Abdestillieren des Toluens bei Normaldruck (**Kp.** 101 °C), N-Sulfinylanilin wird danach bei 12 Torr (1,6 kPa) und 80 °C destilliert. Die nachfolgende fraktionierte Destillation liefert ein sehr sauberes Präparat.
Ausbeute, Eigenschaften; 95% bezogen auf Anilin; gelbe hydrolyseempfindliche Flüssigkeit, **Kp.** 80 °C bei 12 Torr (1,6 kPa).

> Toluen wird nach Trocknen über Kaliumhydroxid, erneuter Destillation und gaschromatographischer Reinheitskontrolle wiederverwendet.

Charakterisierung

Die Reinheit der Verbindung wird gaschromatographisch überprüft.

IR-Spektrum (Film): 1303, 1288 ($v_{N=S=O} + v_{C-N}$, asymm.); 1170 (v_{C-H}); 1160 ($v_{N=S=O}$, sym.) [3]

UV/VIS-Spektrum (CHCl$_3$): 35460 (lg $\varepsilon = 4,0$); 31750 (4,0).

Reaktionen, Verwendung

Das kumulierte Hetero-π-System $N = S = O$ ist einer Vielzahl von Reaktionen mit organischen und anorganischen Verbindungen zugänglich.

Cycloadditionsreaktionen führen zu Sechsringheterocyclen [4].

Umsetzungen mit Grignard-Verbindungen ergeben nach Hydrolyse S-alkylierte Produkte $C_6H_5 - NH - SOR$ [2].

Kondensationsreaktionen mit starken Basen liefern N,N'-Diarylschwefeldiimid [4].

Komplexrümpfe, die „weiche" Zentralatome [wie Ni(0), Ir(0), Pt(0)] enthalten, können die $N = S = O$-Gruppe olefinanalog über die $N = S$-Gruppe binden [5–7].

Analoge Synthesen

N-Sulfinyl-p-methylanilin [1]

$$p\text{-}CH_3 - C_6H_4 - NH_2 + SOCl_2 \longrightarrow p\text{-}CH_3 - C_6H_4 - N = S = O + 2HCl$$

Nach analoger Verfahrensweise wie bei der Synthese von N-Sulfinylanilin beschrieben, entsteht aus 0,25 mol (26,8 g) p-Methylanalin (p-Toluidin) und 0,25 mol (30 g) Thionylchlorid N-Sulfinyl-p-methylanilin. (**Ausbeute:** 95%; gelborange, hydrolyseempfindliche Flüssigkeit, die analoge Reaktionen wie N-Sulfinylanilin zeigt; **IR-Spektrum** (Film): 1300, 1286 ($v_{N=S=O} + v_{C=N}$, asymm.); 1170 (v_{C-H}); 1156 ($v_{N=S=O}$, sym.) [3]).

N-Sulfinyl-p-tolylsulfonamid [2]

$$p\text{-}CH_3 - C_6H_4SO_2NH_2 + SOCl_2 \longrightarrow p\text{-}CH_3 - C_6H_4SO_2N = S = O + 2HCl$$

Nach analoger Verfahrensweise, wie beim N-Sulfinylanilin beschrieben, werden 0,25 mol (42,8 g) Sulfonamid mit 0,25 mol (30 g) Thionylchlorid ohne zusätzliches Lösungsmittel 8 Stunden am Rückfluß erhitzt. Die Destillation erfolgt bei 0,1 Torr (13,3 Pa). (**Ausbeute:** 80% bezogen auf das Sulfonamid; gelbe Kristalle, **Fp.** 53 °C; **IR-Spektrum:** 1375 ($v_{S=O}$); 1250 ($v_{N=S=O} + v_{C=N}$); 1175 ($v_{S=O}$) [2]).

Literatur

[1] G. Kreße, A. Maschke, R. Albrecht, K. Bederke, H. P. Patzschke, H. Smalla u. H. Trede, Angew. Chem. **74** (1962) 135.
[2] G. Kreße u. H. Wucherpfennig, Angew. Chem. **79** (1967) 109.
[3] G. Kreße u. A. Maschke, Chem. Ber. **94** (1961) 450.
[4] H. H. Hörhold u. K. D. Flossmann, Z. Chem. **7** (1967) 345.
[5] D. M. Blake u. J. R. Reynolds, J. Organomet. Chem. **113** (1976) 391.
[6] D. Walther u. C. Pfützenreuter, Z. Chem. **17** (1972) 426.
[7] R. Meij, D. J. Stufkens u. K. Vrieze, J. Organomet. Chem. **155** (1978) 323.

8.2 Schwefel-Stickstoff-Ringverbindungen

Thiodithiazyldichlorid [1]

> Bei der Synthese entsteht Chlorwasserstoff (s. S. 10). Arbeiten unter Beteiligung
> von Dischwefeldichlorid (s. S. 18)!

$$4\,S_2Cl_2 + 2\,NH_4Cl \longrightarrow (S_3N_2Cl)^+Cl^- + 8\,HCl + 5\,S$$

Man gibt in einen $250\,cm^3$-Zweihalskolben mit einem Hahnschliff 0,47 mol (25 g)
Ammoniumchlorid, 0,30 mol (40 g) Dischwefeldichlorid und 0,15 mol (5 g) Schwefel.
Dann wird ein Luftkühler (NS 29) von 2,5 cm Durchmesser und 50 cm Länge, der mit
Hahnschliff und Blasenzähler versehen ist, aufgesetzt und die Apparatur mit Argon
gespült. Die Schliffverbindungen müssen mit einem für Chlorierungen geeigneten
Mittel (z. B. einem fluorierten Siliconfett) behandelt sein.
Man erhitzt die Reaktionsmischung so stark, daß das Dischwefeldichlorid siedet und
sich das obere Siedeniveau unter dem Schliffrand des Kolbens befindet.
Das entstandene Thiodithiazyldichlorid setzt sich im Luftkühler ab. Man fährt mit
dem Erhitzen fort, bis alles Dischwefeldichlorid umgesetzt ist (ca. 5 bis 6 Stunden). Der
Kolbeninhalt darf jedoch nicht trocken werden, da sonst Ammoniumchlorid mit in den
Kühler sublimiert.
Nach beendeter Reaktion wird die Apparatur beim Abkühlen langsam mit Argon
gespült, danach wird im Argonstrom der Luftkühler vom Kolben genommen und auf
einen sekurierten Zweihals-Kolben gesetzt. Man evakuiert nochmals 20 Minuten, um
anhaftendes HCl-Gas und Dischwefeldichlorid zu entfernen, und stößt dann im
Argonstrom das im Luftkühler haftende Thiodithiazyldichlorid mit einem Spatel
vorsichtig in den Kolben. Das isolierte Produkt wird unter Schutzgas gehandhabt.
Ausbeute, Eigenschaften; 45% bezogen auf S_2Cl_2; orangegelbe, kristalline Substanz,
die durch Luftsauerstoff einer langsamen, durch Feuchtigkeit einer schnellen Zersetzung unterliegt.

> Den Inhalt des Reaktionskolbens versetzt man vorsichtig bei $-10\,°C$ über einen
> Tropftrichter mit $150\,cm^3$ 10%iger KOH/CH_3OH. Der Kolben muß mit einem
> Rückflußkühler versehen sein. Danach werden noch $20\,cm^3$ 10%iges Wasserstoff-
> peroxid zugetropft. Nach Abklingen der Reaktion, bei der überschüssiges
> Ammoniumchlorid zunächst in Methanol gelöst und S_2Cl_2 zu geruchlosen
> Produkten – vor allem Schwefel – alkalisch hydrolysiert wird, können die
> Festprodukte über Kieselgur durch Filtration abgetrennt und deponiert werden.
> Methanol wird zur Wiedergewinnung vom Filtrat abdestilliert und seine Reinheit
> gaschromatographisch kontrolliert. Zurück bleibt ein Gemisch von NaCl,
> NH_4Cl, Wasser und wenig Methanol, das ins Abwasser gegeben wird.

Charakterisierung

Der Chloridgehalt des Präparates wird durch argentometrische Titration bestimmt.
Dazu wird eine unter Schutzgas abgewogene Menge Thiodithiazyldichlorid (ca. 0,2 g)

in einem Erlenmeyerkolben mit 5 g NaOH, 50 cm^3 dest. Wasser und 20 cm^3 H$_2$O$_2$ (3%ig) gegeben.

Es wird eine Stunde gekocht, nach Abkühlen der Lösung erfolgt die Titration.

IR-Spektrum (Nujol): 1162, 1010, 680 (v_{S-Cl}); 592, 565 (v_{S-S}) [2, 3].

Reaktionen

Umsetzung zu **1-Oxo-3,5-trithiadiazol**

Bei der Handhabung von Thiodithiazyldichlorid beobachtet man, daß diese Verbindung mit Spuren von Feuchtigkeit eine rotviolette Farbe annimmt, die auf 1-Oxo-3,5-trithiadiazol zurückgeht. Die gezielte Umsetzung mit Wasser, Acetanhydrid oder wasserfreier Ameisensäure in Methylenchlorid führt in guten Ausbeuten zu diesem Produkt.

Unter Schutzgas werden zu einer Suspension von 0,03 mol (6,0 g) Thiodithiazyldichlorid in 100 cm^3 Methylenchlorid 5 cm^3 wasserfreie Ameisensäure verdünnt mit 20 cm^3 Methylenchlorid langsam unter Rühren bei Raumtemperatur zugetropft. Dabei färbt sich die Lösung rotviolett. Sobald die HCl-Entwicklung beendet ist, kann die inerte Atmosphäre aufgehoben werden, und es wird vom Unlöslichen abfiltriert. Vom Filtrat wird das Lösungsmittel im Vakuum abgezogen, der Rückstand ist das tiefrote, ölige S$_3$N$_2$O (**Kp.** 50 °C bei 10^{-2} Torr (1,33 Pa), **IR-Spektrum** (Film): 1125, 980, 903, 734 [1]).

Durch das Filtrat leitet man kurze Zeit unter einem Abzug Luft, um enthaltenes HCl-Gas auszutreiben.

Danach wird Methylenchlorid abdestilliert und dessen Reinheit gaschromatographisch kontrolliert.

Der Rückstand der Destillation (überschüssige Ameisensäure) wird mit Wasser verdünnt und ins Abwasser gegeben.

Literatur

[1] W. L. Jolly u. K. D. Maguire, Inorg. Synth. **9** (1967) 102.
[2] G. G. Alange u. A. J. Banister, J. Inorg. Nucl. Chem. **40** (1978) 203.
[3] T. Chivers, W. G. Laidlaw, R. T. Oakley u. M. Trice, J. Amer. Chem. Soc. **102** (1980) 5773.

9 Metallinduzierte und metallkatalysierte organische Synthesen

Der Einsatz von Übergangsmetallkomplexen oder -organoverbindungen zur Rationalisierung von Synthesen organischer Verbindungen hat sowohl im Labormaßstab als auch in der Technik zunehmend an Bedeutung gewonnen. Den Vorteilen, die übergangsmetallinduzierte bzw. -katalysierte Reaktionen bieten, nämlich

die Verkürzung von Reaktionswegen

erhöhte Selektivitäten

höhere Ausbeuten

Einsatz billiger Ausgangsstoffe

stehen allerdings höhere Kosten zur Synthese der Übergangsmetallverbindungen gegenüber, die bei Verwendung als stöchiometrische Reagenzien (z.B. bei der MCMURRY-Reaktion oder der Hydrozirkonierung) besonders stark ins Gewicht fallen. Daher muß von Fall zu Fall durch Vergleich von Synthesevarianten geprüft werden, bei welchen Reaktionsschritten der Einsatz dieser Reagenzien lohnenswert ist. Katalytische Reaktionen mit Hilfe von Übergangsmetallkomplexen sind besonders rationell. Vielfach sind sie konventionellen organischen Synthesen so überlegen, daß sie praktisch konkurrenzlos sind, selbst wenn Edelmetalle als Bestandteile von Katalysatoren fungieren.

Die im folgenden beschriebenen Reaktionen sind so ausgewählt, daß sie ohne Verwendung spezieller Chemikalien durchgeführt werden können.

Dabei wurde darauf geachtet, daß der Aufwand zur Synthese der Übergangsmetallverbindung in einem ausgewogenen Verhältnis zur Reaktion mit dem organischen Substrat steht. Dazu war es mitunter erforderlich, auf den Einsatz von speziellen Liganden oder Substraten zu verzichten. Auf den breiten Anwendungsbereich der einzelnen Reaktionen wird in den Unterkapiteln hingewiesen.

9.1 Synthesen mit titanorganischen Verbindungen

Olefinsynthese nach MCMURRY: *E*- und *Z*-Stilben [1–3]

$$2\,C_6H_5-CHO \xrightarrow{\text{„Ti(0)“}} C_6H_5-CH=CH-C_6H_5$$

Bis zur Aufarbeitung des Präparates werden alle Arbeiten unter Schutzgas durchgeführt. In einem 250 cm^3-Dreihalskolben, versehen mit Rührer und Rückflußkühler, legt man 10 mmol TiCl$_3$(THF)$_3$ (3,7 g) und 25 mmol Magnesiumspäne (0,6 g) vor und fügt 30 cm^3 THF hinzu.

Man erwärmt unter Rühren auf ca. 40 °C und läßt eine Stunde reagieren. Dabei färbt sich die Reaktionsmischung von anfänglich Blau nach Schwarz. 1,5 Stunden nach Beginn der Reaktion wird die Mischung mit 10 mmol (1,1 g) frisch destilliertem

Benzaldehyd versetzt. Zur Vervollständigung der Reaktion rührt man 6–8 Stunden in der Siedehitze und stoppt die Reaktion schließlich durch vorsichtige Zugabe von ca. 20 cm³ verdünnter Salzsäure. Das Gemisch wird mit Ether oder Pentan extrahiert, der Extrakt mit Wasser gewaschen, mit Magnesiumsulfat getrocknet, filtriert und unter vermindertem Druck eingedampft. Man kristallisiert aus Pentan um.

Ausbeute, Eigenschaften; 88% bezogen auf Benzaldehyd; weiße Kristalle; löslich in den meisten organischen Lösungsmitteln.

Bei der gewählten Ansatzgröße wird die anfallende wäßrige Phase, die HCl, TiO(OH)₂ und etwas THF enthält, neutralisiert und verworfen.
Das zur Extraktion verwendete Lösungsmittel wird zur kommerziellen Verbrennung gegeben.

Charakterisierung

Fp. (E) 124 °C
IR-Spektrum (Nujol, E): 1597, 1575, 1497, 1156, 1072, 1030, 984, 962
IR-Spektrum (Nujol, Z): 1600, 1575, 1495, 1447, 1407, 1073, 1029, 964, 924, 862.

Synthesevarianten

Als Titankomponente wird $TiCl_4$ und bevorzugt $TiCl_3$ oder $TiCl_3(THF)_3$ (s. S. 35) eingesetzt [1]. Die Alkenausbeute hängt deutlich vom eingesetzten Lösungs- und Reduktionsmittel ab. Nach GEISE [1] gibt es für Benzophenon (I) und Cyclohexyliden-cyclohexan (II) [4] die folgenden Zusammenhänge (Tabelle 9.1 nach [1]):

Tabelle 9.1   Alkenausbeuten der McMurry-Reaktion in Abhängigkeit vom Reduktionsmittel

Reduktions-mittel	Mol-Verh. $TiCl_3/$ Red.-Mittel	Lösungsmittel Reaktionstemp.	Reaktionsdauer [Stunden]	Ausbeute [%] (I)	(II)
Li	1:3,2	THF/Rückfluß	40	85	80
K	1:3,2	THF-Rückfluß	12	>90	90
Mg	1:1,7	THF/Rückfluß	3	>95	90
$LiAlH_4$	1:0,5	THF/0 °C	0,5	>95	85
$LiAlH_4$	1:0,5	THF/Rückfluß	1	>95	85

Anwendung

Die McMurry-Reaktion dient der reduktiven C=C-Kopplung von Ketonen mittels niederwertigem Titan. Sie ist somit in bezug auf die C=C-Doppelbindungsbildung der

WITTIG-Reaktion an die Seite zu stellen. Durch die MCMURRY-Reaktion sind gespannte Alkene (s. Tab. 9.2) und kompliziert gebaute Naturstoffe zugänglich [8, 9]. Neuerdings wurde die $C = C$-Kopplung von β-Ketoestern [10], die Bildung von Diolen aus Ketonen und die Überführung von Epoxiden in Alkene [11], sowie die Umwandlung von 1,2-Glykolen [11] und schwefelhaltiger Verbindungen [12, 13] in Alkene beschrieben (s. Tabelle 9.2), z. B.:

Tabelle 9.2 Olefinsynthesen nach MCMURRY

Ausgangs-verbindung	Alken	Reaktions-zeit, LM	Ausbeute [%]	Charakterisierung [°C; H-NMR; IR]	Lit.
Acetophenon	2,3-Diphenyl-but(2)-en	– THF	79	**Fp.** 82,5–83	[3, 5]
Benzophenon	Tetraphenyl-ethylen	20 h THF	90	**Fp.** 220–221	[2, 3]
Cyclohexanon	Dicyclohexyl-1,1'-diol	– THF	45	**IR:** 3455, 3380, 3200	[3]
Cyclohexanon	Cyclohexyliden-cyclohexanon	20 h THF	80–90	**Fp.** 51–52	[1, 5]
Propylmethyl-keton	4,5-Dimethyl-oct(4)-en	20 h Dioxan	61	**Kp.** 28–30 0,89 (t); 1,33 (m); 1,65 (s); 2,03 (t)	[7]
Adamantylmethyl-keton	2,3-Bis(adamantyl)-but(2)-en	3 Tage THF	15	**Fp.** 228–230 1,7; 1,93 (breite Signale)	[7]
Diethylketon	3,4-Diethyl-hex(3)-en	20 h THF	62	**Kp.** 42–44 bei 10 Torr (1,3 kPa) 0,96 (t); 2,03 (q)	[7]
Biscyclopropyl-keton	Tetraisopropyl-ethylen	20 h THF	25	**Kp.** 70–72 bei 0,5 Torr (67 Pa) 0,4–0,72 (12 H, m); 0,93; 1,53 (4 H, m)	[7]

Ökonomische Bewertung

Die „klassisch-organische" Alternative zur McMurry-Reaktion ist die Umsetzung von Aldehyden mit Grignardverbindungen, gefolgt von der sauren Hydrolyse unter Wasserabspaltung.
Stilbensynthese:

$$Ph-CH_2-Cl + Mg \longrightarrow Ph-CH_2-MgCl \xrightarrow{PhCHO}$$

$$Ph-CH_2-CH \overset{\nearrow Ph}{\searrow OMgCl}$$

$$+ HCl \quad \begin{array}{c} -H_2O \\ -MgCl_2 \end{array}$$

$$Ph-CH=CH-Ph$$

Man vergleiche beide Synthesen hinsichtlich folgender Parameter:
Kosten für Chemikalien
Natur der metallhaltigen Abprodukte
Zahl der präparativen Schritte
Unter welchen Bedingungen ist die McMurry-Reaktion dem Syntheseweg über eine Grignardreaktion überlegen?

Literatur

[1] P. Welzel, Nachr. Chem. Tech. Lab. **31** (1983) 814.
[2] J. E. McMurry u. M. P. Fleming, J. Amer. Chem. Soc. **96** (1974) 4708.
[3] S. Tyrlik u. I. Wolochowicz, Bull. Soc. Chim. Fr. **1973**, 2147.
[4] E. Mecke u. F. Langenbucher, „IR-Spektren ausgewählter Verbindungen"; Heyden & Son Limited, London 1965.
[5] R. Dams, M. Malinowski, I. Westdorp u. H. Y. Geise; J. Org. Chem. **47** (1982) 248.
[6] R. Dams, M. Malinovski u. H. J. Geise, Rec. Trav. Chim. Pays-Bas **101** (1982) 112.
[7] D. Lenoir, Synthesis **1977**, 553
[8] J. E. McMurry, J. R. Katz, K. L. Kees u. P. A. Bock; Tetrahedron Lett. **23** (1982) 1777.
[9] J. E. McMurry u. J. R. Matz, Tetrahedron Lett. **23** (1982) 2723.
[10] J. E. McMurry u. D. D. Miller, J. Amer. Chem. Soc. **105** (1983) 1660.
[11] J. E. McMurry, M. G. Silvestri, M. P. Fleming, T. Hoz u. M. W. Grayston, J. Org. Chem. **43** (1978) 3249.
[12] St. C. Welch u. J. P. Loh; J. Org. Chem. **46** (1981) 4072.
[13] T. H. Chan, J. S. Li, T. Aida u. D. N. Harpp, Tetrahedron Lett. **23** (1982) 837.

Cp$_2$TiCl$_2$-katalysierte Reduktion von Carbonsäuren zu Aldehyden: Phenylacetaldehyd [1]

> Arbeiten mit Diethylether (s. S. 13).

$$C_6H_5CH_2COOH \xrightarrow[2.\,H_2O]{1.\,i-C_4H_9MgBr,\,Kat} C_6H_5CH_2CHO$$

Die Reaktion ist unter Schutzgas auszuführen, da die katalytisch aktive Titan(III)-Verbindung oxidationsempfindlich ist, und auch der Aldehyd an der Luft rasch oxidiert wird.

Aus i-Butylbromid und Magnesium wird eine einmolare i-Butyl-magnesiumbromid-Lösung bereitet. 160 cm^3 dieser Lösung werden in ein Schlenkgefäß gegeben, unter Rühren mit einem Magnetrührer auf 0 °C abgekühlt und mit 7 mmol (1,7 g) $(C_5H_5)_2TiCl_2$ versetzt. Nach ca. 5 Minuten ist die violette Lösung des Katalysators entstanden. Danach werden 75 mmol (10,2 g) Phenylessigsäure langsam in die Reaktionsmischung gegeben. Dabei entsteht zunächst unter heftiger Gasentwicklung das Magnesiumsalz der Phenylessigsäure. Durch Kühlung des Schlenkgefäßes sorgt man dafür, daß der Ether nicht zum Sieden kommt. Dann wird weitere 4 Stunden gerührt. Dabei entsteht eine trübe Reaktionsmischung, aus der sich alsbald eine nichtkristalline zweite Phase abscheidet. Nach vierstündiger Reaktionszeit wird das Gemisch mit 4 N Salzsäure zersetzt, und die Schichten werden getrennt. Die wäßrige Schicht wird mit Ether gewaschen. Die vereinigten organischen Phasen werden mit Magnesiumsulfat getrocknet, der Ether wird abdestilliert und anschließend das Produkt im Vakuum destilliert.

Ausbeute, Eigenschaften; 40% bezogen auf eingesetzte Phenylessigsäure; farblose Flüssigkeit.

Der abdestillierte Ether ist wiederverwendbar. Die wäßrige Phase kann ins Abwasser gegeben werden.

Charakterisierung

Kp. 169 °C

H-NMR-Spektrum: 2,4 (2 H, s, CH_2) ; 7,1–7,4 (5 H, m, C_6H_5); 9,4 (1 H, s, CH).

Anwendung

Die Reduktion von Carbonsäuren zu Aldehyden mit Grignardreagens in Gegenwart von Cp_2TiCl_2 ist allgemein anwendbar. Außer der hier beschriebenen Phenylessigsäure lassen sich Önanthsäure, α-Methylvaleriansäure, Cyclohexancarbonsäure und Benzoesäure zu den entsprechenden Aldehyden reduzieren. Diese Synthesen stellen insofern Alternativen zu den herkömmlichen Methoden dar, als sich die Reduktion einer Carbonsäure zum Aldehyd in einer Stufe nur mit sehr speziellen Reduktionsmitteln bewerkstelligen läßt [1].

Cp_2TiCl_2-Zusatz führt auch bei der Reaktion von Säureestern oder Ketonen mit Grignardreagenzien zu unerwarteten Produkten [2, 3].

Säureester reagieren je nach der angewendeten Cp_2TiCl_2-Menge unter Bildung von sekundären oder primären Alkoholen:

$$R'COOR + 2 R''MgX \xrightarrow{\text{Kat}} R'R''HCOMgX$$
$$R'COOR + 2 R''MgX \xrightarrow{\text{Kat}} R'CH_2OMgX,$$

Ketone werden zu sekundären Alkoholen reduziert:

$$R'R''CO + RMgX \xrightarrow{\text{Kat}} R'R''CHOMgX$$

Cp_2TiCl_2 katalysiert auch die Addition von mgH (aus RMgX) an Alkene [4].

Literatur

[1] F. Sato, T. Jinbo u. M. Sato; Synthesis **1981**, 871.
[2] F. Sato, T. Jinbo u. M. Sato; Tetrahedron Lett. **21** (1980), 2171.
[3] F. Sato, T. Jinbo u. M. Sato; Tetrahedron Lett. **21** (1980), 2175.
[4] F. Sato, J. Organomet. Chem. **285** (1985) 53.

9.2 Synthesen mit zirkoniumorganischen Verbindungen Hydrozirkonierung von Olefinen: Bromoctan [1]

Vorsicht beim Umgang mit dem giftigen (cancerogenen!) Benzen!

$$Cp_2Zr(Cl)H + CH_2=CH-(CH_2)_5-CH_3 \longrightarrow Cp_2Zr(Cl)(CH_2)_7-CH_3$$
$$Cp_2Zr(Cl)(CH_2)_7CH_3 + Br_2 \longrightarrow Cp_2Zr(Cl)Br + Br-(CH_2)_7-CH_3$$

Die Reaktion ist unter Schutzgas auszuführen. Zu einer Suspension von 10 mmol (2,57 g) $Cp_2Zr(Cl)H$ (s. S. 45) in 50 cm³ Benzen werden 10 mmol (1,12 g) Octen gegeben und das Gemisch wird 6 Stunden lang geschüttelt. Dabei entsteht eine klare Lösung von Bis(cyclopentadienyl)-octyl-zirkonium(IV)-chlorid. Diese Lösung wird durch Einstellen des Reaktionsgefäßes in ein Eisbad gekühlt. Nun fügt man aus einem Tropftrichter eine Lösung von 10 mmol (1,6 g) Brom in 10 cm³ Benzen vorsichtig hinzu. Das augenblicklich entstehende 1-Bromoctan wird durch fraktionierte Destillation direkt aus der Reaktionsmischung gewonnen.
Ausbeute, Eigenschaften; 80%; farblose Flüssigkeit.

Das Benzen ist nach nochmaliger Destillation wiederzuverwenden. Der Rückstand kann ins Abwasser gegeben werden.

Charakterisierung

Kp. 201 °C
IR-Spektrum: 2940, 1470, 1390, 1250, 1240, 1220, 730, 650.

Anwendung

Die Hydrozirkonierung ist in mancher Hinsicht eine Ergänzung zur Hydroborierung. Im Unterschied zur letzteren erfolgt die Hydrozirkonierung stets so, daß das Olefin endständig funktionalisiert wird, unabhängig davon, ob ein α-Olefin oder ein Olefin mit innenständiger Doppelbindung der Reaktion unterworfen wird. Das synthetische Potential der Hydrozirkonierung wird dadurch erweitert, daß die entstehenden Alkylzirkoniumkomplexe Reaktionen zugänglich sind, die das folgende Schema zeigt [2]:

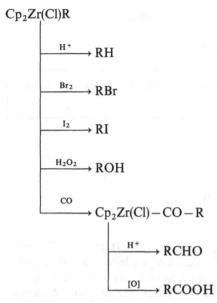

Cp$_2$Zr(Cl)R

H$^+$	RH
Br$_2$	RBr
I$_2$	RI
H$_2$O$_2$	ROH
CO	Cp$_2$Zr(Cl)$-$CO$-$R

Dabei ist vor allem die unter milden Bedingungen erfolgende Carbonylierung interessant, die zur Synthese von Aldehyden oder Carbonsäuren verwendet werden kann.

Neben Olefinen sind auch Acetylene der Hydrozirkonierung zugänglich. Je nach dem angewandten stöchiometrischen Verhältnis entstehen Vinylzirkoniumderivate

$$>C=C\diagup^{Zr(Cl)Cp_2}_{\diagdown} \quad \text{oder} \quad -CH-CH\text{-verbrückte Bis-Zirkoniumverbindungen}$$

Cp$_2$Zr(Cl)$-$CH$-$CH$-$Zr(Cl)Cp$_2$.

Die Vinylverbindungen reagieren im Unterschied zu den Alkylverbindungen mit Elektrophilen unter C$-$C-Verknüpfung. Eine C$-$C-Verknüpfung der Alkylverbindungen mit Elektrophilen R$-$X gelingt auf dem Umweg einer Transmetallierung:

$$Cp_2Zr(Cl)R + AlCl_3 \longrightarrow RAlCl_2 \xrightarrow{R'-X} R-R' \quad [3]$$

Literatur

[1] D. W. Hart u. J. Schwartz, J. Amer. Chem. Soc. **96** (1974) 8115.
[2] J. Schwartz u. J. Labinger, Angew. Chem. **88** (1976) 402.
[3] D. B. Carr u. J. Schwartz, J. Amer. Chem. Soc. **101** (1979) 3521.

9.3 Synthesen mit nickelorganischen Verbindungen

Dimerisierung von Butadien: 1,5-Cyclooctadien [1]

> Besondere Vorsicht ist beim Umgang mit Triethylaluminium geboten (s. S. 74).
> Arbeiten mit Butadien (s. S. 52).

Alle Arbeiten werden unter Schutzgas durchgeführt.

1. Katalysatorlösung

17,0 mol (4,4 g) Bis(acetylacetonato)-nickel(II) (s. S. 120) und 17,0 mmol (5,3 g) Triphenylphosphit werden in 80 cm^3 Benzen gelöst. In diese Lösung leitet man 10−20 g 1,3-
Butadien ein (durch Wägung kontrollieren!). Danach kühlt man auf 10−15 °C ab und
läßt zügig 34,6 mmol (3,9 g) Triethylaluminium (VORSICHT!) zutropfen. Nach etwa
30 Minuten entsteht eine orangerote Lösung.

2. 1,5-Cyclooctadien-Normaldrucksynthese

In einen 1000 cm^3-Dreihalskolben mit Rührer, Gaseinleitungsrohr sowie Rückflußkühler mit Blasenzähler gibt man die unter 1. beschriebene Katalysatorlösung
zusammen mit 80 cm^3 1,5-Cyclooctadien. Unter Rühren leitet man im Verlauf von
3 Stunden so schnell gereinigtes und getrocknetes Butadien ein, daß durch den die
Apparatur abschließenden Blasenzähler kein Gas mehr austritt. Man läßt dann noch
30 Minuten nachreagieren. Nach dem Abkühlen wird der Katalysator durch
vorsichtiges Eintropfen von 5 cm^3 Salzsäure/Methanol-Gemisch zerstört. Die Reaktionsmischung wird durch eine fraktionierte Normaldruckdestillation (2 m Kolonne)
aufgearbeitet.
Ausbeute, Eigenschaften; 64% bezogen auf die Gesamtmenge der erhaltenen Produkte; es entstehen als Nebenprodukte:
    4-Vinylcyclohexen (27%; **Kp.** bei 760 Torr = 129−130 °C)
    1,5,9-Cyclododecatrien (6%)
    höhere Oligomere (3%).
Farblose, unangenehm riechende Flüssigkeit, löslich in allen organischen Lösungsmitteln.

> Das bei der Reaktion verwendete Benzen wird durch Destillation gereinigt und
> wiederverwendet. Der verbleibende Destillationsrückstand, der aus nickelhaltigen
> Komponenten, Phosphitspezies und höheren Oligomeren des Butadiens besteht,
> wird mit Natronlauge stark alkalisch gemacht und anschließend mit Wasserstoff-
> peroxid vollständig oxidiert. Die entstandenen Oxide bzw. Oxidhydrate werden
> abgetrennt und zu den Oxiden verglüht. Das verbleibende wäßrige Filtrat kann
> ins Abwasser gegeben werden.

Charakterisierung

Elementaranalytische Charakterisierung erfolgt durch C,H-Verbrennungsanalyse.

Kp. 151–152 °C bei 760 Torr (101 kPa)

$n_D^{20} = 1,4936$

IR-Spektrum (Film, KBr): 3008, 2888, 1488, 1424, 1232, 1088, 1008, 800, 712, 652, 496.

Synthesevarianten

Als phosphorhaltige Katalysatorkomponenten können eine Reihe anderer Verbindungen mit guten π-Acceptoreigenschaften wie Triphenylphosphin oder Tris(2-biphenylyl)phosphit verwendet werden.

Reaktionen, Verwendung

1,5-Cyclooctadien eignet sich zur Stabilisierung von Übergangsmetallen in niederwertigen Oxidationsstufen wie z. B. für Olefin-Nickel(0)-Komplexe:
Bis(1,5-cyclooctadien)-nickel(0) (s. S. 74).

Literatur

[1] W. Brenner, P. Heimbach, H.-J. Hey, E. W. Müller u. G. Wilke, Liebigs Ann. Chem. **727** (1969) 161.

Cyclotetramerisierung von Propargylalkohol:
1,3,5,7-Tetrakis(hydroxymethyl)-cycloocta(1,3,5,7)-tetraen [1, 2]

> Wegen der Gefahr heftiger, zum Teil explosiver Zersetzung muß Propargylalkohol sehr vorsichtig unter dem Abzug im Vakuum destilliert werden.
> Alle Operationen sind unter Schutzgas durchzuführen.

$$4 \text{ HC}\equiv\text{C-CH}_2\text{-OH} \xrightarrow{\text{Kat}}$$

1,3,5,7- Tetrakis (hydroxymethyl) -
cycloocta (1,3,5,7) - tetraen

30 cm³ Propargylalkohol (Kp. 113,6 °C) werden in der Kälte über Molsieb getrocknet und anschließend mindestens zweimal im Vakuum unter Zusatz von wenigen Milligramm Bernsteinsäure destilliert. Die Vorlage wird dabei auf −60 °C gekühlt. Bei der Destillation ist darauf zu achten, daß jeweils nur bis zu ca. 80% der Gesamtmenge destilliert werden, um eine Überhitzung und damit eine exotherme Zersetzung des Rests zu vermeiden.

0,8 mmol (320 mg) Bis[glyoxal-bis(t-butylimin)]-nickel(0) (s. S. 130) werden in einem 100 cm^3-Zweihalskolben oder einem Schlenkgefäß in 40 cm^3 trockenem THF gelöst. Unter Rühren werden bei etwa 15 °C 100 mmol (5,9 cm^3) frisch destillierter Propargylalkohol innerhalb von 2 Stunden zugetropft. Die Reaktionsmischung wird noch etwa 48 Stunden bei Raumtemperatur stehengelassen. Danach hat sich eine braune ölige Schicht abgesetzt. Nach Abdestillieren des THF im Vakuum verbleiben die Produkte der Cyclooligomerisation als braunes Öl (Rohprodukt).

Ein Teil des Öls wird in einem Gemisch von Methanol und Acetonitril (1:1) gelöst. Bei −20 °C fällt nach etwa 2 Tagen 1,3,5,7-Tetrakis(hydroxymethyl)-cycloocta(1,3,5,7)-tetraen als weißes Pulver aus.

Ausbeute, Eigenschaften; nahezu 100% Cyclooligomerisierungsprodukte, bezogen auf Propargylalkohol; das Rohgemisch ist ein braunes Öl, das nicht destillierbar ist.

Das abdestillierte THF wird nach gaschromatographischer Reinheitskontrolle wiederverwendet. Oligomerenreste werden zur Verbrennung gesammelt.

Charakterisierung

H-NMR-Spektrum des Rohprodukts (CD$_3$OD): Aus dem Verhältnis der integrierten Protonensignale im Aromatenbereich (um 7,1–8 ppm) zu den integrierten Protonensignalen im Bereich olefinischer Protonen (3,8–4,2 ppm) ergibt sich das Verhältnis von Cyclotetrameren zu Cyclotrimeren:
[Tetrakis(hydroxymethyl)-cyclooctatetraene:Tris(hydroxymethyl)-benzenen zu etwa 90:10].

1,3,5,7-Tetrakis(hydroxymethyl)-cycloocta(1,3,5,7)-tetraen:
Fp. 154 °C
IR-Spektrum (KBr): 3400–3200 (v_{O-H}); keine C=C-Schwingung von Aromaten (um 1600)
H-NMR-Spektrum (CD$_3$OD): 3,95 (CH$_2$); 4,8 (−OH); 5,85 (=CH)
Massenspektrum (m/e): 224 (M$^+$), 206 (M$^+$−H$_2$O).

Synthesevarianten

Für die selektive Cyclotetramerisierung sind eine Vielzahl anderer 1,4-Diazadiennickel(0)-Komplexe, insbesondere mit sterisch aufwendigen N-Substituenten einsetzbar. Besonders wirksam ist z.B. Bis[glyoxal-bis(2,4-dimethyl-pent(3)-yl-imin)]-nickel(0), das ausschließlich Cyclooctatetraene und keine Cyclotrimeren liefert [1,2].

Anwendung

Die Cyclotetramerisierung von monosubstituierten Alkinen CH≡C−R wird durch Nickel(0)-Komplexe als Katalysatoren vermittelt. Während durch klassische organische Synthesen der Aufbau des Cyclooctatetraensystems nur sehr schwierig gelingt, eröffnet die katalytische Reaktion mit Nickel(0)-Komplexen einen sehr einfachen Weg zu diesen Verbindungen aus den vielfach leicht zugänglichen Alkinen mittels einer Einstufensynthese.

Neben Acetylen selbst, das bereits vor vierzig Jahren durch REPPE zu Cyclooctatetraen umgewandelt wurde [4], sind viele weitere Derivate dieser Reaktion zugänglich. Besonders wirksame Steuerliganden für die Cyclotetramerisierung sind 1,4-Diazadiene, während Phosphine eine Cyclotrimerisierung zu Benzenen bewirken [5].

Der Mechanismus der Cyclotetramerisierungsreaktion ist bis heute nicht endgültig geklärt. Nach WILKE vollzieht sich die Aktivierung des unsubstituierten Acetylens an zwei miteinander verbundenen Nickelzentren, zwischen denen sich sukzessive eine Kette aus 4 $-CH=CH-$Einheiten aufbaut. Deren Ablösung liefert dann Cyclooctatetraen [6,7]. Der von TOM DIECK isolierte und strukturell untersuchte Nickel-Komplex

$$(1,4\text{-Diazadien})Ni - \overset{|}{C} = C(R) - C(R) = \overset{|}{C} - Ni(1,4\text{-Diazadien}) \ [R = -CH_2OCH_3]$$

unterstützt die Vorstellung, daß sich die Alkinaktivierung unter Beteiligung zweier Nickelzentralatome vollzieht [8].

Tabelle 9.3 zeigt weitere Beispiele für Cyclotetramerisierungsreaktionen monosubstituierter Alkine von hohem Synthesewert.

Tabelle 9.3 Katalytische Cyclotetramerisierungsreaktionen monosubstituierter Alkine an 1,4-Diazadien-nickel(0)-Komplexen

Edukt Bedingungen	Hauptprodukt 1,4,5,8-Tetrakis-(*p*-tolyloxymethyl)-cyclooctatetraen	Cyclooctatetraen-1,3,6,8-tetra-carbonsäuremethyl-ester	1,3,6,8-Tetra-kis(2-methyl-2-hydroxyethyl-cyclooctatetraen
Alkin	$CH\equiv C-OR$	$CH\equiv C-COOR$	$CH\equiv C-C(CH_3)_2OH$
R	z. B. *p*-tolyl	z. B. CH_3	
mmol Alkin	0,62	1	1
mmol Katalysator	13,7	120	100
Temperatur/ Reaktionszeit	50 °C	2 h, 10 °C	2 h, 20 °C
	24 h	24 h, 20 °C	8 h, 50 °C
Lösungsmittel	10 cm³ Cyclohexan	25 cm³ Cyclohexan	50 cm³ THF
Produktverhältnis[a]	98:2	98:2	99:1
Literatur	[2]	[3]	[1-3]

[a] Cyclotetramere: Cyclotrimeren; als Katalysator wird die Verbindung Bis[glyoxalbis(2,4-dimethyl-pent(3)-yl-imin)]nickel(0) verwendet.

Ökonomische Bewertung

Zu der oben beschriebenen katalytischen Synthese von 1,3,5,7-Tetrakis(hydroxymethyl)-cycloocta(1,3,5,7)-tetraen existiert zur Zeit keine konkurrenzfähige Alternative.

Man untersuche, zu welchen Kosten das Produkt rein dargestellt werden kann, wenn 2 mol Propargylalkohol eingesetzt werden und die Ausbeute an reinem Produkt 20% beträgt.

Literatur

[1] H. tom Dieck, M. Svoboda u. J. Kopf, Z. Naturforsch. B **33** (1978) 1381.
[2] R. Diercks, L. Stamp u. H. tom Dieck, Chem. Ber. **117** (1984) 1913.
R. Diercks, Diss. Hamburg 1984.
[3] R. Diercks u. H. tom Dieck, Chem. Ber. **118** (1985) 428.
[4] W. Reppe, O. Schlichting, K. Klager u. T. Toepel, Liebigs Ann. Chem. **560** (1948) 1.
[5] W. Reppe u. W. J. Schweckendiek, Liebigs Ann. Chem. **560** (1948) 104.
[6] G. Wilke, J. Pure Appl. Chem. **50** (1978) 677.
[7] W. Geibel, G. Wilke, R. Goddard, C. Krüger u. R. Mynott, J. Organomet. Chem. **160** (1978) 139.
[8] R. Diercks, L. Stamp, J. Kopf u. H. tom Dieck, Angew. Chem. **96** (1984) 891.

9.4 Synthesen mit palladiumorganischen Verbindungen

Telomerisation von Butadien und Ammoniak:
Tri-octa-(2,7)-dienylamin [1]

> Arbeiten mit Butadien (s. S. 52). Druckreaktion!

$$NH_3 + 6 CH_2 = CH - CH = CH_2 \longrightarrow$$
$$N(CH_2CH = CH - CH_2 - CH_2 - CH_2 - CH = CH_2)_3$$

In einen 250 cm³-Stahlautoklaven werden nacheinander eingefüllt:
0,25 mmol (56 mg) Palladium(II)-acetat) s. S. 145), 1 mmol (261 mg) Triphenylphosphin, 0,092 mol Ammoniak in Form von 5 g einer 28%igen wäßrigen Lösung, sowie nach Abkühlen des Autoklaven auf −15 °C eine Mischung aus 60 cm³ Acetonitril und 0,59 mol (32 g) Butadien, zweckmäßigerweise mittels einer Fortunapipette aus einem auf −15 °C gekühltem Vorratsgefäß eingebracht (Bereitung der Mischung s. S. 52). Nach dem Verschließen des Autoklaven wird 10 Stunden auf 80 °C erhitzt. Die auf Raumtemperatur abgekühlte Lösung wird über eine Kolonne fraktioniert destilliert. Zunächst destilliert in der Kälte Butadien, das durch Kondensation bei −78 °C aufgefangen wird, dann beim Erwärmen bei Normaldruck Acetonitril (Kp. 81,5 °C), schließlich werden bei 0,025 Torr (3 Pa) und 105–107 °C etwa 1,5 g Di-octa-2,7-dienylamin aufgefangen. Tri-octa-2,7-dienylamin läßt sich dann bei 139 bis 142 °C und 0,05 Torr (6 Pa) abdestillieren.

Ausbeute, Eigenschaften: 90% Tri-octa-2,7-dienylamin und etwa 5% Diocta-2,7-dienylamin bezogen auf Ammoniak; farbloses Öl.

Butadien wird in der Kälte durch Bromierung in eine weniger giftige Form übergeführt (s. S. 53), Acetonitril kann für weitere katalytische Umsetzungen eingesetzt werden (gaschromatographische Reinheitskontrolle). Der Katalysatorrückstand wird zur Rückgewinnung des Palladiums gesammelt (s. S. 214).

Charakterisierung

Die Reinheit wird gaschromatographisch bestimmt.
H-NMR-Spektrum (CDCl₃): 1,65 (6 H, q, CH₂); 1,85–2,15 (12 H, m, CH₂ − CH =);

2,9–3,1 (6 H, d, $N-CH_2$); 4,8–5,2 (6 H, m, $CH_2=CH$); 5,5–6,1 (9 H, m, $CH=$)
Massenspektrum (m/e): 341 (M^+).

Anwendung

Die Reaktion von Ammoniak mit Butadien zu Tri-octa-2,7-dienylamin gehört zu einer allgemeinen Klasse homogen-katalytischer Reaktionen, die als Telomerisationsreaktionen bezeichnet werden. Unter diesem Reaktionstyp wird allgemein eine Di- oder Oligomerisierung von 1,3-Dienen unter gleichzeitiger Addition eines Heteroatomhaltigen Nucleophils $H-Y$ verstanden [2]:

$$2>C=\overset{|}{C}-\overset{|}{C}=C<+H-Y \longrightarrow$$

$$\overset{|}{C}=\overset{|}{C}-\overset{|}{C}-\overset{|}{C}-\overset{|}{C}-\overset{|}{C}=\overset{|}{C}-\overset{|}{C}-Y+\overset{|}{C}=\overset{|}{C}-\overset{|}{C}-\overset{|}{C}-\overset{|}{C}-\overset{|}{C}-\overset{|}{C}=\overset{|}{C}$$
$$\underset{Y}{}$$

Meist enthält das Nucleophil ein acides Wasserstoffatom, doch rechnet man auch häufig die Reaktionen von 1,3-Dienen mit heteroatomhaltigen Nucleophilen, die keinen aktiven Wasserstoff besitzen, zu den Telomerisationsreaktionen.
Die Reaktion ist sowohl hinsichtlich der eingesetzten 1,3-Diene als auch in bezug auf die Nucleophile variierbar, so daß eine große Anzahl organischer Verbindungen aus einfachen Bausteinen synthetisiert werden kann wie Tabelle 9.4 zeigt:

Tabelle 9.4 Anwendung der Telomerisation von Butadien

Nucleophil	Telomeres
Carbonsäuren	zweifach ungesättigte Ester
Alkohole	zweifach ungesättigte Ether
Wasser	zweifach ungesättigte Alkohole
primäre Amine	Diotadienylamine
sekundäre Amine	Octadienylamine

Die Reaktion wird meist durch Palladium- oder Nickelkomplexe katalysiert. Mitunter werden auch Rhodiumkomplexverbindungen als Katalysatoren eingesetzt.

Literatur

[1] T. M. Mitsuyasi, M. Hara u. J. Tsuji, Chem. Comm. **1971**, 345.
[2] H. Pracejus, „Koordinationschemische Katalyse organischer Reaktionen", S. 99; Verlag Theodor Steinkopff Dresden, 1977.

Cyclooligomerisation von Kohlendioxid und Butadien: 2-Ethyliden-6-hepten-5-olid [1]

Arbeiten mit Butadien (s. S. 52). Druckreaktion!

$$CO_2 \ + \ 2\,CH_2{=}CH{-}CH{=}CH_2 \longrightarrow$$

In einen $250\,cm^3$-Stahlautoklaven werden nacheinander eingefüllt: 0,4 mmol (0,13 g) Bis(acetylacetonato)-palladium(II), 1,25 mmol (0,35 g) Tricyclohexyl-phosphin und eine Mischung aus 86 g Acetonitril und 0,72 mol (39 g) Butadien (Herstellung der Mischung s. S. 52). Nach dem Verschließen des Autoklaven werden 1,2 mol (34,7 g) Kohlendioxid in die auf $-78\,°C$ gekühlte Lösung eingeleitet. Dann wird 15 Stunden auf $90\,°C$ unter Rühren erhitzt.

Nach beendeter Reaktion wird zunächst das überschüssige Butadien im Vakuum durch Destillation entfernt und bei $-78\,°C$ kondensiert, dann bei Normaldruck Acetonitril und schließlich das Syntheseprodukt bei $76\,°C$ und 0,01 Torr (1,3 Pa) abdestilliert. Dabei darf die Temperatur des Destillationskolbens nicht über $90\,°C$ steigen.

Ausbeute, Eigenschaften: etwa 40% bezogen auf Butadien; farbloses Öl, leicht löslich in Alkoholen und Diethylether.

Butadien wird durch Bromierung entgiftet (s. S. 53), Acetonitril wird nach nochmaliger Destillation und gaschromatographischer Reinheitskontrolle wiederverwendet. Der Rückstand wird auf Palladium aufgearbeitet (s. S. 214).

Charakterisierung

Die Reinheit wird gaschromatographisch bestimmt.
IR-Spektrum (Film): 3005, 2940, 2920, 2860, 1760 $(\nu_{C=O})$; 1680 $(\nu_{C=C})$; 1380, 1210, 1020, 980, 720
H-NMR-Spektrum (CDCl$_3$): 1,75 (3 H, d, CH$_3$); 2,0 (2 H, m, CH$-$CH$_2$$-CH_2$); 2,5 (2 H, m, CH$_2$$-$C=); 4,75 (1 H, m, CH$-$O); 5,15 (1 H, d, CH=CH$_2$, cis-H); 5,3 (1 H, d, CH$_2$=CH, trans-H); 5,78 (1 H, m, CH$-$CH=CH$_2$); 7,05 (1 H, m, C=CH$-$CH$_3$)
Massenspektrum (m/e): 152 (M$^+$, 10% Intensität), 137 (11%), 124 (75%), 96 (100%).

Anwendung

Die beschriebene Reaktion ist eines der seltenen Beispiele für eine selektive homogen-katalytische Umsetzung, bei der das reaktionsträge Kohlendioxid mit organischen

Substraten unter C—C-Verknüpfung reagiert. Im weiteren Sinne kann sie als Telomerisation bezeichnet werden (s. S. 167).
Statt Butadien kann auch ein Gemisch aus Butadien und Isopren bzw. Butadien und 1-Methylbutadien (1 : 1-Verknüpfung dieser beiden Komponenten) mit CO_2 zu analogen Lactonen reagieren. Andere ungesättigte Substrate reagieren meist viel weniger selektiv mit CO_2, wenn sie an Übergangsmetallkomplexen katalytisch zur Reaktion gebracht werden (vgl. z. B. [2]).
Die Umsetzung ist gleichzeitig ein prägnantes Beispiel dafür, wie durch Neutralliganden unterschiedlichen elektronischen und sterischen Einflusses die Selektivität einer katalytischen Reaktion gesteuert werden kann: Während basische und sterisch anspruchsvolle Phosphine, wie z. B. Tricyclohexylphosphin (s. S. 63) die Lactonbildung begünstigen, werden bei weniger basischen Phosphinen und bei Phosphinen mit kleinen Substituenten andere Produkte bevorzugt.

Literatur

[1] A. Behr, K. D. Juszak u. W. Keim, Synthesis **1983,** 574.
[2] D. Walther, E. Dinjus u. J. Sieler, Z. Chem. **23** (1983) 237.

9.5 Synthesen mit cobaltorganischen Verbindungen

Cooligomerisation von Alkinen mit Nitrilen: 2-Methyl-4,6-diphenylpyridin [1, 2]

Vorsicht beim Arbeiten mit dem giftigen Acetronitril (MAK_D: $70\,mg/m^3$) (Abzug)!

In einem $250\,cm^3$-Dreihalskolben mit Rührer und Rückflußkühler werden 4,6 mmol (1,1 g) Cobalt(II)-chlorid-6-Wasser mit 1 mol (41,0 g) Acetonitril und 0,5 mol (51,0 g) Phenylacetylen gemischt. Die Mischung versetzt man unter kräftigem Rühren mit 10,5 mmol (0,4 g), feingepulvertem Natriumborhydrid. Die anfangs blaue Cobaltsalzlösung wird grün und schließlich braun. Sobald die Lösung tiefbraun gefärbt ist, setzt unter Wärmeentwicklung die katalytische Reaktion ein. Nach dem Abklingen der exothermen Reaktion hält man noch weitere 5 Stunden bei der Rückflußtemperatur von etwa 80 °C. Nach dem Abkühlen werden zwischen 20 °C und 70 °C bei 15 Torr (2,0 kPa) Acetronitril und Phenylacetylen abdestilliert. Der verbleibende Rückstand wird bei 10^{-4} Torr $(1,3 \cdot 10^{-2}$ Pa) im Siedebereich von 170–190 °C destilliert. Man erhält ein Isomerengemisch von 2-Methyl-4,6-diphenyl-pyridin und 2-Methyl-3,6-diphenylpyridin (80:20).

Ausbeute, Eigenschaften; 54% bezogen auf umgesetztes Alkin für 2-Methyl-4,6-diphenylpyridin, 14% bezogen auf umgesetztes Alkin für 2-Methyl-3,6-diphenylpyridin; farblose Kristalle, löslich in Pyridin, Acetonitril und aromatischen Kohlenwasserstoffen.

Bei der Reaktion zurückbleibendes Acetonitril und Phenylacetylen werden durch Destillation zurückgewonnen und können für ähnliche Reaktionen wiederverwendet werden.
Der Destillationsrückstand (etwa 10 g) enthält Triphenylbenzen und Katalysatorrückstände. Durch Extraktion mit Benzen kann das Triphenylbenzen gewonnen werden. Danach wird der metallhaltige Rückstand mit Wasser versetzt und ins Abwasser gegeben.

Charakterisierung

Fp. 56 °C (Isomerengemisch)
Massenspektrum (m/e): 245 (M$^+$)
Trennung der Isomeren durch Dünnschichtchromatographie: Feste Phase: Kieselgel G 60 (Merck) Laufmittel: Benzen.

Synthesevarianten

Außer Cobalt(II)-chlorid lassen sich für derartige Synthesen andere Cobalt(II)- und Cobalt(III)-Salze wie z.B. Cobalt(II)-nitrat, Cobalt(II)-acetat, Bis(acetylacetonato)-cobalt(II) und Tris(acetylacetonato)-cobalt(III) einsetzen. Als Reduktionsmittel eignen sich Metalle der 1. bis 3. Hauptgruppe sowie deren Hydride, komplexe Hydride und metallorganische Verbindungen [1].

Anwendung

Neben den bereits bekannten übergangsmetallkatalysierten Synthesen von cyclischen Kohlenwasserstoffen aus einfachen Synthesebausteinen war es bisher kaum möglich, auch entsprechende Heterocyclensynthesen zu realisieren. Sehr viele Metallkatalysatoren werden blockiert, wenn polare Heteroatome wie Stickstoff, Sauerstoff oder Schwefel im Substrat zugegen sind.

Eine Reihe von löslichen Cobaltkatalysatoren eigne sich jedoch für die Cocyclotrimerisierung von Alkinen mit C≡N-Dreifachbindungen enthaltenden Systemen. Die gemeinsame Umsetzung von Alkinen mit Nitrilen an Cobalt-Katalysatoren liefert in homogener Phase als Hauptprodukt Pyridinderivate.

Literatur

[1] H. Bönnemann, Angew. Chem. 90 (1978) 517.
[2] H. Bönnemann, R. Brinkmann u. H. Schenkluhn, Synthesis 1974, 575.

9.6 Synthesen mit rhodiumorganischen Verbindungen

Hydrierung von Olefinen: 3-Phenylpropionsäureethylester [1]

> Druckreaktion! Explosionsgefahr beim Arbeiten mit Wasserstoff. Druckgasflaschen: Arbeitsschutzbestimmungen beachten (s. S. 6, 41).

1. $RhCl_3(H_2O)_3 + 3\,PPh_3 + C_2H_5OH \longrightarrow$

$$ClRh(PPh_3)_3 + CH_3CHO + 2\,HCl + 3\,H_2O$$

2. $Ph-CH=CHCOOC_2H_5 + H_2 \xrightarrow{(Ph_3P)_3RhCl} Ph-CH_2-CH_2-COOC_2H_5$

1. **Tris(triphenylphosphin)-rhodium(I)-chlorid** (WILKINSON-Katalysator) 0,023 mol (6,0 g) Triphenylphosphin, das aus Ethanol frisch umkristallisiert wurde, werden in einem 500 cm^3-Zweihalskolben in 170 cm^3 Ethanol durch Kochen am Rückfluß gelöst. Nach Zugabe einer heißen Lösung von 4 mmol (1,05 g) Rhodium(III)-chlorid-3-Wasser in 35 cm^3 Ethanol wird noch 30 min unter Einleiten von Schutzgas erhitzt. Danach wird auf 10 °C abgekühlt. Nach vierstündigem Stehen wird die rote kristalline Komplexverbindung filtriert, mit 20 cm^3 trockenem Ether gewaschen, im Vakuum getrocknet und unter Schutzgas aufbewahrt. (**Ausbeute:** 88% bezogen auf $RhCl_3(H_2O)_3$; **Fp.** 157–158 °C).

2. 0,2 mmol (0,185 g) $(Ph_3P)_3RhCl$ und 0,06 mol (10,6 g) frisch destillierter Zimtsäureethylester werden in einem Gemisch von 50 cm^3 Benzen und 50 cm^3 Ethanol gelöst. Nach Anlegen von Vakuum wird die Lösung mit Wasserstoff gesättigt und anschließend in einen 300 cm^3-Rührautoklaven übergeführt. Nach Spülen mit Wasserstoff wird der Autoklav verschlossen und Wasserstoff mit einem Druck von 520 kPa (5 bar) aufgepreßt. Es wird bei 60 °C 8 Stunden unter Rühren hydriert.

Nach dem Erkalten wird überschüssiger Wasserstoff vorsichtig ins Freie abgelassen, bevor der Autoklav geöffnet wird. Die Lösungsmittel werden durch Vakuumdestillation entfernt, und das entstehende braune Öl wird in 30 cm^3 Pentan aufgenommen. Nach Filtration über Kieselgur (Entfernung des Rhodiumkomplexes) kann ein Teil der Lösung direkt zur gaschromatographischen Ausbeutebestimmung verwendet werden. Die verbleibende Lösung wird fraktioniert destilliert.

Ausbeute, Eigenschaften; > 90% an 3-Phenylpropionsäureester.

> Der mit Kieselgur versetzte Katalysatorrückstand wird zur Edelmetallaufbereitung gesammelt. Die Lösungsmittel werden zur kommerziellen Verbrennung gegeben.

Charakterisierung

Der Gehalt an hydriertem Produkt wird in der Pentanlösung gaschromatographisch bestimmt. Die Reinheitskontrolle des destillierten Produktes erfolgt ebenfalls durch Gaschromatographie.

Anwendung

Die homogen-katalytische Hydrierung mit Rhodium(I)-komplexkatalysatoren läßt sich mit einer Vielzahl ungesättigter Substrate durchführen. (Olefine mit end- und mittelständigen Doppelbindungen, Cycloolefine, 1,3-Diene und Alkine) [2–4]. Die besonderen Vorteile die den hohen Preis des Edelmetalls überkompensieren, bestehen in folgendem:

C=C-Doppelbindungen können selektiv in Gegenwart heterofunktioneller Gruppen hydriert werden (NO_2-, COOR-, CO-, OH- und NR_2-Gruppen stören die Katalyse nicht).

Typische Katalysatorgifte (z. B. sulfidischer Schwefel) beeinträchtigen die katalytische Aktivität des Rhodiumkatalysators meist nicht, z. B. wird Allylmethylsulfid glatt hydriert.

Durch Einsatz chiraler Phosphine als Liganden können prochirale Olefine katalytisch an Rhodiumkomplexen zu optisch aktiven Verbindungen hydriert werden – eine Reaktion, die auch technisch bei der Synthese des Arzneimittels L-Dihydroxyphenylalanin (Dopa) durchgeführt wird.

Häufig kann die Hydrierung bereits bei Raumtemperatur und Normaldruck durchgeführt werden.

Das folgende Formelbild zeigt ausgewählte Anwendungsbeispiele:

$$Ph-CH=CH-CO-CH_3 \xrightarrow{H_2, 20°C} Ph-CH_2-CH_2-CO-CH_3 \quad \text{Lit. [5]}$$

Lit. [6]

Lit. [7]

Literatur

[1] J. A. Osborn, F. H. Jardine, J. F. Young u. G. Wilkinson, J. Chem. Soc. A **1966**, 1711
[2] W. Strohmeier, Fortschritte chem. Forsch. **25** (1972) 71.
[3] H. Pracejus, „Koordinationschemische Katalyse organischer Reaktionen", S. 22; Verlag Theodor Steinkopff Dresden, 1977.

[4] F. Zymalski in Houben Weyl, „Methoden der organischen Chemie", Bd. IV/1 c, S. 57; Georg
     Thieme Verlag Stuttgart, New York, 1980.
[5] R. E. Harmon, J. L. Parsons, D. W. Cooke, S. K. Gupta u. J. Schoolenberg, J. Org. Chem. **34**
     (1969) 3684.
[6] A. J. Birch u. K. A. M. Walker, Tetrahedron Lett. **1967**, 3457.
[7] W. Bergstein, A. Kleemann u. J. Martens, Synthesis **1981**, 76.

9.7 Synthesen mit molybdän- und wolfram-organischen Verbindungen

Olefinmetathese [1]

> Lösungen von n-Butyllithium in Benzen können sich an der Luft entzünden und sind deshalb unter Schutzgas zu handhaben.

$$2\,CH_3 - CH = CH - CH_2 - CH_3 \xrightarrow{\text{WCl}_6/n\text{-C}_4\text{H}_9\text{Li}}$$

$$CH_3 - CH_2 - CH = CH - CH_2 - CH_3 + CH_3 - CH = CH - CH_3$$

Die Synthese trägt Testcharakter zum Nachweis des Syntheseprinzips (s. Anwendung)!
In ein Schlenkgefäß gibt man unter Argon zu 5 cm^3 einer 0,04 molaren Lösung von Wolfram(VI)-chlorid (78,0 mg) (s. S. 7) in Benzen 4,5 cm^3 einer 2,25 molaren Lösung von 2-Penten (0,68 g $\cong$ 0,5 cm^3), das über Natrium getrocknet und unter Argon destilliert wurde, in n-Pentan. Diese homogene Lösung wird zum Starten der Metathesereaktion mit 10 cm^3 einer 0,04 molaren Lösung von n-Butyllithium in Benzen (s. S. 50) versetzt und 48 Stunden bei Raumtemperatur geschüttelt. Die Reaktion wird dann durch Zugabe von 1 cm^3 Isopropanol beendet.
Die Anteile der nach Abbruch der Reaktion dem Gleichgewicht entsprechend vorliegenden Olefine 2-Penten, 3-Hexen und 2-Buten werden gaschromatographisch bestimmt.

Charakterisierung

Gaschromatographisch (Chromaton N − AW − DMCS, 3% Squalan, 6% Dinonylphthalat, 3 m Glassäule $T_s = 85\,°C$).

Recycling bzw. Entsorgung können bei der geringen Ansatzgröße entfallen.

Anwendung

Die Olefinmetathese ist ein Syntheseprinzip zur Darstellung eines kurz- und eines langkettigen Olefins aus einem Olefin mittlerer Kettenlänge und wird deshalb auch als Olefindisproportionierung bezeichnet:

$$2\,R - CH = CH - R' \rightleftharpoons R - CH = CH - R + R' - CH = CH - R'$$

Katalytisch wirken Verbindungen des Molybdäns und Wolframs allein oder in Kombination mit Cokomponenten.

Untersuchungen zum Ablauf der Reaktion belegen die Annahme, daß zunächst ein Metallcarben und dann ein Metallcyclobutan als Zwischenstände gebildet werden, wobei im weiteren Verlauf die Bindungen des Metallcyclobutans konträr zur Knüpfung gespalten werden, z. B.:

$$mo = CH_2 + \underset{R}{\overset{R'}{>}}C = C\underset{\diagdown}{\overset{R}{<}} \longrightarrow \overset{R'}{>}\underset{|}{C} - \underset{|}{C}\overset{R}{<} \longrightarrow$$
$$mo - CH_2 \qquad \underset{>}{\overset{R'}{>}}C = mo + \overset{R}{>}C = CH_2$$

Die oben beschriebene Synthese ist eine unter den Bedingungen eines Praktikums gut reproduzierbare Reaktion mit Testcharakter, die den qualitativen Nachweis der gebildeten Olefine, jedoch nicht ihre präparative Isolierung erlaubt.

Wirksame Katalysatoren zur Umwandlung von 2-Penten in 2-Buten und 3-Hexen in homogener Phase sind $MoCl_5$ und WCl_6 in Kombination mit $EtAlCl_2$ [2]. Olefine mit endständiger Doppelbindung disproportionieren in Gegenwart von Katalysatoren des Typs $L_2Mo(NO)_2Cl_2/R_2AlCl$ in Benzen oder Chlorbenzen zu Ethylen und langkettigen Olefinen [3]. Umgekehrt sind Molybdännitrosylkomplexverbindungen in der Lage, Ethylen und Olefine unter Ethylenspaltung zu komproportionieren; diese Reaktion ist für die Synthese von α,ω-Dienen aus cyclischen Olefinen und Ethylen interessant [4]. Die Entwicklung der Metathesereaktion hat zu ihrer technischen Anwendung bei der Umwandlung von Propylen in Ethylen und Butylen als Verfahrensschritt der petrolchemischen Aufarbeitung geführt [5].

Literatur

[1] J. W. Wang u. H. R. Menapace, J. Org. Chem. 33 (1968) 3794.
[2] N. Calderon, H. Y. Chen u. K. W. Scott, Tetrahedron Lett. 1967, 3327.
[3] E. A. Zuech, D. H. Kubicek u. E. T. Kittlemann, J. Amer. Chem. Soc. 92 (1970) 528.
[4] W. B. Hughes, J. Amer. Chem. Soc. 92 (1970) 532.
[5] R. L. Banks, Fortschr. Chem. Forsch. 25 (1972) 39.

Carbonylolefinierung: *o*-Hydroxystyren [1]

Arbeiten mit Lithiummethyl (s. S. 50 und 66).

1. $MoCl_5 \xrightarrow{\text{THF}} MoOCl_3(THF)_2$

2. $MoOCl_3(THF)_2 + 2 CH_3Li \longrightarrow$
$Cl - \underset{\overset{\|}{O}}{Mo} = CH_2 (\text{Reagens}) + CH_4 + 2 LiCl + 2 THF$

3. $HO - C_6H_4 - CHO \xrightarrow{\text{Reagens}} HO - C_6H_4 - CH = CH_2$

1. In einem Schlenkgefäß mit Rührer und Hahnschliff werden 5 mmol (1,37 g) Molybdän(V)-chlorid (s. S. 6) in 50 cm³ wasserfreiem THF bei Raumtemperatur gelöst. Im Verlauf von 2 Stunden bildet sich in der Lösung $MoOCl_3(THF)_2$.

2., 3. Danach wird die Lösung auf $-70\,°C$ gekühlt und unter Rühren mit 10 mmol Methyllithium als ca. 1–1,5 molare Lösung in Diethylether im Verlauf von einer Stunde versetzt. Die Reaktionslösung versetzt man danach in der Kälte mit 2,5 mmol (0,30 g) Salicylaldehyd und erwärmt sie innerhalb von 12 Stunden auf Raumtemperatur. Dann wird mit 20 cm³ Wasser hydrolysiert und mit Natriumhydrogencarbonat neutralisiert. Zur Sammlung organischen Produkts wird die wäßrige Phase zweimal mit 20 cm³ Hexan extrahiert, die vereinigten organischen Phasen werden mit einer Lösung von 2 g $K_4[Fe(CN)_6]$ in 20 cm³ Wasser zur Bildung eines wasserlöslichen Molybdänkomplexes versetzt.

Die organische Phase wird zweimal mit Wasser gewaschen und die nun fast farblose Lösung über Natriumsulfat getrocknet. Unter Zusatz von etwas Kieselgel 100 wird am Rotationsverdampfer das Lösungsmittel quantitativ im Vakuum entfernt und das beladene Kieselgel auf eine trocken gepackte solche Säule (20 × 2,5 cm) gegeben.

Mit Chloroform wird das Alken über die Säule abgetrennt und aus diesem isoliert.

Ausbeute, Eigenschaften; 68%; farblose organische Substanz.

Das Lösungsmittelgemisch, das am Rotationsverdampfer erhalten wird, muß als solches zur Verbrennung deponiert werden.

Das Chloroform von der Säule kann nach Destillation und Reinheitskontrolle wiederverwendet werden.

Charakterisierung

IR-Spektrum (CS_2): 3350, 3086, 1634, 1499, 990, 909, 775, 696
H-NMR-Spektrum (CCl_4): 3,2 (2 H, d, $=CH_2$); 4,2 (1 H, d, CH); 6,4 (1 H, m, OH); 7,2 (4 H, m, arom. H)
Massenspektrum (m/e): 120 (M^+); 102.

Tabelle 9.5 Anwendung der Carbonylolefinierung

Carbonylverbindung	Lösungsmittel	T [°C]	Ausbeute [%] an Alken
Ph−CHO	THF/EtOH	−70	90
Ph−CHO	THF/H₂O	0	50
4-CH₃−O−C₆H₄−CHO	THF/EtOH	−70	92
4-CH₃−O−C₆H₄−CHO	THF/EtOH/H₂O	−70	83
C₆H₁₃−CHO	THF/EtOH	−70	23
4-CH₃−O−C₆H₄−CHO + Ph−CO−CH₃	THF/EtOH	−70	62:1

Anwendung

Die Carbonylolefinierung mit molybdänorganischen Verbindungen erfolgt bevorzugt an Aldehydfunktionen und erzeugt aus diesen um ein Kohlenstoffatom reichere Alkene. In dieser Zielstellung ist sie mit der WITTIG-Reaktion vergleichbar.

Die Darstellung von o-Hydroxystyren aus Salicylaldehyd ist ein Beispiel für die Möglichkeit, mit dem angeführten und ähnlichen Reagenzien hydrophile Substrate zu olefinieren bzw. in protischen Medien zu arbeiten.
Folgende Substrate können mit dem Reagens „Cl(O)Mo = CH$_2$" in Gegenwart protischer Zusätze olefiniert werden [1] (s. Tabelle 9.5).

Literatur

[1] Th. Kauffmann, P. Fiegenbaum u. R. Wieschollek, Angew. Chem. **96** (1984) 500.

9.8 Synthesen mit kupferorganischen Verbindungen

Kreuzkopplung mit Kupferalkylen: Ethylbenzen [1]

> Vorsicht beim Umgang mit der Methylchlorid-Druckgasflasche! Arbeiten mit Lithiummethyl (s. S. 50 und 66).

1. $CH_3Cl + 2 Li \longrightarrow CH_3Li + LiCl$
2. $CuI + 2 LiCH_3 \longrightarrow Li[Cu(CH_3)_2] + LiI$
3. $C_6H_5 - CH_2 - Cl \xrightarrow{Li[Cu(CH_3)_2]} C_6H_5 - CH_2 - CH_3$

1. Die Darstellung der Methyllithiumlösung in Ether erfolgt nach der unter n-Butyllithium angegebenen Vorschrift (s. S. 51).
2. [2] Die benötigte Lithiumdimethylcuprat(I)-Lösung in Ether erhält man durch Reaktion einer etherischen Kupfer(I)-iodid-Lösung mit einer etherischen Lithiummethyl-Lösung im molaren Verhältnis 1:2 bei Raumtemperatur unter Schutzgas. Die so erhaltene Lösung wird für die folgende Reaktion eingesetzt.
3. [1] Unter Schutzgas werden 0,1 mol (12,6 g) Benzylchlorid in wasserfreiem Diethylether gelöst, und diese Lösung wird in eine auf 0° gekühlte Lösung von 0,5 mol Lithiumdimethylcuprat(I) getropft. Das Gemisch wird eine Stunde lang gerührt und anschließend mit ca. 1 cm^3 Methanol versetzt, um die Reaktion zu stoppen. Dann wird das Gemisch auf Zimmertemperatur erwärmt und in das Doppelte seines Volumens einer wäßrigen NH$_4$Cl-Lösung gegossen. Die beiden Phasen werden getrennt, die etherische Phase wird mit Magnesiumsulfat getrocknet und das Lösungsmittel abgedampft. Das zurückbleibende Ethylbenzen wird durch Destillation gereinigt.
Ausbeute; 80% bezogen auf eingesetztes Benzylchlorid.

Das abdestillierte Lösungsmittel kann wiederverwendet werden.

Charakterisierung

Kp. 136 °C.

Anwendung

C−C-Kreuzkopplungen sind auf zahlreiche weitere Substrate übertragbar [3]. Bemerkenswert ist dabei, daß sich neben Alkylhalogeniden ebenfalls ungesättigte (Alkenyl- und Alkinhalogenide) bzw. auch aromatische Halogenide umsetzen.

Literatur

[1] G. H. Posner u. D. J. Brunelle, Tetrahedron Lett. **1972**, 293.
[2] G. H. Posner u. C. E. Whitten, Tetrahedron Lett. **1970**, 4647.
[3] G. H. Posner, Organic Reactions **22** (1974) 257.

10 Aktive Metalle

Aktives Magnesium [1]

> Alle Operationen unter Schutzgas! Arbeiten mit Natrium (s. S. 62).

$$MgBr_2 + 2\,Na \xrightarrow{\text{Naphthalen}} Mg + 2\,NaBr$$

0,05 mol (1,20 g) blankes Natrium und 0,05 mol (6,4 g) Naphthalen in 40 cm³ THF werden in einem Schlenkgefäß bei Raumtemperatur 5 Stunden geschüttelt. Die tiefgrüne Lösung wird über Kieselgur in ein Schlenkgefäß filtriert, das 0,025 mol (4,6 g) wasserfreies Magnesiumbromid enthält. Nach etwa vierstündigem Schütteln hat sich das Magnesium in fein verteilter Form abgeschieden. Es wird filtriert, mit wenig THF gewaschen und kurz im Ölpumpenvakuum getrocknet.

Ausbeute, Eigenschaften; quantitativ; graues, sehr reaktionsfähiges Pulver.

Die Mutterlauge kann für neue Ansätze mit Natrium/Naphthalen verwendet werden, oder sie wird nach Zugabe von wenigen Tropfen Wasser zur Vernichtung gesammelt.

Charakterisierung

Zur Bestimmung des Metallgehaltes wird ein geringer Teil in verdünnter Salzsäure gelöst und komplexometrisch titriert.

Synthesevarianten

Anstelle von Magnesiumbromid läßt sich auch das Chlorid einsetzen, als Reduktionsmittel kann auch Kalium fungieren. Auch die Verwendung katalytischer Mengen Naphthalen ist möglich, dabei sind längere Reaktionszeiten in Kauf zu nehmen [2–4]. Durch thermische Zersetzung von Magnesiumhydrid ist ebenfalls ein sehr aktives Magnesium herstellbar [6], desgleichen durch Metallatomverdampfung [7].

Reaktionen, Verwendung

Aktives Magnesium kann zur Herstellung von Grignard-Verbindungen unter sehr milden Bedingungen verwendet werden. Es reagieren auch solche Alkyl- oder Arylhalogenide, die mit Magnesiumspänen (nach GRIGNARD) nicht zur Reaktion zu bringen sind (Übersicht s. Ref. [5]).

Ökonomische Bewertung

Aktives Magnesium Mg* läßt sich z.B. aus von Mg (nach GRIGNARD) und Dichlorethan (Variante 1) aus $MgCl_2(H_2O)_6$ und $SOCl_2$ (Variante 2), oder aus Magnesiumgrieß und Wasserstoff (Variante 3) herstellen (s. S. 40). Im folgenden Schema sind die wesentlichen Teilprozesse verdeutlicht. Man beurteile Relationen zwischen diesen Varianten nach folgenden Kriterien: Relativer Aufwand für

Chemikalien
Apparative Ausstattung
Arbeitszeit
Recycling und Entsorgung
Maßstabsvergrößerung (0,2 mol → 20 mol).

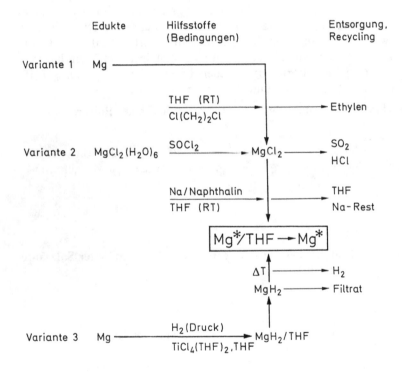

Literatur

[1] R. T. Arnold u. S. T. Kulenovic, Synth. Commun. **7** (1977) 223.
[2] R. D. Rieke u. P. M. Hudnall, J. Amer. Chem. Soc. **94** (1972) 7178.
[3] R. D. Rieke u. S. E. Bales, J. Chem. Soc. Chem. Comm. **1973**, 879.
[4] R. D. Rieke u. S. E. Bales, J. Amer. Chem. Soc. **96** (1974) 1775.
[5] Y.-H. Lai, Synthesis **1981**, 585.
[6] B. Bogdanovič, Angew. Chem. **97** (1985) 253.
[7] K. J. Klabunde, H. F. Efner, H. Satek u. W. Donley, J. Organomet. Chem. **71** (1974) 309.

Aktives Palladium [1]

Alle Operationen sind unter Schutzgas durchzuführen! Wegen der Reaktivität des Lithiums gegenüber Stickstoff ist Argon zu empfehlen! Arbeiten mit Lithium (s. S. 50).

$$PdCl_2 + 2\,Li \xrightarrow{\quad \text{Naphthalen} \quad} Pd + 2\,LiCl$$

In ein Schlenkgefäß oder einen $50\,cm^3$-Zweihalskolben werden nacheinander eingefüllt: 0,01 mol (1,8 g) Palladium(II)-chlorid, 1,5 mmol (0,19 g) Naphthalen und 0,023 mol (0,16 g) frisch geschnittenes, feinverteiltes Lithium. Nach der Zugabe von $20\,cm^3$ wasserfreien Dimethylglykolethers wird die Mischung bei Raumtemperatur geschüttelt oder magnetisch gerührt. Nach ca. 4 Stunden hat sich eine schwarze Masse an aktivem Palladium gebildet, während nur noch wenig Lithium vorhanden ist. Die Reaktion ist nach etwa 30 Stunden vollständig abgelaufen. Danach wird die leicht grüne Dimethylglykoletherlösung vom Palladium vorsichtig abpipettiert. Zugabe von $10\,cm^3$ frischem Dimethylglykolether, Durchmischen und erneutes Abpipettieren vom abgesetzten Palladium erlaubt die vollständige Entfernung von Naphthalenresten. Diese Operation wird noch einmal wiederholt. Danach ist das aktive Palladium für die weitere Verwendung genügend rein. Soll das Metall völlig frei von Lösungsmittelresten gewonnen werden, dann kann durch eine G4-Fritte filtriert, mit wenig Diethylether gewaschen und im Vakuum getrocknet werden. Das Metall ist ständig unter Schutzgas aufzubewahren.

Mitunter werden die Lithiumschnitzel durch abgesetztes Metall inaktiviert. In diesen Fällen muß mit einem gebogenen Spatel durch Reiben an der Gefäßwand das Metall mechanisch entfernt werden, so daß sich eine frische Lithiumoberfläche bildet.

Ausbeute, Eigenschaften; praktisch quantitativ, bezogen auf Palladium(II)-chlorid; schwarze Masse, nicht selbstentzündlich an der Luft.

Dimethylglykolether kann für weitere Metallreduktionen eingesetzt werden. Soll das nicht erfolgen, sind die Reste zur Verbrennung zu sammeln.

Synthesevarianten

Die Reduktion kann, allerdings mit längeren Reaktionszeiten, auch in THF als Lösungsmittel erfolgen [1].

Reaktionen

Aktives Palladium kann – wie viele andere aktive Metalle – zur Synthese von Organometallverbindungen verwendet werden, wenn es mit Arylhalogeniden umgesetzt wird [1]:

Phenyl-(2,2′-bipyridin)-palladium(II)-iodid entsteht bei der Reaktion von aktivem Palladium mit 2,2′-Bipyridin und Iodbenzen unter Schutzgas:

$$Pd + bipy + C_6H_5I \xrightarrow{\hspace{2cm}} (bipy)Pd(C_6H_5)I$$

0,01 mol (1,06 g) aktives Palladium werden mit 0,01 mol (1,56 g) 2,2'-Bipyridin und 0,01 mol (2,04 g) Iodbenzen versetzt. Die Mischung wird bei 70 °C für 20 Stunden gerührt, danach wird alles Flüchtige im Vakuum entfernt. Nach Zugabe von etwa 40 cm³ Methylenchlorid wird geschüttelt und über Kieselgur filtriert. Das Filtrat wird im Vakuum zur Trockne eingeengt und zur Entfernung von freiem 2,2'-Bipyridin mit *n*-Hexan versetzt. Nach erneuter Filtration wird das Präparat aus Methylenchlorid umkristallisiert (**Ausbeute:** 17% bezogen auf Palladium; orangefarbene Kristalle, **Fp.** 244–247 °C).

Analoge Synthesen

Nach analoger Verfahrensweise wie für die Synthese des aktiven Palladiums beschrieben, werden folgende andere aktive Metalle hergestellt [1]:

Aktives Eisen [1]

$$FeCl_2 + 2 Li \longrightarrow Fe + 2 LiCl$$

Aus 0,01 mol (1,27 g) wasserfreiem Eisen(II)-chlorid entsteht bei der Reduktion mit 0,023 mol (0,16 g) frisch geschnittenem Lithium in 18 cm³ Dimethylglykolether, der noch 1,5 mmol (0,19 g) Naphthalen enthält, das aktive Metall als schwarze, im festen Zustand mitunter pyrophore Masse.

Aktives Nickel [1]

$$NiBr_2 + 2 Li \longrightarrow Ni + 2 LiCl$$

Aus 0,01 mol (2,2 g) wasserfreiem Nickel(II)-bromid, 0,023 mol (0,16 g) Lithium, 1,5 mmol (0,19 g) Naphthalen in 18 cm³ Dimethylglykolether entsteht das aktive Metall in praktisch quantitativer Ausbeute als schwarzgraue Masse (nicht pyrophor).

Aktives Cobalt [1]

$$CoCl_2 + 2 Li \longrightarrow Co + 2 LiCl$$

In 18 cm³ Dimethylglykolether werden 0,01 mol (1,3 g) wasserfreies Cobalt(II)-chlorid mit 0,01 mol (0,16 g) frisch geschnittenem Lithium in Gegenwart von 1,5 mmol (0,19 g) Naphthalen innerhalb von 20 Stunden in praktisch quantitativer Ausbeute zu aktivem Cobalt reduziert, das als schwarze Masse anfällt.

Literatur

[1] A. V. Kavaliunas, A. Taylor u. R. D. Rieke, Organometallics **2** (1983) 377.

11 Festkörperreaktionen und Reaktionen in Schmelzen

Allgemeines

Die in diesem Abschnitt vorgestellten Präparate unterscheiden sich von der Mehrzahl der vorangegangenen vor allem dadurch, daß die Reaktionen innerhalb eines Festkörpers oder an seiner Oberfläche ablaufen.

Vergleicht man festkörperchemische Umsetzungen mit den Reaktionen der Molekülchemie, so treten mehrere Besonderheiten hervor:

Die unmittelbare Umsetzung der Ausgangsstoffe zum festen Endprodukt wird im wesentlichen durch die Diffusionsgesetze und die Möglichkeiten für Platzwechselvorgänge im Kristallgitter des Festkörpers bestimmt.

Die Diffusions- und Platzwechselvorgänge verlaufen dabei relativ langsam (die Diffusionskonstanten bei festen Stoffen sind um Größenordnungen kleiner als bei Umsetzungen in flüssiger oder gasförmiger Phase).

Bei Einsatz pulverförmiger Reaktanden ergeben sich in Abhängigkeit vom Kerndurchmesser der Pulver für die zu transportierenden Gitterbausteine große Diffusionswege.

Um eine hohe Beweglichkeit aller Gitterbausteine zu erreichen, sind für festkörperchemische Reaktionen hohe Temperaturen, das Auftreten von Fehlstellen, die Begünstigung der Oberflächendiffusion sowie der chemische Massetransport von entscheidender Bedeutung. Dabei spielen Platzwechselmechanismen, die über Fehlordnungszentren verlaufen, eine besondere Rolle, da aus energetischer Sicht direkte Platzaustauschvorgänge benachbarter Gitterbausteine relativ unwahrscheinlich sind.

Der Stofftransport kann bei festkörperchemischen Synthesen prinzipiell durch Volumendiffusion, Oberflächendiffusion sowie chemischen Transport über die Gasphase erfolgen.

Feststoffreaktionen sind auf Grund der für die Diffusions- und Platzwechselvorgänge notwendigen hohen Temperaturen vorwiegend bei Umwandlungen anorganischer Stoffe von Bedeutung.

Schmelzreaktionen sind solche, bei denen die Reaktanden bzw. die schon gebildeten Reaktionsprodukte eine bestimmte Zeit lang im schmelzflüssigen Zustand am Reaktionsgeschehen teilnehmen.

Bei Schmelzreaktionen werden in der Regel verschiedene Stadien durchlaufen. So treten beim Aufheizen des Gemenges (Gemisches) Zersetzungsreaktionen unter Freisetzung von Gasen, festkörperchemische Umsetzungen, Phasenwandlungen, Sintervorgänge oder erste schmelzflüssige Phasen auf. Die dabei auftretenden Lösungsvorgänge führen zur Ausbildung der Schmelzen.

Die Geschwindigkeit, mit der diese Vorgänge ablaufen, ist neben der Gemengezusammensetzung von der Korngröße der Rohstoffe, der Temperatur sowie dem Wassergehalt bzw. bei Glasschmelzen dem Scherbengehalt abhängig.
Die Schmelzen sind zunächst häufig noch nicht homogen; sie enthalten auch Blasen und müssen deshalb gerührt bzw. eine längere Zeit bei hoher Temperatur gehalten werden. Während bei Schmelzreaktionen, die zu kristallinen Produkten führen, ein langsames Abkühlen der Schmelzen ausreicht, muß bei Glassynthesen teilweise ein Abschrecken der Proben erfolgen. Um thermische Eigenspannungen zu vermeiden, die durch zu rasche oder fehlerhafte Kühlung in Gläsern entstehen, wird häufig noch eine Temperaturnachbehandlung angeschlossen, indem das Glas durch Erhöhung der Temperatur entspannt und anschließend langsam gekühlt wird.

11.1 Festkörperreaktionen

Titan(II)-oxid [1]

> Vorsicht beim Evakuieren und Zerschlagen des Reaktionsgefäßes! Schutzbrille tragen!

$TiO_2 + Ti \longrightarrow 2\,TiO$
für $\quad TiO_2 : Ti = 1{,}1 : 1{,}0 \longrightarrow TiO_{1{,}050} \quad$ und
für $\quad TiO_2 : Ti = 1{,}0 : 1{,}1 \longrightarrow TiO_{0{,}955}$

In einer Schwingmühle werden 100 mmol (8,0 g) Titan(IV)-oxid und 100 mmol (4,8 g) Titanpulver (Molverhältnis 1:1) so lange miteinander vermischt, bis ein homogenes Pulver vorliegt. Dieses wird in ein Kieselglasrohr eingebracht, welches anschließend evakuiert und abgeschmolzen wird. Das Gemisch wird in einem elektrisch beheizten Ofen auf 1200 °C erhitzt. Nach einer Stunde Reaktionszeit wird das Rohr aus dem Ofen gezogen und nach dem Abkühlen zerschlagen. Das Titanoxid wird im Mörser fein gepulvert. Unter analogen Bedingungen werden 110 mmol (8,8 g) TiO_2 und 100 mmol (4,8 g) Titanpulver (Molverhältnis 1,1:1,0) sowie 100 mmol (8,0 g) TiO_2 und 110 mmol (5,3 g) Titanpulver (Molverhältnis 1,0:1,1) umgesetzt.

Ausbeute, Eigenschaften; 88% TiO_x bezogen auf 8,0 g TiO_2 (1:1-Ansatz); goldgelbes Pulver, löslich in verdünnter Salzsäure bzw. Schwefelsäure, nicht bzw. kaum löslich in konzentrierten Säuren.

Charakterisierung

Die Bestimmung der analytischen Zusammensetzung (Wert für x) wird durch Erhitzen einer genau abgewogenen Probenmenge an Luft auf 900 °C vorgenommen. Dabei erfolgt die vollständige Umwandlung des TiO_x in TiO_2:

$$TiO_x + (1 - x/2)O_2 \longrightarrow TiO_2$$

x läßt sich aus der Masse des eingewogenen TiO_x und des nach der Oxidation vorliegenden TiO_2 berechnen.

Fp. 1753 °C [2]

Dichte (pyknometrisch, 25 °C): 4,9 $\mathrm{gcm^{-3}}$ [3]

Röntgenstrukturanalyse für $TiO_{1,0}$ (Röntgenpulveraufnahme nach Diffraktometer-bzw. DEBEY-SCHERRER-Verfahren, d-Werte [pm] mit relativer Intensität [%]):
240,7 (45); 208,5 (100); 147,5 (50); 125,9 (14); 120,5 (12); 93,4 (14); 85,3 (14) [1]
Bei anderen Sauerstoffgehalten ($x \neq 0$) treten systematische Verschiebungen dieser Reflexe auf [1].

Reaktionen, Verwendung

Beim Auflösen von TiO_x in verdünnter Salzsäure bzw. verdünnter Schwefelsäure erfolgt teilweise Oxidation entsprechend

$$Ti^{2+} + H^+ \longrightarrow Ti^{3+} + 0,5\,H_2 \quad [2]$$

Titan(II)-oxid wird zur Herstellung von goldglänzenden, stark reflektierenden Oberflächenschichten auf Glas, Papier und Kunststoffolien (Aufdampfverfahren) verwendet.

Analoge Synthesen

FeO: aus Fe_2O_3 und Ferrum reductum, 70 h bei 930 °C [4–6]
NbO: aus NbO_2 und Niobpulver, 20 min bei 1630 °C [7–9]
VO: aus V_2O_3 und Vanadiumpulver, 24 h bei 1330 °C, 1 h bei 1630 °C [10]
ReO$_2$: aus Re_2O_7 und Rheniummetall, 24 h bei 350 °C und 24 h bei 650 °C [11]
MoO$_2$: aus MoO_3 und Molybdänpulver, 40 h bei 750 °C [12]
WO$_2$: aus WO_3 und Wolframmetall, 40 h bei 950 °C [12].

Literatur

[1] G. J. McCarthy, J. Chem. Educ. **49** (1972) 209.
[2] W. Dawihl u. K. Schröter, Z. Anorg. Allg. Chem. **233** (1937) 178.
[3] P. Ehrlich, Z. Elektrochem. **45** (1939) 362.
[4] R. W. Blue u. H. H. Claassen, J. Amer. Chem. Soc. **71** (1949) 3839.
[5] J. P. Coughlin, E. G. King u. K. R. Bonnickson, J. Amer. Chem. Soc. **73** (1951) 3891.
[6] L. Wöhler u. R. Günther, Z. Elektrochem. **29** (1923) 281.
[7] G. Grube, O. Kubaschewski u. K. Zwiauer, Z. Elektrochem. **45** (1939) 885.
[8] D. Kubaschewski, Z. Elektrochem. **46** (1940) 284.
[9] G. Brauer, Z. Anorg. Allg. Chem. **248** (1941) 1.
[10] G. Brauer, Handbuch der Präp. Anorg. Chemie, Bd. 2, S. 1364; F. Enke Verl. Stuttgart, 1978.
[11] W. Biltz, Z. Anorg. Allg. Chem. **214** (1933) 227.
[12] A. Magneli, G. Andersson, B. Blomberg u. L. Kihlborg, Anal. Chem. **24** (1952) 1998.

Zink-Chrom(III)-oxid, Zinkchromit [1–3]

Arbeiten mit Chromverbindungen (s. S. 23).

1. $2\,KCl + ZnCl_2 \longrightarrow K_2ZnCl_4$
2a. $2\,CrO_3 + Li_2CO_3 \longrightarrow Li_2Cr_2O_7 + CO_2$
2b. $Li_2Cr_2O_7 \longrightarrow 2\,LiCrO_2 + 1,5\,O_2$
3. $K_2ZnCl_4 + 2\,LiCrO_2 \longrightarrow ZnCr_2O_4 + 2\,LiCl + 2\,KCl$

Die direkte Synthese der Verbindungen vom Typ der Spinelle $M^{II}Cr_2O_4$ (M = Zn, Mg, Mn, Fe, Cu, Co u. Ni) aus Cr_2O_3 und einem Metall(II)-oxid verläuft nur bei sehr hohen Temperaturen und zudem mit geringer Geschwindigkeit. Zweckmäßiger ist die im folgenden beschriebene Methode der Darstellung durch doppelte Umsetzung von Lithium-Chrom(III)-oxid mit geschmolzenen Doppelchloriden, in denen die zweiwertigen Metalle enthalten sind.

1. Darstellung von K_2ZnCl_4 (s. S. 107) [1].

2. $LiCrO_2$ [2] 200 mmol (20,0 g) CrO_3 werden in einem 1000 cm³-Becherglas in 500 cm³ Wasser gelöst. Dazu werden 100 mmol (7,4 g) Li_2CO_3 gegeben. Die Zersetzung des orangefarbenen $Li_2Cr_2O_7$ zu $LiCrO_2$, die unter Sauerstoffabgabe verläuft, erfolgt durch einstündiges Erhitzen auf 300 °C.

3. 30 mmol (8,6 g) K_2ZnCl_4 werden unter weitgehendem Ausschluß von Feuchtigkeit in einem Achatmörser innig mit 30 mmol (2,7 g) $LiCrO_2$ vermischt (Überschuß an K_2ZnCl_4). In einem Platintiegel wird die Reaktionsmischung unter Schutzgas auf 600 °C erhitzt. Nach 24 Stunden wird die Mischung abgekühlt und das feste Produkt mit Wasser gewaschen, um den Überschuß an Doppelchlorid und gebildetes Alkalisalz zu entfernen. Nach der Filtration erfolgt die Trocknung des $ZnCr_2O_4$ bei 210 °C.

Ausbeute, Eigenschaften; 60% bei Einsatz von 2,7 g $LiCrO_2$; unter dem Mikroskop glänzende, schwarzgrüne, regelmäßige Oktaeder, unlöslich in Säuren, durch Schmelzen mit KOH und KNO_3 im Platintiegel aufzuschließen.

Charakterisierung

Der Metallgehalt wird nach Aufschluß mit $KHSO_4$ bestimmt.
Lithium gravimetrisch als Li_2SO_4 [4] bzw. als $2 Li_2O \cdot 5 Al_2O_3$ [5]
Chrom gravimetrisch als Cr_2O_3 [6]
Dichte (pyknometrisch, 20 °C): 5,3 gcm^{-3}
Röntgenstrukturanalyse für $ZnCr_2O_4$ (Röntgenpulveraufnahme nach Diffraktometer- bzw. DEBEY-SCHERRER-Verfahren, d-Werte [pm] mit relativer Intensität [%]:
480,6 (20); 294,3 (75); 251,0 (100); 240,3 (10); 208,1 (75); 169,9 (10); 160,2 (75); 147,1 (75) [1].
Spinellbildungsgeschwindigkeit: Die Bestimmung der Geschwindigkeit der Spinellbildung erfolgt in der Weise, daß der Versuch im 5-Stunden-Intervall unterbrochen wird. Es wird jeweils komplexometrisch die Bestimmung des Anteiles an wasserlöslichem Zink im Reaktionsprodukt vorgenommen und daraus der Umsetzungsgrad ermittelt.

Synthesevarianten

Spinelle können auch nach folgenden Varianten dargestellt werden:
- kontrollierte Reduktion von Dichromaten $M^{II}Cr_2O_7$ [3]
- Reaktion von Cr_2WO_6 mit dem geschmolzenen Fluorid eines zweiwertigen Metalls [7]
- Pyrolyse von Komplexverbindungen [8]
- Trocknen und Pulverisieren von Schlamm, der Cr_2O_3 und das Salz eines zweiwertigen Metalls enthält [9].

Reaktionen, Verwendung

Beim mehrtägigen Erhitzen von $ZnCr_2O_4$ im trockenen H_2S-Strom bei 500 °C erfolgt quantitative Bildung von $ZnCr_2S_4$ [10].
Verwendung als Katalysator für die Verbrennung von Wasserstoff oder Methan [11].

Analoge Synthesen

$CoCr_2O_4$, $NiCr_2O_4$, $MgCr_2O_4$, $MnCr_2O_4$ [1].

Literatur

[1] B. Durand u. J. M. Paris, Inorg. Synth. **20** (1980) 50.
[2] L. Schulerud, J. Prakt. Chem. **19** (1878) 39.
[3] E. Whipple u. A. Wold, J. Inorg. Nucl. Chem. **24** (1962) 23.
[4] L. W. Winkler, Z. analyt. Chem. **52** (1913) 628.
[5] H. Grothe u. W. Savelsberg, Z. Analyt. Chem. **110** (1937) 81.
[6] G.-O. Müller, „Lehrbuch der Angew. Chemie", Bd. 3, S. 401; S. Hirzel Verlag Leipzig, 1978.
[7] W. Kunnmann, Inorg. Synth. **14** (1973) 134.
[8] E. Vallet, Thesis, Lyon **445** (1967) 78, zit. nach [1].
[9] H. E. Mannig, U.S. Pat. 4 056 490 (1977).
[10] E. Hertel u. H. v. Holt, Z. phys. Chem. B **28** (1935) 393.
[11] E. G. Schlosser, „Heterogene Katalyse", S. 70; Verlag Chemie Weinheim, 1972.

Molybdän(II)-chlorid [1]

> Arbeiten mit Chlor (s. S. 6).

$$12\,MoCl_5 + 18\,Mo \longrightarrow 5\,[Mo_6Cl_8]Cl_4$$

Ein Kieselglasrohr von ca. 120 cm Länge und 2,5 bis 3 cm Durchmesser, beidseitig mit einem Hahnschliff versehen, wird unter Schutzgasatmosphäre auf fast der ganzen Länge gleichmäßig mit einem innigen Gemisch aus 37 mmol (10,0 g) $MoCl_5$ (s. S. 6) und 310 mmol (30,0 g) Molybdänpulver gefüllt. Um eine Verteilung des Reaktionsgemisches in die Rohrenden zu vermeiden, wird beidseitig ca. 15 cm von den Hahnschliffen entfernt ein Pfropfen aus Glaswolle im Rohr angebracht. Wegen der Hydrolyseempfindlichkeit des Molybdän(V)-chlorids ist bei allen Operationen auf Feuchtigkeitsausschluß zu achten.

Nunmehr wird über die Reaktionsmischung ein langsamer Strom von trockenem Schutzgas geleitet. Dabei wird mit dem Erhitzen des in einen Röhrenofen geschobenen Rohres auf 600–650 °C begonnen. Dazu bewegt man den ca. 30–40 cm langen Röhrenofen im Verlauf von 30 Minuten in der Richtung des Gasstromes über das Reaktionsrohr. Anschließend läßt man etwas erkalten, leitet den Inertgasstrom vom entgegengesetzten Rohrende aus über das Reaktionsgemisch und wiederholt das Erhitzen in umgekehrter Richtung. Dieser Vorgang wird so oft durchgeführt, bis alles $MoCl_5$ aufgebraucht ist (Dampfphase ist nicht mehr rot gefärbt).

Das vorliegende gelbe Produkt wird nunmehr einer Reinigung unterzogen. Dazu wird es in ein 250 cm³-Becherglas übergeführt und mit 120, 40 und 20 cm³ heißer 25%iger HCl extrahiert. Die drei Lösungen werden vereinigt, filtriert und mit Eis gekühlt. Es scheiden sich Kristalle der Zusammensetzung $(H_3O)_2[Mo_6Cl_8]Cl_6(H_2O)_6$ ab, die nach dem Filtrieren und Waschen mit wenigen cm^3 kalter 25%iger HCl in einen 250 cm^3-Kolben übergeführt werden. Innerhalb von 2 Stunden wird der Kolben langsam unter Vakuum auf 200 °C erhitzt, bis die Wasser- und HCl-Abgabe beendet ist.

Ausbeute, Eigenschaften; 90% [Mo$_6$Cl$_8$]Cl$_4$ bezogen auf Molybdän(V)-chlorid; gelbes, an der Luft beständiges Pulver, unlöslich in Wasser, Eisessig, Toluen, Benzin; löslich in Alkohol, Ether, Aceton, Pyridin, konzentrierter Salzsäure sowie in verdünnten starken Basen.

Charakterisierung

Zur Bestimmung der 4 labilen Chloratome wird eine Lösung von 100 mg [Mo$_6$Cl$_8$]Cl$_4$ in 30 cm^3 96%igem Ethanol potentiometrisch mit Ag$_2$SO$_4$ titriert. Die Titrationsdauer beträgt ca. 3 Stunden, verkürzt sich aber bei Zusatz eines Neutralsalzes [Ba(NO$_3$)$_2$ oder Na$_2$SO$_4$] auf 20–30 Minuten [2].
Dichte (pyknometrisch, 25 °C): 3,7 gcm^{-3} [3].

Synthesevarianten

Erhitzen von MoCl$_3$ im trockenen und sauerstofffreien Schutzgasstrom auf 600 bis 650 °C [3–5].
Umsetzung von Molybdänpulver mit COCl$_2$ bei 610 °C im schwerschmelzbaren Glasrohr [6].

Reaktionen, Verwendung

Herstellung von **[Mo$_6$Cl$_8$]Br$_4$** [1]:
[Mo$_6$Cl$_8$]Cl$_4$ wird in heißer 5N HBr gelöst. Dabei erfolgt die Substitution der 4 Chloratome, und es bildet sich die komplexe Säure (H$_3$O)$_2$[(Mo$_6$Cl$_8$)Br$_6$](H$_2$O)$_6$. Es schließt sich eine Temperaturbehandlung bei 200 °C unter Vakuum an, die zur vollständigen Abspaltung des Wassers und des Bromwasserstoffs führt. [Mo$_6$Cl$_8$]Br$_4$ liegt in Form rötlichgelber Blättchen vor und ist auf Grund seiner Instabilität unter Inertbedingungen aufzubewahren.
Die Umsetzung von [Mo$_6$Cl$_8$]Cl$_4$ mit NaOCH$_3$ in methanolischer Lösung führt zur Verbindung Na$_2$[(Mo$_6$Cl$_8$)(OCH$_3$)$_6$] [8]. In analoger Weise entsteht in ethanolischer Lösung aus [Mo$_6$Cl$_8$]Cl$_4$ und NaOC$_2$H$_5$ Na$_2$[(Mo$_6$Cl$_8$)(OC$_2$H$_5$)$_6$] [8]. Die beiden so präparierten Substanzen sind gelbe, kristalline, diamagnetische Festkörper, die sehr gut in Alkoholen löslich sind.
Die Reaktion von [Mo$_6$Cl$_8$]Cl$_4$ mit Pyridin führt zu **[Mo$_6$Cl$_8$]Cl$_4$(py)$_2$** [2]:
In 300 cm^3 einer siedenden Lösung von 0,5 mmol (500 mg) [Mo$_6$Cl$_8$]Cl$_4$ in absolutem Ethanol werden 4 mmol Pyridin (in 50 cm^3 Ethanol) gegeben. Die Lösung trübt sich nach ca. einer Stunde und wird dann noch 48 Stunden am Rückfluß erhitzt. Es bildet sich eine kristalline Substanz der Zusammensetzung [Mo$_6$Cl$_8$]Cl$_4$(py)$_2$, die mit eiskaltem Ether und Methanol gewaschen und bei 80 °C im Vakuum (10^{-4} Torr [0,013 Pa]) getrocknet wird.
(**TG:** [Mo$_6$Cl$_8$]Cl$_4$(py)$_2$ erleidet beim Aufheizen in erster Stufe bei 500 °C einen Masseverlust von ca. 13,6%, was dem Pyridingehalt der Verbindung entspricht [2];
Röntgenstrukturanalyse: Die Substanz kristallisiert orthorhombisch mit den Gitterpa-

rametern a = 1741 pm; b = 2038 pm; c = 1207 pm [2]; **Dichtebestimmung:** 2,74 gcm^{-3} [2]).

Literatur

[1] P. Nannelli u. B. P. Block, Inorg. Synth. **12** (1970) 170.
[2] J. Kraft u. H. Schäfer, Z. Anorg. Allg. Chem. **524** (1985) 137.
[3] W. Biltz u. C. Fendius, Z. Anorg. Allg. Chem. **172** (1928) 385.
[4] S. Senderoff u. A. Brenner, J. Elektrochem. Soc. **11** (1954) 28.
[5] H. Schäfer, H.-G. v. Schnering, J. Tillack, F. Kuhnen, H. Wöhrle u. H. Baumann, Z. Anorg. Allg. Chem. **353** (1967) 281.
[6] K. Lindner, E. Haller u. H. Helwig, Z. Anorg. Allg. Chem. **130** (1923) 210.
[7] J. C. Sheldon, J. Chem. Soc. **1960**, 1007.
[8] P. Nannelli u. B. P. Block, Inorg. Synth. **13** (1972) 99.

Eisen(II)-iodid [1]

> Beim Evakuieren der Apparatur sowie bei der Umsetzung von Eisenpulver mit Iod Schutzbrille tragen!

$$Fe + I_2 \longrightarrow FeI_2$$

In ein 50 cm langes Kieselglasrohr, welches einseitig verschlossen, während der Reaktion sicher vom Argon-Vakuumsystem abtrennbar, sowie im Durchmesser dem vorhandenen Ofensystem angepaßt ist, werden 50 mmol (2,8 g) Eisenfeilspäne oder Eisendrahtstücke eingebracht. Nunmehr wird das Rohr unter Schutzgas eine Stunde bei 600–650 °C ausgeheizt. Anschließend werden unter Argonatmosphäre 100 mmol (12,7 g) Iod, 20–30 cm vom Eisen entfernt und durch Kieselglaswolle davon getrennt angeordnet, in das Reaktionsgefäß gegeben. Das System wird mittels Ölpumpe evakuiert und sicher vom Versorgungssystem getrennt (vorher prüfen ob die Apparatur dicht ist!). Nun wird der Teil des Rohres mit den Eisenspänen auf 500 °C und der Teil mit dem Iod auf 180 °C erhitzt (Temperaturmessung!). Nach der Reaktion läßt man Argon in das Reaktionsgefäß einströmen. Das gebildete Eisen(II)-iodid wird in eine Sublimationsapparatur übergeführt und das überschüssige Iod durch Sublimation abgetrennt.

Ausbeute, Eigenschaften; 90% bezogen auf eingesetztes Eisen; bräunlichrotes bis schwarzes Pulver, hygroskopisch, färbt sich an der Luft weißlich; wäßrige Lösung ist grün; bei höheren Temperaturen flüchtig, löslich in Ethanol und Ether.

Das durch Sublimation vom Eisen(II)-iodid abgetrennte Iod wird durch eine weitere Sublimation gereinigt und somit zurückgewonnen.

Charakterisierung

Eisen wird bestimmt durch schwaches Erwärmen der Substanz in einem Porzellantiegel, bei dem alles Iod vertrieben wird. Man erhält quantitativ Fe_2O_3.
Die Iod-Bestimmung erfolgt gravimetrisch als AgI.
Fp. (DTA): 587 °C
Dichte (pyknometrisch, 25 °C): 5,3 gcm^{-3} [2].

Synthesevarianten

Erhitzen von reduziertem Eisen in einem mit Iod beladenen Wasserstoffstrom mit anschließender Destillation im Stahlrohr [3].
Die thermische Zersetzung von $Fe(CO)_4I_2$ führt zu einem äußerst fein verteilten FeI_2 [4].

Reaktionen, Verwendung

FeI_2 wird als Katalysator für Fluorierungen eingesetzt.

Analoge Synthesen

CrI_2 [5]
GaI_3 [6]
InI_3 [7]
Außerdem gelingt die Darstellung einer Reihe weiterer Übergangsmetalliodide auf dem Wege der Umsetzung des Metalls mit Iod im abgeschmolzenen Bombenrohr.

Literatur

[1] M. Guichard, C. R. Acad. Sci. Paris **145** (1907) 807.
[2] W. Biltz u. E. Birk, Z. Anorg. Allg. Chem. **130** (1923) 115.
[3] W. Fischer u. R. Gewehr, Z. Anorg. Chem. **222** (1935) 303.
[4] W. Hieber u. H. Lagally, Z. Anorg. Allg. Chem. **245** (1940) 300.
[5] F. Hein u. G. Bähr, Z. Anorg. Allg. Chem. **251** (1943) 241.
[6] W. Klemm u. W. Tilk, Z. Anorg. Allg. Chem. **207** (1932) 161.
[7] A. Thiel, Z. Anorg. Allg. Chem. **40** (1904) 305.

α-Gallium(III)-sulfid [1, 2]

Bei der Hochtemperaturreaktion im Kieselglasrohr Schutzbrille tragen!

$$2\,Ga + 3\,S \longrightarrow Ga_2S_3$$

72 mmol (5,0 g) Gallium werden in ein Korundschiffchen eingewogen, das in ein Reaktionsrohr aus Kieselglas gesetzt wird. Dieses wird mit Schutzgas gespült und anschließend in einem Silitstabofen auf 1100 °C erhitzt. Aus einem zweiten Korundschiffchen, das sich gleichfalls im Kieselglasrohr, aber außerhalb der heißen Ofenzone befindet, werden 250 mmol (8,0 g) Schwefel verdampft. Das geschieht durch Fächeln mit der Flamme eines Bunsenbrenners, wobei durch langsam strömendes Schutzgas der Schwefeldampf über die heiße Galliumschmelze getrieben wird. Nach dem Abkühlen im Schutzgasstrom wird das erstarrte Reaktionsprodukt an der Luft mit einem Mörser zerstoßen und zermahlen, um anschließend ein weiteres Mal, wie beschrieben, mit Schwefel umgesetzt zu werden.
Ausbeute, Eigenschaften; 85% bezogen auf 5,0 g Gallium; gelbes Pulver, an der Luft erfolgt langsam Zersetzung unter H_2S-Entwicklung, heftige Reaktion mit konzentrierter Salpetersäure unter teilweiser Schwefelabscheidung.

Charakterisierung

Die quantitative Bestimmung des Schwefelgehaltes erfolgt nach Auflösen in Natronlauge/Wasserstoffperoxid durch Fällung als $BaSO_4$ [3].

Röntgenstrukturanalyse (Röntgenpulveraufnahme nach Diffraktometer- bzw. DEBEY-SCHERRER-Verfahren, d-Werte [pm] mit relativer Intensität [%]): 266,4 (20); 237,7 (20); 177,6 (10); 164,0 (40); 155,4 (40); 146,5 (40); 116,9 (40); 112,1 (10); 101,3 (70); 95,2 (100); 90,0 (70) [4]

Dichte (pyknometrisch, 20 °C): $3,7\ \text{gcm}^{-3}$ [2].

Synthesevarianten

Erhitzen von Ga_2O_3 im H_2S-Strom. Mit einem bei 159 °C getrockneten $Ga(OH)_3$ als Ausgangsmaterial gelangt man schon bei niedrigeren Temperaturen und wesentlich schneller zu Ga_2S_3, als wenn man von geglühtem Ga_2O_3 ausgeht [5].

Umsetzung von Gallium mit Schwefelwasserstoff im Reaktionsrohr bei 950 °C [6].

Reaktionen, Verwendung

Die Umsetzung von Ga_2S_3 mit CdS in einem abgeschlossenen Ampullensystem mit Iod als Trägermittel führt zum ternären Sulfid $CdGa_2S_4$ [6].

Bei der Reaktion von Ga_2S_3 mit einer konzentrierten K_2S-Lösung entsteht die kristalline Verbindung $K_8Ga_4S_{10}(H_2O)_{16}$, deren Anion $Ga_4S_{10}^{8-}$ einen adamantanartigen Aufbau besitzt [7].

Ga_2S_3 wird bei Temperaturen zwischen 400–825 °C mit Wasserstoff zu GaS reduziert [1, 8].

Literatur

[1] A. Brukl u. G. Ortner, Naturwissenschaften **18** (1930) 393.
[2] H. Hahn u. W. Klingler, Z. Anorg. Allg. Chem. **259** (1949) 135.
[3] G.-O. Müller, „Lehrbuch der Angewandten Chemie", Bd. 3, S. 500; S. Hirzel Verlag Leipzig, 1978.
[4] H. Hahn u. G. Frank, Z. Anorg. Allg. Chem. **278** (1955) 334.
[5] W. Klemm u. H. U. v. Vogel, Z. Anorg. Allg. Chem. **219** (1934) 49.
[6] A. G. Karipides u. A. V. Cafiero, Inorg. Synth. **11** (1968) 5.
[7] B. Krebs, D. Voelker u. K.-O. Stiller, Inorg. Chim. Acta **65** (1982) L101.
[8] W. C. Johnson u. B. Warren, Naturwissenschaften **18** (1930) 666.

11.2 Reaktionen in Schmelzen

KAg_4I_5 – ein Silberionenleiter [2]

$$4\,AgI + KI \longrightarrow KAg_4I_5$$

Silber(I)-iodid wird durch Fällung aus einer salpetersauren KI-Lösung mit $AgNO_3$ gewonnen. 36 mmol (8,5 g) des getrockneten AgI werden mit 9 mmol (1,5 g) KI entsprechend dem Molverhältnis 4:1 $\{KAg_4I_5 = (KI)(AgI)_4\}$ in einem Mörser gut verrieben. Diese Mischung wird bei 380 °C im Korundtiegel (Kawenit) aufgeschmolzen. Nach dem Abkühlen wird das entstandene kristalline Schmelzgut erneut gemörsert und bei einem Druck von 15,0 MPa zu Tabletten (d = 20 mm; h = 1 mm) gepreßt. Die Tabletten werden 16 Stunden bei 165 °C getempert.

Ausbeute, Eigenschaften; quantitative Umsetzung entsprechend der Reaktionsgleichung, bei Raumtemperatur farblos, mit steigender Temperatur Gelbfärbung (AgI-Ausscheidung), hygroskopisch, bei längerem Aufbewahren an der Luft erfolgt Zersetzung.

Charakterisierung

Quantitative Bestimmung des Silbergehaltes nach Auflösen des KAg_4I_5 in 20 cm^3 1 m Thioharnstofflösung und 1 cm^3 0,5 m HNO_3 und anschließender Zugabe von Natronlauge als Ag_2S [1].

Röntgenstrukturanalyse (Röntgenpulveraufnahme des zerstoßenen Produktes nach Diffraktometer- bzw. DEBEY-SCHERRER-Verfahren): KAg_4I_5 kristallisiert kubisch, wobei a = 1113 pm beträgt [2].

Bestimmung der **Massendichte** der gepreßten Tabletten: 5,2 gcm^{-3} (**Röntgendichte**: 5,3 gcm^{-3} [2])

Messung der **Wechselstromleitfähigkeit** (1 oder 10 kHz, 20 °C): 10^{-1} Scm^{-1} [3]

DTA-Aufnahme: inkongruenter **Fp.** 253 °C [3].

Synthesevarianten

Sättigung einer warmen, konzentrierten KI-Lösung mit AgI [4].

Reaktionen, Verwendung

Anwendung als Festelektrolyt in chemotronischen Bauelementen (Coulometer und Zeitschalter, Analog-Memories, Kondensatoren mit festen Elektrolyten).

Analoge Synthesen

$RbAg_4I_5$ aus RbI und 4 AgI [2, 5]
KCu_4I_5 aus KI und 4 CuI [5].

Literatur

[1] W. Fresenius u. G. Jander, Handbuch d. Analytischen Chemie, Tl. 3, Bd. I, b, β, S. 32; Springer Verlag Berlin, Heidelberg, New York, 1967.
[2] B. D. Owens u. G. R. Argue, Science **157** (1967) 308.
[3] J. N. Bradley u. P. D. Greene, Trans. Faraday Soc. **62** (1966) 2069.
[4] C. Brink u. H. S. Kroesse, Acta Cryst. **5** (1952) 433.
[5] J. N. Bradley u. P. D. Greene, Trans. Faraday Soc. **63** (1967) 424.

Natriumborosilicatglas

$$Na_2CO_3 + 2 H_3BO_3 + 2 SiO_2 \longrightarrow 2 NaBSiO_4 + 3 H_2O + CO_2$$

40 mmol (24,7 g) Borsäure [$B(OH)_3$] werden mit 40 mmol (23,9 g) optischem Quarzmehl (SiO_2) in einer Kugelmühle innig vermahlen. Dieses Gemenge wird vorgesintert, indem es in einer Porzellanschale langsam auf 200 °C erhitzt wird. Dabei erfolgt eine

Wasserabspaltung, die zur Stufe HBO_2 führt. Nach dem Abkühlen wird das Produkt pulverisiert, um anschließend mit 20 mmol (21,1 g) Soda (Na_2CO_3) vermahlen zu werden. Das so entstandene Gemenge wird in einem Platintiegel in 50-Grad-Schritten auf 1050 °C aufgeheizt. Die Probe wird bei den entsprechenden Temperaturen jeweils 30 Minuten gehalten. Das Gießen der Schmelze erfolgt in eine Graphitform. Diese wird in einen auf 550 °C vorgeheizten Ofen geschoben und in 24 Stunden auf Raumtemperatur gekühlt.

Ausbeute, Eigenschaften; quantitative Umsetzung entsprechend der Reaktionsgleichung, farbloses Glas, an der Luft mehrere Tage beständig, dann Angriff an der Glasoberfläche durch Luftfeuchtigkeit.

Charakterisierung

Bestimmung des Gewichtsverlustes während der Glassynthese entsprechend der Reaktionsgleichung.
Die Ermittlung des Borgehaltes wird auf eine titrimetrische Borsäurebestimmung zurückgeführt [1]. Dazu wird das feingepulverte Glas in einem Silbertiegel durch eine Ätznatronschmelze aufgeschlossen. Nach Aufnahme des Schmelzkuchens mit Wasser erfolgt Neutralisation mit Salzsäure. Für die Natriumbestimmung wird das feingepulverte Glas in einem Platintiegel mit einem Flußsäure/Schwefelsäure-Gemisch ($0,1 cm^3/5 cm^3$) aufgeschlossen und anschließend eingedampft. Der Rückstand entspricht Na_2SO_4.
DTA-Aufnahme: T_g 524 °C
UV/VIS-Spektrum (Probendicke 10 mm): $\lambda_{\tau_i 50\%} = 28\,600$
Dichte (Auftriebsmethode in CCl_4): $2,5\,gcm^{-3}$.

Synthesevarianten

Schmelzreaktion von B_2O_3 und $Na_2Si_2O_5$ bei 1050 °C.

Reaktionen, Verwendung

Durch Zermörsern des Glases $NaBSiO_4$, erneutes Aufschmelzen und Zugabe einer weiteren glasbildenden Komponente ist es möglich, eine Reihe weiterer Gläser des Glasbildungssystems $Na_2O \cdot B_2O_3 \cdot SiO_2 \cdot P_2O_5$ zu erhalten. Aufgrund der hohen Natriumionenleitfähigkeit und der verbesserten chemischen Beständigkeit durch Einführung von P_2O_5 sind derartige Gläser von potentiellem Interesse für den Einsatz als Festelektrolyte in Batterien [2].

Analoge Synthesen

Die Synthesevariante ist auf eine Vielzahl weiterer Natriumborosilicatgläser übertragbar.

Literatur

[1] H. Schäfer u. A. Sieverts, Z. Anorg. Allg. Chem. **246** (1941) 149 und Z. Analyt. Chem. **121** (1941) 172.
[2] A. Feltz u. P. Büchner, WP DD 219473.

Germaniumselenidglas [1]

> Beim Evakuieren der Kieselglasampulle sowie während der Hochtemperaturre-
> aktion und beim Abschrecken der Schmelze sowie beim Zerschlagen der Ampulle
> ist eine Schutzbrille zu tragen.

$$2\,Ge + 3\,Se \longrightarrow Ge_2Se_3$$

In eine Kieselglasampulle (Innendurchmesser ca. 10 mm, Wandstärke 2 mm, Länge
100 mm) werden 52 mmol (3,8 g) Germanium und 79 mmol (6,2 g) Selengranalien hoher
Reinheit eingewogen. Die Ampulle wird evakuiert (Ölpumpenvakuum) und abgeschmolzen. Anschließend wird sie mit Asbestschnur in einem Keramikrohr befestigt
und so in einem Kammerofen langsam auf 800 °C aufgeheizt. Bei dieser Temperatur
wird die Ampulle 8 Stunden gehalten. Während des Aufheizens und des Schmelzens
wird das Keramikrohr, welches zur Hälfte aus dem Ofen ragt, und in dessen vorderem
Ende sich die Ampulle befindet, über eine Drehvorrichtung möglichst gleichmäßig
bewegt, um eine bessere Homogenität der Schmelze zu erreichen. Abschließend wird
die heiße Ampulle in Eiswasser abgeschreckt. Das Ge_2Se_3-Glas isoliert man durch
vorsichtiges Zerschlagen der Kieselglasampulle.

Ausbeute, Eigenschaften; Quantitative Ausbeute an Ge_2Se_3-Chalkogenidglas entsprechend den eingesetzten Mengen an Germanium und Selen. Kompakte Proben sind
metallisch glänzend, im sichtbaren Spektralbereich nicht transparent, das gepulverte
Glas ist violett bis schwarz.

Charakterisierung

DTA-Aufnahme: T_g 335 °C-endothermer Enthalpieeffekt, Rekristallisationstemp. T_{K1}
420 °C (Rekristallisation von GeSe), T_{K2} 450 °C (Rekristallisation von GeSe$_2$)-
exotherme Enthalpieeffekte [2].
Dichtebestimmung (Auftriebsmethode): 4,4 gcm^{-3}
IR-Spektrum: 250 (v_{Ge-Se}); 216 (v_{Ge-Se}) [3]
RAMAN-Spektrum: 280 (v_{Ge-Se}); 205 (v_{Ge-Se}); 175 (v_{Ge-Ge}) [4].

Reaktionen, Verwendung

Die Umsetzung des gepulverten Glases mit methanolischen Na_2Se-Lösungen führt zu
den Verbindungen $Na_6Ge_2Se_6$ [8], $Na_8Ge_4Se_{10}$ und $Na_4Ge_4Se_8$ [9]. Aufgrund ihrer
Eigenschaften, im infraroten Spektralbereich transparent zu sein, ergeben sich für
Chalkogenidgläser Einsatzmöglichkeiten in der Thermogravimetrie, Lasertechnik,
Fourierspektroskopie sowie in hochauflösenden Optiken in der Nachtbildaufnahme-
technik [7].

Analoge Synthesen

Unter den prinzipiell gleichen Bedingungen ist es möglich, eine Vielzahl weiterer
Gläser zu erschmelzen, so z. B. aus den Systemen Ge$-$Se [1, 2], Ge$-$S [2], As$-$Se [5]
und As$-$S [5, 6], aber ebenso auch ternäre Chalkogenidgläser [7].

Literatur

[1] A. Feltz u. F.-J. Lippmann, Z. Anorg. Allg. Chem. **398** (1973) 157.
[2] A. Feltz, W. Burckhardt, L. Senf, B. Voigt u. K. Zickmüller, Z. Anorg. Allg. Chem. **435** (1977) 172.
[3] G. Lucovsky u. R. M. White, Phys. Rev. B **8** (1973) 660.
[4] P. Tronc, M. Bensoussan, A. Brenac u. C. Sebenne, Phys. Rev. B **8** (1973) 5947.
[5] R. Blachnik, A. Hoppe u. U. Wickel, Z. Anorg. Allg. Chem. **463** (1980) 78.
[6] S. Tsuchihashi u. Y. Kawamoto, J. Non-Cryst. Solids **5** (1971) 286.
[7] A. Feltz, D. Linke u. B. Voigt, Z. Chem. **20** (1980) 81.
[8] A. Feltz u. G. Pfaff, Z. Anorg. Allg. Chem. **442** (1978) 41.
[9] A. Feltz u. G. Pfaff, Z. Anorg. Allg. Chem. **517** (1984) 136.

12 Arbeiten unter Schutzgas

Für die experimentelle Durchführung von Synthese und Charakterisierung luft- und feuchtigkeitsempfindlicher Substanzen sind viele Varianten bekannt und im einzelnen beschrieben [1]. Die hier vorgestellte ist in Jena in den fünfziger Jahren entwickelt und bei der Durchführung der im vorliegenden Buch beschriebenen Präparationen und analytischen Untersuchungen erfolgreich angewandt worden. Die folgende kurze Beschreibung lehnt sich eng an einen Aufsatz von Thomas [2] an. Das Prinzip dieser Arbeitsweise besteht darin, möglichst die herkömmlichen Laborglasgeräte mit Normalschliffen zu verwenden, die allerdings zusätzlich so ausgerüstet sind, daß ein bequemes Füllen der Gefäße mit Schutzgas ermöglicht wird.

Entnahme des Inertgases

Als Inertgas dient hochreines Argon. Dieses kann entweder als Flüssigargon aus einem Tank verdampft und über eine im Hause verlegte Ringleitung an jeden Arbeitsplatz geführt oder aus einer Stahlflasche entnommen werden. Die Entnahme des Gases erfolgt in jedem Falle über einen Druckminderer. Nach Öffnen dieses Druckminderers strömt das Inertgas in ein Sicherheitsventil, und an einem Manometer kann der Gasdruck abgelesen werden.

Wenn keine kommerziellen Geräte zur Verfügung stehen, ist als Sicherheitsventil eine Quecksilbertauchung und als Manometer ein mit Quecksilber gefülltes U-Rohr zweckmäßig.

Kommerzielles Reinstargon oder Reinststickstoff sind für die hier beschriebenen Präparate ohne weitere Reinigung zu verwenden. Für sehr empfindliche Präparate ist unter Umständen eine Nachreinigung notwendig. Zweckmäßig sind dafür die Verwendung eines Kupferkontaktes zur Entfernung des Restsauerstoffs und anschließendes Trocknen mit Schwefelsäure und Phosphorpentoxid [1].

Zur bequemen Entnahme des Gases ist es erforderlich, am Gasausgang eine Hahnleiste (Verteilerleitung) zu installieren.

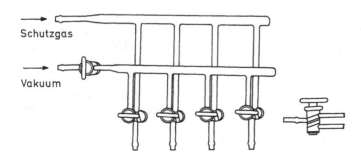

Bild 12.1 Hahnleiste

Diese Verteilerleitung besteht aus drei bis fünf parallel angeordneten Zweiweghähnen, deren eine Zuleitung mit der Schutzgasleitung, die andere mit einer Vakuumleitung verbunden ist. In die Vakuumleitung ist ein Manometer zu installieren, und zum Schutz der das Vakuum erzeugenden Ölpumpe vor leichtflüchtigen Lösungsmitteln ist eine Kühlfalle anzubringen. Die Verbindungen zwischen der Hahnleiste und den Reaktionsgefäßen werden durch ca. 1,3 m lange Vakuumschläuche hergestellt, wobei je eine im Schlauch angebrachte Schlauchfritte verhindert, daß Stäube der bearbeiteten Substanzen beim Evakuieren der Gefäße in die Hahnleiste gelangen.

Arbeitsgeräte

Die mit Normalschliffen versehenen Geräte werden, den jeweiligen Anforderungen entsprechend, nach dem Baukastenprinzip zusammengefügt. So läßt sich mit relativ wenig Einzelteilen eine ganze Reihe von Arbeitsgängen ausführen. Um ein beliebiges Gefäß mit Inertgas füllen zu können, muß es vorher evakuiert werden. Deshalb werden beim Arbeiten unter Schutzgas nur solche Reaktionsgefäße und Geräte verwendet, die sich gefahrlos evakuieren lassen. Ferner muß ein Anschluß für die Verbindung zur Hahnleiste vorhanden sein. Daraus ergibt sich, daß Rundkolben mit mehreren Hälsen oder Hahnansätzen und Schlenkgefäße mit geradem oder gebogenem Hals – gegebenenfalls auch mit mehreren Schliffen – für diese Arbeitsweise besonders geeignet sind (s. Bild 12.2).

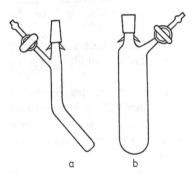

Bild 12.2 a und b   Präparaterohr **a**; Schlenkgefäß **b**

Neben den gebräuchlichen Glaslaborgeräten, wie Rückflußkühlern, Kolonnen, Y-Stücken, Destillationsbrücken u. a., werden zusätzlich Hahnschliffe (mit Schliffhülse oder Schliffkern), Glasfritten geeigneter Filterfläche und Durchlässigkeit (G2–G4), Tropf- und Scheidetrichter mit seitlichem Hahnansatz, Kappen und Krümmer benötigt. Ferner sind ein T-Stück mit zwei Hähnen und einem Blasenzähler sowie ein Zwischenstück mit Hahn nützliche Elemente beim Aufbau zusammengesetzter Apparaturen (s. Bild 12.3).
Sämtliche Einzelteile sind mit Glashäkchen versehen, um die Schliffverbindungen durch kleine Spiralfedern gegen Überdruck abzusichern.

Zur Erzeugung höherer Temperaturen haben sich neben dem Wasserbad Siliconölbäder oder Sandbäder bewährt. Gute Dienste leistet ferner ein Fön, um im Vakuum Feuchtigkeitsreste aus Glasgeräten rasch zu entfernen. Schließlich sind beim Arbeiten unter Schutzgas sämtliche Schliffe sorgfältig abzudichten. Geeignet sind Ramsay- und Siliconfette verschiedener Zähigkeit, obwohl auch sie von manchen Solvenzien herausgelöst werden.

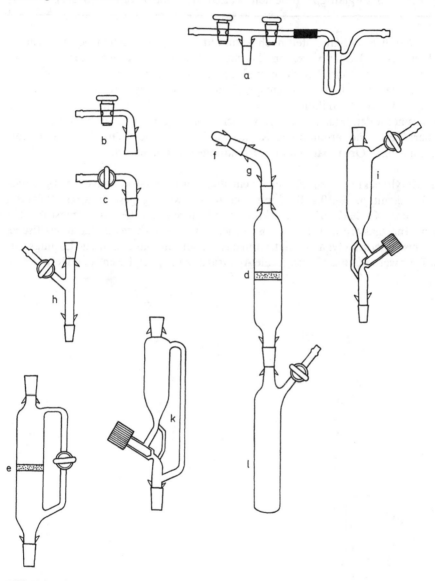

Bild 12.3 a–k Glasgeräte zur anaeroben Arbeitstechnik; T-Stück mit 2 Hähnen und Blasenzähler **a**; Hahnschliffe **b**, **c**; Glasfritte **d**; zusammengesetzt mit Krümmer **g**; Schliffkappe **f**; und Schlenkgefäß **l**; Glasfritte mit Außenweg **e**; Schliffkappe **f**; Zwischenstück mit Hahn- **h**; Tropftrichter mit seitlichem Hahn und Teflonventil **i**; Tropftrichter mit Druckausgleich und Teflonventil **k**

Lösungsmittel

> **ACHTUNG!**
> Ketyllösungen sind sehr reaktive Reagenzien. Beim Umgang mit diesen ist
> äußerste Vorsicht geboten, und die entsprechenden Arbeitsschutzbestimmungen
> sind besonders sorgfältig zu beachten, Rückstandsaufarbeitung (s. S. 212).

Alle Lösungsmittel enthalten stets noch Verunreinigungen, die sich in vielen Fällen als
störend erweisen. Deshalb werden die Solvenzien vor Gebrauch sorgfältig von
Feuchtigkeit, Sauerstoff, Peroxiden und sonstigen Verunreinigungen befreit und
getrocknet. Dabei verfährt man entsprechend den Angaben in der einschlägigen
Literatur, z. B. im Organikum [3]. Für extreme Anforderungen wird über diese
Reinigungsmethoden hinaus eine „Ketyltrocknung" mit Benzophenon-Natrium (Di-
ethylether, THF und aromatische Kohlenwasserstoffe) oder eine Trocknung mit
Butyllithium bzw. Organoaluminiumverbindungen durchgeführt.

Bei der „Ketyltrocknung" enthält im allgemeinen ein Zweihalskolben das vorgetrock-
nete Lösungsmittel, 5–10 g Benzophenon und etwa 5 g geschnittenes Natrium.
Während des Kochens unter Rückfluß wird durch ein Gaseinleitungsrohr ein
schwacher Inertgasstrom durch die Lösung geleitet. Sobald diese die charakteristische,
tiefblaue bis violette Ketylfarbe zeigt, kann das wasser- und sauerstofffreie Lösungsmittel destilliert werden. Bild 12.4 zeigt eine Apparatur zum „Ketylieren" und Destillieren.

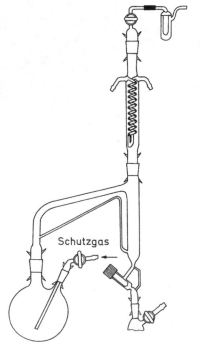

Schutzgas

Bild 12.4 Apparatur zum Ketylieren von Lösungsmitteln

Dioxan, Tetrahydrofuran und Ether enthalten nach einiger Zeit wieder Sauerstoffspuren, weshalb man für viele Umsetzungen nur frisch destillierte Lösungsmittel
verwenden kann.

Arbeitstechnik

Beim **Füllen mit Schutzgas** verbindet man das entsprechende Gerät über einen
Hahnansatz mit einem Vakuumschlauch der Hahnleiste. Durch drei- bis viermaliges
Evakuieren und Wiedereinströmen von Schutzgas-„Sekurieren"-, was durch Drehen
eines Hahnes der Hahnleiste (Bild 12.1) geschieht, wird das Arbeitsgerät unabhängig
von den anderen Schlauchanschlüssen vorbereitet.

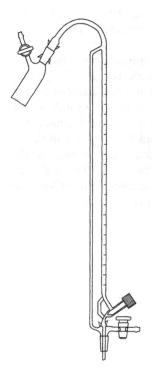

Bild 12.5 Stockbürette mit Teflonventil

Das **Einbringen von festen, luftunempfindlichen Stoffen** erfolgt nach Möglichkeit schon
vor dem Sekurieren des betreffenden Gefäßes. Durch gelindes Erwärmen mit einem
Fön können beim Evakuieren verbliebene Feuchtigkeitsspuren rascher ausgetrieben
werden. Ist die **Zugabe einer Substanz zu einer Reaktionsmischung** notwendig, so wird
diese in ein geeignetes Gefäß – Rundkolben mit Krümmer, Schlenkgefäß, Präparate-
rohr (Bild 12.2) – gebracht, dieses vorsichtig sekuriert und dann im Inertgas-
Gegenstrom mit dem Reaktionsgefäß zusammengesteckt. Durch Klopfen an das
Schlenkgefäß fällt der Feststoff langsam in die Reaktionsmischung.
Die im Verlauf von Umsetzungen häufig auszuführende **Auswechslung oder Verbindung
von Geräten** nimmt man allgemein wie folgt vor:
Die sekurierten Geräte stehen unter geringem Schutzgas-Überdruck. Während der
Leitung ein schwacher Gasstrom entnommen wird, löst man rasch die Schliffverbin-

dungen. Das beiderseitig ausströmende Gas verhindert dann das Eindringen von Luft. Um ganz sicher zu gehen, kann anschließend noch ein- bis zweimal sekuriert werden. Handelt es sich um die **Zugabe luftempfindlicher Substanzen,** so befinden sich diese von vornherein in einer Schutzgasatmosphäre. Wenn keine andere Möglichkeit besteht, werden sie ebenfalls über einen Krümmer zugegeben. Somit ergeben sich hier keine prinzipiellen Unterschiede gegenüber luftunempfindlichen Stoffen.

Flüssigkeiten werden ähnlich gehandhabt. Für präparative Zwecke genügt häufig das Eingießen im Inertgas-Gegenstrom in das sekurierte Gefäß (Lösungsmittel u. a.), gegebenenfalls unter Verwendung eines Krümmers. Für eine genaue Zugabe von Lösungen werden Stockbüretten bzw. Schliffbüretten mit Krümmer verwendet (s. Bild 12.5).

Der Vorteil liegt hier darin, daß die Verbindung mit dem Vorratsgefäß nicht gelöst zu werden braucht. Für größere Flüssigkeitsvolumina werden graduierte Tropftrichter verwendet.

Bei einer Vielzahl von Umsetzungen ist **Rühren** der oft heterogenen Reaktionspartner notwendig. Beim Arbeiten in Schutzgasatmosphäre scheiden Rührer mit Flüssigkeitsverschluß, wie Quecksilber, aus, da durch Vakuum die Dichtungsflüssigkeit in das Gefäß gesaugt wird. Von den mechanischen Rührern sind solche mit Zylinderschliff (KPG-Rührer) am besten geeignet. Sie werden mit Siliconöl oder einem Gemisch aus Siliconfett und -öl abgedichtet. Nachteilig wirkt sich in allen Fällen aus, daß durch aggressive Substanzen oder bei längerem Kochen mit verschiedenen Lösungsmitteln das Dichtungs- und Schmiermittel chemisch verändert oder herausgelöst wird. Diesen Nachteil besitzen magnetisch gekoppelte Rührer nicht. Mischungen geringer Viskosität werden daher vorteilhaft mit einem Magnetrührer gerührt.

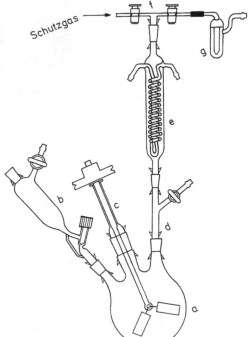

Bild 12.6 Reaktionsapparatur; Dreihalskolben **a**; Tropftrichter **b**; Rührer **c**; Zwischenstück mit Hahn **d**; Rückflußkühler **e**; T-Stück mit zwei Hähnen **f** und Blasenzähler **g**

Eine **Destillation** unter Inertgas, auch mit Kolonne, unterscheidet sich bis auf den Anschluß vom Vorstoß zur Hahnleiste nicht von einer solchen unter normalen Bedingungen. Für Vakuumdestillationen muß auch die Siedekapillare sekuriert und mit Argon gefüllt sein.

Beim **Destillieren** ebenso wie beim **Kochen unter Rückfluß** ist es zweckmäßig, den entstehenden Druck nicht über die Hahnleiste abzulassen, sondern am Vorstoß bzw. am Ende des Rückflußkühlers ein T-Stück mit zwei Hähnen und Blasenzähler anzubringen (Bild 12.3 a) und die Destillation bzw. das Kochen unter Rückfluß bei einem ständigen, schwachen Inertgasstrom durch dieses T-Stück durchzuführen (s. Bild 12.6).

Eine zweckmäßige Alternative ist die **Kältedestillation,** die insbesondere angewandt wird, um Lösungen schonend zu konzentrieren. Dazu wird die zu destillierende Flüssigkeit in ein Schlenkgefäß gegeben, das über eine Destillationsbrücke mit einem zweiten Schlenkgefäß verbunden ist (s. Bild 12.7).

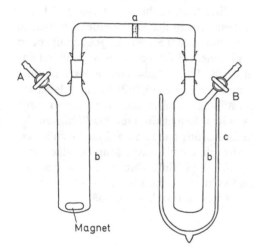

Bild 12.7 „Kältedestillationsapparatur";. Destillationsbrücke **a**; Schlenkgefäß **b** und DEWAR-Gefäß **c**

Das zweite Schlenkgefäß wird intensiv gekühlt und bei geschlossenem Hahn A über Hahn B solange evakuiert, bis das Lösungsmittel zu sieden beginnt. Dann wird der Hahn B geschlossen und das Solvens kondensiert im gekühlten Schlenkgefäß. Um Siedeverzüge zu verhindern, sollte die Lösung entweder magnetisch gerührt oder eine Siedeglocke eingebracht werden.

Das **Filtrieren** läßt sich mit Glasfritten verschiedener Durchlässigkeit fast immer erreichen (Bild 12.3 d). Beim Filtrieren sollte zu starkes Saugen vermieden werden, weil infolge Verdunstung des Lösungsmittels der feste Bestandteil rasch auskristallisieren und die Fritte völlig verstopfen kann. Auch beim Arbeiten mit leichtflüchtigen Lösungsmitteln, wie Diethylether, wird man von vornherein ein allzu starkes Saugen und somit große Lösungsmittelverluste vermeiden und die Filtration unter mäßigem Überdruck durchführen. Im allgemeinen ist ein Überdruck bis zu 100 Torr (13 kPa) ausreichend, sofern alle Schliffverbindungen gut abgesichert sind.

Beim Abtrennen gelartiger oder feinkörniger Substanzen erhält man unter Verwendung einer G3-Fritte oft ein trübes Filtrat, während eine G4-Fritte rasch verstopft

wird. Kann der Rückstand verworfen werden, dann bedeckt man die Fritte zweckmäßig mit einer 1–2 cm hohen Schicht Kieselgur, das mehrere Stunden im Trockenschrank entwässert und in einem Exsikkator aufbewahrt worden ist. Beim Filtrieren
wird dann die feinverteilte Substanz von der Kieselgurschicht zurückgehalten.
Während des Einströmens von Schutzgas und bei Veränderungen an der Apparatur
darf der Gasstrom nicht zu stark sein, da die Schicht leicht aufgewirbelt bzw.
weggeblasen wird.

Zum **Umkristallisieren** wird die verunreinigte Substanz unter peinlichem Ausschluß
von Luft – gegebenenfalls unter Erhitzen am Rückflußkühler – in der benötigten
Menge Solvens gelöst. Dabei gelten dieselben Vorsichtsmaßregeln, wie sie für das
Einbringen von Substanzen zu beachten sind. Kristallisiert die Verbindung nach
Stehen im Kühlschrank nicht aus, so kann durch Abdestillieren von Lösungsmittel,
eventuell im Vakuum, oder durch vorsichtige, tropfenweise Zugabe eines Fällungsmit-
tels die Substanz abgeschieden werden.

Einfacher als das Umkristallisieren ist in vielen Fällen die **Extraktion.** Dazu werden mit
Vorteil Fritten verwendet. Bei grobkörnigen Substanzen, die durch eine G2-Fritte
zurückgehalten werden, arbeitet man nach dem Prinzip der **Durchlaufextraktion.** In
einem Vorratsgefäß bringt man das Extraktionsmittel zum Sieden. Es gelangt über den
Außenweg der Fritte (Bild 12.3 e), der u. U. mit einem Hahn versehen ist, heiß auf das
Extraktionsgut und läuft durch die Fritte ab. Ein aufgesetzter Rückflußkühler
kondensiert den restlichen Lösungsmitteldampf. Auf den Rückflußkühler ist dabei das
in Bild 12.6 gezeigte T-Stück aufzusetzen und ständig ein schwacher Argonstrom durch
dieses T-Stück mit Blasenzähler hindurchzuleiten. Reicht die Durchlaßfähigkeit der
Fritten bei dieser Arbeitsweise nicht aus, um die Lösung nach unten ablaufen zu lassen,
so arbeitet man mit einer normalen Fritte, also ohne Außenweg. Man destilliert eine
gewisse Menge Lösungsmittel durch die Fritte (Schliffverbindungen wegen des
auftretenden Überdrucks gut absichern!) und kühlt dann das untere Gefäß ab. Durch
die entstehende Druckdifferenz läuft der Extrakt in das Vorratsgefäß zurück. Bei

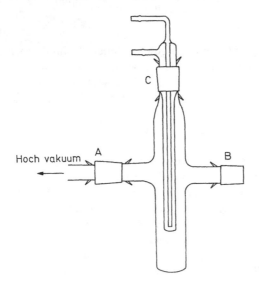

Bild 12.8 Sublimationsapparatur

wiederholter Durchführung dieser Operation erreicht man ebenfalls eine vollständige Extraktion.

Das **Trocknen** lösungsmittelfeuchter Substanzen geschieht auf der Fritte. Zur rascheren Trocknung empfiehlt es sich, den Niederschlag von Zeit zu Zeit aufzuschütteln, von der Glaswand durch Klopfen mit einem Schlauchstück abzulösen oder mit einem Spatel im Inertgasgegenstrom aufzurühren. Für die letztgenannte Manipulation sind Fritten mit einem zusätzlichen Hahnansatz besonders geeignet.

Für analytische Zwecke und zur näheren Charakterisierung einer Substanz ist es mitunter notwendig, sie hinreichend zu zerkleinern. Filtrationsrückstände trocknen auch schneller, wenn man sie von der Glaswand entfernt und pulverisiert. Am einfachsten ist kräftiges Schütteln der Substanz. Festhaftende oder leichte Stoffe zerkleinert man am besten mit einem unten breiten Glasstab oder Spatel.

Zur **Sublimation** im Hochvakuum haben sich spezielle Gefäße wie in Bild 12.8 bewährt. Das Gefäß wird an den Schliffen A und C mit einer Kappe bzw. einem Schliffstopfen und an B mit einem Hahnschliff versehen und sekuriert. Mittels eines Krümmers kann man dann über A oder C die Substanz einbringen. Danach wird bei strömendem Schutzgas der Stopfen im Ansatz C durch den Kühlfinger ersetzt, der Ansatz A mit der Hochvakuumpumpe verbunden und nach Schließen des Hahnes am Hahnschliff B das Gefäß evakuiert. Nach beendeter Sublimation wird der Eckhahn der Hochvakuumpumpe geschlossen, durch den Hahn am Ansatz B wird Argon in das Sublimationsgefäß gelassen und das Gefäß von der Hochvakuumpumpe getrennt. An den Schliff A wird das sekurierte Vorratsgefäß für die Substanz gesteckt, der Hahnschliff von B entfernt, und im Argonstrom bei waagerecht gehaltener Apparatur mit einem Spatel das Sublimat vom Kühlfinger abgekratzt, so daß es in das Vorratsgefäß fällt. Dabei muß der Kühlfinger soweit herausgezogen werden, daß das Sublimat am Kühlfinger vor den Ansatz A gelangt.

Zum **Aufbewahren von Substanzen** eignen sich am besten abschmelzbare Gefäße, wie Ampullen. Sie haben den Nachteil, daß sie schwierig unter Schutzgas zu öffnen und

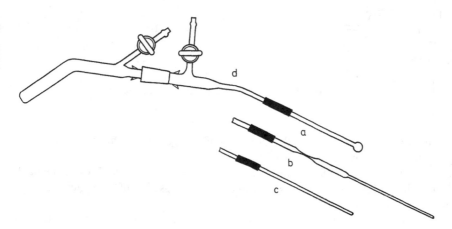

Bild 12.9 Geräte zur Probenpräparation; Stielkugel **a**; Magnetröhrchen **b**; Stielrohr **c** und Abfüllvorrichtung **d**

nicht beliebig oft verschließbar sind. Das gilt nicht für Schlenkgefäße, Rundkolben mit Hahnansatz oder Gasableitungsrohre bzw. Präparaterohre. Hier steht aber der häufigen Entnahme durch Öffnung der Gefäße gegenüber, daß das Hahnküken undicht oder die Substanz durch Hahnfett verunreinigt werden kann. Dem Eindringen von Luft beugt man durch geringen Überdruck in den Gefäßen vor. Die Hahnküken werden zusätzlich mit Gummiringen straff angepreßt und gesichert.

Zum Abfüllen von Proben für die **Elementaranalyse** werden Stielkugeln und Stielröhrchen verwendet; letztere dienen speziell zur Aufnahme von Proben für die Kohlenstoff-, Wasserstoff- und Stickstoffbestimmung. Während die Stielröhrchen mit dem Glasschneider angeritzt, zerbrochen und dann erst in den Verbrennungsofen eingeführt werden, lassen sich die dünnwandigen Stielkugeln mit Proben für die naßanalytischen Analysen durch kräftiges Schütteln in einem Gefäß (Kjeldalkolben, Schlenkgefäß) zertrümmern. Zum Füllen von Analysenröhrchen mit festen oder flüssigen Substanzen wird eine Abfüllvorrichtung verwendet (s. Bild 12.9).

An der Verjüngung wird über ein etwa 2 cm langes Stück dünnen Vakuumschlauches (Glas auf Glas) die ausgewogene Stielkugel angebracht und die ganze Vorrichtung an der Hahnleiste angeschlossen und sekuriert. Dann verbindet man im Inertgasgegenstrom mit dem Vorratsgefäß und bringt durch leichtes Neigen, erforderlichenfalls auch Schütteln und Klopfen, eine gewisse Substanzmenge in die Kugel. Feinpulverige Stoffe, die zu sehr an den Gefäßwandungen haften, lassen sich im Vakuum meist besser durch Klopfen ablösen, wie auch manche Flüssigkeiten im Vakuum besser fließen. Durch gelindes Erwärmen mit einer Sparflamme bei angelegtem Vakuum oder Klopfen mit einem Schlauchstück wird die Abschmelzstelle weitgehend von Substanz gesäubert. Durch Anbringen eines Zweiwegehahnes mit Blasenzähler (Bild 12.10) und entsprechende Betätigung des Hahnes wird verhindert, daß bei Abschmelzen die Stielkugel oder das Stielröhrchen infolge der Ausdehnung des Gases aufgetrieben werden.

zur Hahnleiste

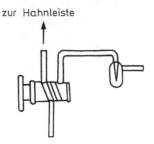

Bild 12.10 Zweiwegehahn mit Blasenzähler

Nach dem Abschmelzen wird das Reststück sorgfältig gereinigt. Durch Differenzwägung erhält man die Menge der abgefüllten Probe.

Prinzipiell gleich erfolgt die Präparation von Proben für **magnetische Messungen** nach der GOUYschen Methode. Dabei ist lediglich sehr sorgsam auf eine gleichmäßige Packung der Probe im Rohr zu achten.

Proben für **EPR-Untersuchungen** werden ebenfalls nach dem geschilderten Prinzip in die Meßröhrchen gebracht. Dazu muß allerdings das Meßröhrchen mit der Abfüllvorrichtung nicht durch einen Schlauch verbunden, sondern angeschmolzen sein. Das

Abschmelzen erfolgt im Vakuum, wobei das Meßröhrchen mit der Lösung gekühlt werden muß. Meßröhrchen für **NMR-Untersuchungen** werden mit einer Anordnung wie in Bild 12.11 gezeigt, gefüllt.

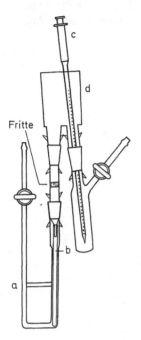

Bild 12.11 Abfüllvorrichtung für NMR-Proben a; NMR-Meßröhrchen b; Fortunapipette c und Schliffhose d

Das NMR-Meßröhrchen wird in das U-förmige Gefäß **a** eingestellt, die Fritte mit Stopfen aufgesetzt und sekuriert. Dann wird das Schlenkgefäß mit der zu messenden Lösung unter strömendem Schutzgas (hier ist bei sehr empfindlichen Proben unbedingt Argon zu empfehlen) mit einer Schliffhose **d** verbunden. An den zweiten Schliff der Schliffhose wird ebenfalls unter strömendem Schutzgas das U-Rohr gesteckt. Danach wird eine Fortunapipette **c** geeigneter Größe in den Gasraum des Schlenkgefäßes gebracht und Argon eingesaugt. Das Argon-Luft-Gemisch wird dann außerhalb der Apparatur wieder aus der Pipette herausgedrückt und der Vorgang mehrmals wiederholt bis die Luft in der Pipette durch Argon ersetzt ist (der Vorgang kann verkürzt werden, indem man die Pipette mit Argon spült, bevor sie in den Gasraum des Schlenkgefäßes eingebracht wird). Dann taucht man die Pipette in die Probelösung, saugt eine entsprechende Menge der Lösung an und bringt diese über den anderen Ansatz der Schliffhose auf die Fritte. Durch Erzeugen von sehr wenig Unterdruck in dem U-Rohr fließt die Probelösung in das NMR-Röhrchen. Sobald das erfolgt ist, läßt man wieder Schutzgas durch das U-Rohr strömen, löst die Schliffverbindung und setzt mit Hilfe einer Pinzette einen Verschluß auf das Röhrchen.

Ganz analog verfährt man beim Präparieren von Proben für **UV/VIS-spektroskopische Untersuchungen.**

Die gasdicht verschließbare Küvette befindet sich in einem Gefäß **a** mit einem Schliff geeigneter Größe und steht dort auf einer Vorrichtung **b,** die das Herausheben der Küvette nach dem Füllen ermöglicht. Das Gefäß mit der Küvette wird sekuriert und unter strömenden Argon ebenso wie das Schlenkgefäß **c** mit der Meßprobe mit der

Schliffhose **d** verbunden. Dann wird mit Hilfe einer Fortunapipette **e** die Meßlösung in die Küvette gebracht, die Schliffverbindung bei **A** gelöst, das Übergangsstück entfernt und die Küvette mit der Vorrichtung soweit angehoben, daß man mit Hilfe einer Pinzette die Stopfen auf die Küvette bringen kann (der obere Rand der Küvette muß dabei selbstverständlich noch im Schlenkgefäß sein, damit er vom strömenden Argon umspült ist).

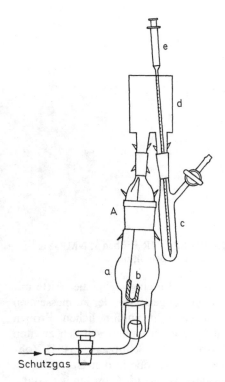

Schutzgas

Bild 12.12   Abfüllvorrichtung für UV/VIS-Proben **a**; Vorrichtung zum Herausheben der Küvette **b**; Schlenkgefäß **c**; Schliffhose **d** und Fortunapipette **e**

Nujolverreibungen von Substanzproben für **IR-Untersuchungen** werden entweder in einer Glove-Box präpariert oder, wenn die Substanz nicht allzu empfindlich ist, in der folgenden Weise:
In einen Topf von ca. 25 cm Durchmesser und 20 cm Höhe bringt man das Schlenkgefäß mit der Substanzprobe sowie alles Zubehör zur Herstellung der Nujolverreibung und die Alkalihalogenidscheiben. Dann läßt man 4–5 Vakuumschläuche in den Topf so hineinhängen, daß ihre Öffnungen dicht über dem Boden des Topfes sind. Nun läßt man durch alle Schläuche Argon strömen und präpariert die Proben in gewohnter Weise. Dabei sollte man Stoffhandschuhe tragen, weil dann der Gasraum nicht zusätzlich durch Feuchtigkeit belastet wird.

Literatur

[1] H. Metzger u. E. Müller in Houben-Weyl, „Methoden der organischen Chemie", Bd. 1. 2, S. 321; G. Thieme Verlag Stuttgart, 1959.
J. J. Eisch, „Organometallic Synth.", Vol. 2, S. 3; Academic Press New York, London, Toronto, San Francisco, 1981.
[2] G. Thomas, Chemiker Zeitung 85 (1961) 567.
[3] Organikum, Organisch-chemisches Grundpraktikum, VEB Deutscher Verlag für Grundstoffindustrie Berlin, 1977.

13 Recycling, Entsorgung

Um beim präparativen Arbeiten die Luft und das Abwasser so wenig wie möglich mit Chemikalien zu belasten, muß bereits bei der Syntheseplanung beachtet werden, daß

die Hilfsstoffe
die Nebenprodukte und
die unveränderten Edukte

möglichst entweder zurückgewonnen oder in eine umweltfreundliche, deponiefähige Form umgewandelt werden müssen. Am einfachsten ist das natürlich bei Verfahren mit einer hohen Produktausbeute, bei denen wenig unveränderte Edukte und wenig Nebenprodukte entstehen. Die Auswahl solcher Verfahren ist sowohl aus ökonomischen Gründen als auch wegen der geringeren Umweltbelastung unbedingt anzustreben.

Die hier vorgeschlagenen Verfahren des Recycling bzw. der Entsorgung müssen sich selbstverständlich allgemeinen Gesichtspunkten und entsprechenden gesetzlichen Bestimmungen für die Handhabung von Laboratoriumsabfällen unterordnen, wie sie in jeder Einrichtung verbindlich festgelegt sind. Solche Festlegungen müssen Art und Umfang der „Deponie" von Abfallstoffen und die im Einzelfall notwendige Aufarbeitung, die Bedingungen für eine Wiederverwendung bzw. Verbrennung von Lösungsmitteln, den Umgang mit Giften usw. in jedem Laboratorium individuell regeln. Für den Umgang mit **Giften** im Sinne gesetzlicher Bestimmungen sind die geltenden Rechtsvorschriften selbstverständlich genau einzuhalten. Darüber hinaus muß der präparativ arbeitende Chemiker aber immer bedenken, daß nur eine kleine Zahl der im Forschungslaboratorium verwendeten Verbindungen auf ihre toxikologischen Eigenschaften geprüft worden ist. Man sollte stets auch beim Umgang mit längst bekannten Stoffen unnötigen Hautkontakt, Einatmen und auch das Einbringen in das Abwasser vermeiden. Neben der akuten Toxizität werden in letzter Zeit zunehmend die experimentell viel schwerer prüfbaren Eigenschaften wie Teratogenität, Mutagenität und Cancerogenität von Stoffen bekannt, die bislang in vielen chemischen Laboratorien ohne besondere Vorsichtsmaßnahmen verwendet wurden. Alle Stoffe, die auf solche Eigenschaften noch nicht geprüft worden sind, sollten daher stets wie Gifte behandelt werden.

Die hier vorgeschlagenen Verfahren zum Recycling und zur Entsorgung sollen das Augenmerk darauf richten, daß eine Synthese erst dann beendet ist, wenn die Geräte gereinigt sind und alle Abfälle sicher verwahrt oder umweltfreundlich beseitigt sind. Allgemeine Prinzipien dafür sind in der Literatur beschrieben, z. B. [1].

Literatur

[1] M. J. Pitt, Chem. Ind. **1978**, 903.

Lösungsmittelrückgewinnung

Die wertmäßig und mengenmäßig größte Gruppe der Stoffe, die dem Recycling zugeführt werden müssen, sind in vielen Fällen die organischen Lösungsmittel. Die einfachste Form der Lösungsmittelrückgewinnung ist das Abdestillieren, das zweckmäßigerweise mit Hilfe eines Rotationsverdampfers oder bei leichtsiedenden Lösungsmitteln mittels Kältedestillation erfolgt. Im Falle der Verwendung von Lösungsmittelgemischen (möglichst vermeiden oder geeignete auswählen) als Reaktionsmedien muß dem Abdestillieren eine Trennung durch fraktionierte Destillation folgen.

Enthalten die Reaktionslösungen reaktive Stoffe, so müssen diese vor dem Abdestillieren in weniger reaktive umgewandelt werden. Das ist häufig nur durch Zugabe geeigneter Reagenzien zu erreichen, die – wenn sie in anderen Lösungsmitteln gelöst werden müssen – die Lösungsmittelaufarbeitung weiter erschweren. Bewährt hat sich die Kompromißlösung, das Lösungsmittel zunächst soweit abzudestillieren, bis ein noch flüssiger Rückstand übrigbleibt. Das abdestillierte Lösungsmittel kann dann wiederverwendet werden.

Als Entscheidungshilfe zur Lösungsmittelrückgewinnung dient Tabelle 13.1.

Aufarbeitung der Rückstände von Ketyllösungen

Aus dem Ketylkolben wird das Lösungsmittel soweit abdestilliert, bis ein eben noch flüssiger Rückstand zurückbleibt. Zu diesem gibt man aus einem Tropftrichter (unter Schutzgas) ein Dioxan/Wasser- (oder THF/Wasser)-Gemisch, um das Natrium und das Benzophenon-Natrium in Natronlauge und Diphenylcarbinol und andere organische Produkte umzuwandeln. Danach kann gefahrlos an der Luft eine weitere destillative Aufarbeitung des Lösungsmittelgemisches erfolgen.

Eine einfachere Variante besteht darin, den flüssigen Rückstand der Bereitung der Ketyllösungen (an der Luft) in **viel** Ethanol zu geben. Dabei wird aber in Kauf genommen, daß das Lösungsmittel mit vertretbarem Aufwand nicht rückgewinnbar ist.

Aufarbeitung metallhaltiger Produkte

Besondere Sorgfalt ist auf die sachgemäße Aufarbeitung der metallhaltigen Zwangsanfallprodukte von Synthesen zu verwenden. Sind diese unbedenklich, können sie ins Abwasser gegeben werden. Ist das nicht der Fall oder steht dem der hohe Preis der eingesetzten Metalle entgegen, sollte man die metallhaltigen Nebenprodukte entweder in stichfeste, unlösliche Verbindungen umwandeln oder versuchen, die Metalle zurückzuwinnen. Eine Möglichkeit, unlösliche Verbindungen für eine sachgemäße Deponie zu erhalten, sei im folgenden angegeben (siehe auch Tab. 13.2).

Nach dem Abdestillieren des Lösungsmittels (gegebenenfalls unter Schutzgas) wird der metallhaltige Rückstand (evtl. ebenfalls unter Schutzgas) in Alkohol gegeben und dem Gemisch ethanolische Natronlauge zugesetzt. Dadurch bilden sich die entsprechenden Oxidhydrate, die in Alkohol unlöslich sind. Diese Oxidhydrate werden an der Luft durch Filtration (wenn notwendig über Sand) vom organischen Lösungsmittel getrennt und zum Recycling verwendet bzw. durch Glühen in das Oxid übergeführt. Wenn sich wegen der Beschaffenheit des Niederschlages die Filtration als sehr

Tabelle 13.1 Angaben zur Entsorgung häufig verwendeter Lösungsmittel

Lösungs-mittel	Kp. [°C]	Kosten-index Alkohol = 1	Azeotrope mit: [Substanz: % im Azeotrop]	Angaben zur Giftigkeit LD5o [g]	MAK_D [a]	Flamm-punkt [°C]	Entsor-gung[b]		
							R	V	D
Pentan	36,6	1,5			1000	<0	+	+	−
Hexan	69,0	1,8	Aceton 59; Ether 21; H_2O 5,6		100	<0	+	+	−
Heptan	98,5	1,9	Methanol 51,5; H_2O 12,9		500	<0	+	+	−
Benzen	80,1	1,6	H_2O 8,9; Heptan 0,7; Methanol 39	10–30	50	−8	+	+	−
Toluen	110,6	1,4	Ether 68; Methanol 72,4		200	7	+	+	−
Diethyl-ether	34,5	2,2	CS_2 1; H_2O 1,2	25–30	500	−40	+	(−)	−
THF	67,0	2,0			200	−22,5	+	+	−
Dioxan	101,0	3,5	H_2O 18,4; Essigs. 77		50	12	+	+	−
Methanol	65,0	1,1	CS_2 86; $CHCl_3$ 87; Hexan 73	30–100	200	6,5	+	+	−
Ethanol	78,4	1,0	Benzen 67,6; CCl_4 84,2		1000	14	+	+	−
CH_2Cl_2	40,0	1,4		18	200	−	+	−	(−)
$CHCl_3$	61,7	2,2	Aceton 20; H_2O 97; Hexan 28	10–30	10	−	+	−	(−)
CCl_4	76,4	1,5	Aceton 11,5; H_2O 4,1	2–4	10	−	+	−	(−)
C_6H_5Cl	132,0	1,1	H_2O 28,4; Essigs. 58,5			28	+	−	(−)
CS_2	46,3	0,9	Aceton 33; H_2O 2; Eth. 9		50	−30	+	−	−
Aceton	56,2	1,1	H_2O 1,3; Meth. 12; Pentan 79		1000	−19	+	+	−
Essig-säure	118,1	1,6	Toluen 72; Pyridin 65		20	42	+	+	−

[a] $MAK_)$ [mg/m^3]; [b] Vorschlag zur Entsorgung: R = Recycling, V = Verbrennung und D = Deponie

langwierig erweist, kann man wie folgt verfahren: Nach Neutralisation der Lösung mit CO_2 gewinnt man deponiefähige Produkte durch Eindampfen des Alkohols am Rotationsverdampfer. Dabei ist es vorteilhaft, vor dem Abdestillieren des Alkohols dem Gemisch einen inerten Träger z.B. technisches Kieselgur zuzusetzen. Beim Abdampfen des Lösungsmittels entsteht ein schüttfähiges Granulat, das nach Glühen im Muffelofen wasserunlösliche Metallverbindungen enthält. In dieser Form ist es für die Deponie geeignet.

Aufarbeitung von Edelmetallrückständen

Der hohe Preis der Edelmetalle hat schon frühzeitig dazu geführt, daß es gut ausgearbeitete allgemeine Syntheseprinzipien zur Edelmetallrückgewinnung gibt, die natürlich den konkreten Problemen angepaßt werden müssen.

Tabelle 13.2 Vorschläge zur Entsorgung metallhaltiger Rückstände

Element	Recycling als	Deponie als	Abwasser	Farbe des Oxides	Bemerkungen	Glühtemp. [°C]
Li			Li-Salze			
Mg			Mg-Salze			
Al			Al_2O_3	weiß	Vorsicht bei Organoverbind.	>1000
Si			SiO_2	weiß	Vorsicht bei Organoverbind.	>1000
Sn			SnO_2	weiß	Vorsicht bei Organoverbind.	>1000
Ti		TiO_2		weiß		>1000
V	V_2O_5			braun	Abr. mit HNO_3; MAK: 0,5 mg/m³	400
Cr		Cr_2O_3		grün		>1000
Mn		Mn-Oxide		braunschwarz		> 600
Fe			Fe-Salze			
Co		Co-Oxide		schwarz		>1000
Ni		Ni-Oxide		grünschwarz		>1000
Cu	Cu	CuO			elektrolyt. Abscheidung	
Zn		ZnO		weiß		900
Mo		MoO_3		weiß	Abrauchen mit HNO_3	500
W		WO_3		gelb	Abrauchen mit HNO_3	800
U		U-Oxide		braunschwarz	radioaktiv! Abr. mit HNO_3	>1000
Rh	$RhCl_3(H_2O)_3$				Edelmetall	
Pd	$(NH_3)_2PdCl_2$				Edelmetall	
Pt	K_2PtCl_6				Edelmetall	
Pb		PbO_2		braun	Abrauchen mit HNO_3	

Als Beispiel sei hier die Palladiumrückgewinnung beschrieben:

Aufarbeitung von Palladiumrückständen zu Dichloro-*trans*-diammin-palladium(II) [1]

> Beim Arbeiten mit Salpetersäure wegen der Entwicklung nitroser Gase im Abzug arbeiten!

$$Pd^{2+} + Mg \longrightarrow Pd + Mg^{2+}$$
$$Pd + 4H^+ + 2NO_3^- \longrightarrow Pd^{2+} + 2NO_2 + 2H_2O$$
$$Pd^{2+} + 2Cl^- + 2NH_3 \longrightarrow (NH_3)_2PdCl_2$$

Alle Lösungen sind zunächst zur Trockne abzudampfen!
Die Rückstände, die zum Teil noch organische Produkte mit enthalten, werden zunächst in Wasser/Methanol (1:1) gelöst bzw. suspendiert und mit Magnesiumspä-

nen und etwas Salzsäure bis zum Auflösen des Magnesiums gerührt, der entwickelte Wasserstoff ist direkt ins Freie zu leiten! Nach Filtration wird der Lösung Natriumboranat zur Reduktion des noch verbliebenen Palladium(II) zugefügt, beide Filtrationsrückstände werden unter dem Abzug in einer Eisenschale mit dem Bunsenbrenner kräftig erhitzt, anschließend bei 1000 °C im elektrischen Ofen geglüht und nach dem Erkalten in einem Destillierkolben in einem Gemisch von konzentrierter Salpetersäure und Salzsäure (1 : 3, „Königswasser") unter Erwärmen gelöst. Die Säuren werden fast vollständig abdestilliert, dann wird erneut konzentrierte Salzsäure zugefügt und zur völligen Entfernung von Salpetersäure destilliert, dieses Verfahren wird wiederholt. Nach dem Verdünnen mit Wasser wird filtriert, und die Lösung wird sehr vorsichtig tropfenweise in der Kälte mit Ammoniak versetzt. Dabei bildet sich zunächst ein roter Niederschlag, der sich beim Erwärmen auflöst. Nach erneutem Abkühlen kristallisiert der Palladiumkomplex aus.

Ausbeute, Eigenschaften: 85% bezogen auf Pd^{2+}, hellgelbe Kristalle.

Sofern die Säuren nicht weiterverwendet werden können, werden sie neutralisiert und in das Abwasser gegeben.

Charakterisierung

Die Bestimmung des Palladiums erfolgt nach Lösen in Salpetersäure durch komplexometrische Titration.

Literatur

[1] G. Brauer, „Handbuch d. Präp. Anorg. Chemie", Bd. 3, S. 1732; F. Enke Verlag Stuttgart, 1981.

14 Hinweise zu den Analysenmethoden

Elementaranalysen

Luft- und feuchtigkeitsempfindliche Substanzen werden unter Inertbedingungen in abgewogenen Röhrchen eingeschmolzen (s. S. 205). Metallbestimmungen können im allgemeinen durch komplexometrische Titration mittels 0,02 m Komplexon III erfolgen. Die Einwaagen werden so gewählt, daß etwa 10–15 cm³ Komplexon III verbraucht werden.

Halogenide werden potentiometrisch mit 0,1 N AgNO₃-Lösung bestimmt. Phosphorbestimmungen erfolgen gravimetrisch mit Ammoniummolybdat nach WOY.

Aufschlußmethoden

Variante 1

Die Substanz wird in ca. 10 cm³ Diethylether oder Toluen gelöst oder suspendiert. Dann werden ca. 5 cm³ 10%ige Salzsäure zugefügt. Nach kräftigem Durchschütteln des verschlossenen Gefäßes wird die etherische Phase mittels einer Fortunapipette abgetrennt und zweimal mit je 3 cm³ 10%iger Salzsäure ausgeschüttelt. Man vereinigt die salzsauren Extrakte und schüttelt sie erneut mit 3 cm³ Diethylether aus. Nach möglichst vollständigem Entfernen des Ethers wird die Lösung im Erlenmeyerkolben unter dem Abzug kurz zum Sieden erhitzt (Siedeglocke!).

Aus der etherischen Lösung können organische Produkte isoliert und mittels Massenspektroskopie, Gaschromatographie oder Infrarot- bzw. NMR-Spektroskopie identifiziert werden.

Variante 2

Analog Variante 1, aber mit Zusatz von 0,5 cm³ 30%igem Wasserstoffperoxid zur Oxydation. Zum Schluß muß bis zur völligen Entfernung des Wasserstoffperoxids zum Sieden erhitzt werden (etwa 10 Minuten).

Variante 3

Alle Operationen werden unter dem Abzug durchgeführt!

Im Kjeldahl-Kolben mit Siedeglocke wird die Substanz zunächst mit etwas Wasser, dann mit 2 cm³ konzentrierter Salpetersäure, nach dem Abklingen der ersten Reaktion evtl. mit ca. 2 cm³ konzentrierter Schwefelsäure versetzt und auf dem Sandbad etwa 2 Stunden zum gelinden Sieden erhitzt. Nach dem Einengen auf etwa 1 cm³ und Abkühlen auf Raumtemperatur werden **tropfenweise** sehr vorsichtig etwa 5 cm³ Wasser hinzugefügt.

Variante 4

Perchlorsäureaufschluß! Besondere Vorsicht wegen **Explosionsgefahr** in Gegenwart organischer Substanzen! Daher unbedingt im geschlossenen Abzug und mit zusätzlichem Schutzschild (Aluminiumblech) arbeiten!

Zunächst wird die Substanz im Kjeldahl-Kolben (Siedeglocke!) mit Wasser versetzt und danach mit $2\,cm^3$ konzentrierter Salpetersäure auf dem Sandbad erhitzt. Zweckmäßigerweise verwendet man einen Emailletopf, in dem sich eine Schicht von etwa 3 cm Sand befindet und erhitzt mit kräftiger Bunsenbrennerflamme. Nach dem Abkühlen werden vorsichtig etwa $2\,cm^3$ Perchlorsäure hinzugefügt. Dann wird etwa 3–4 Stunden erhitzt.

Bei Anwesenheit phosphorhaltiger Substanzen werden vor dem Erhitzen 2 Kristalle Kaliumdichromat hinzugeben, die zunächst zu Chrom(III) reduziert werden. Gelbfärbung der Lösung infolge der Bildung von Dichromat nach beendeter Oxydation zeigt an, daß der Aufschluß beendet ist.

Nach dem Abkühlen auf Raumtemperatur wird vorsichtig, ohne daß das Schutzschild entfernt wird, tropfenweise Wasser hinzugefügt. Erst nach Zugabe von $5\,cm^3$ Wasser kann die Lösung gefahrlos gehandhabt werden.

Gaschromatographie

Die gaschromatographische Methode wird im anorganischen Praktikum unter zwei Aspekten eingesetzt:

Quantitative Bestimmung geeigneter koordinierter Neutralliganden (z.B. THF) oder nach entsprechender Zersetzung der Verbindung, insbesondere Protolyse, Bestimmung anderer organischer Reste im Molekül (z.B. σ-gebundene organische Alkyl- oder Arylgruppen)

Reinheitsuntersuchungen eingesetzter und zurückgewonnener Lösungsmittel.

Die direkte gaschromatographische Reinheitskontrolle von Präparaten in der anorganischen Chemie ist ein Sonderfall und kann bei den hier beschriebenen Präparaten nur bei einigen elementorganischen Zinnverbindungen verwendet werden (s. S. 55 ff.).

Zur quantitativen Bestimmung von Liganden müssen die Komplexe oder metallorganischen Verbindungen zersetzt werden. Dazu können Wasser, Alkohole, eine etherische Lösung von HCl-Gas, organische und anorganische Säuren, Halogene oder spezielle Liganden verwendet werden, die die zu bestimmenden Liganden substituieren. Welche Methode gewählt wird, hängt von den Eigenschaften der Verbindung, den Bedingungen der gaschromatographischen Trennung und von weiteren Analysenaufgaben (z.B. präparative gaschromatographische Trennung) ab. Anzustreben ist dabei stets die Bildung schwerlöslicher metallhaltiger Komponenten. Bei Verbindungen, bei denen eine Oxydation der Liganden erwartet werden kann, ist unter strengem Sauerstoffausschluß zu arbeiten.

Für die häufig vorkommende quantitative THF-Bestimmung hat sich die folgende Methode bewährt:

Die zu untersuchende Substanz sowie eine dem erwarteten THF-Gehalt vergleichbare Menge eines inneren Standards, geeignet ist z.B. Toluen, werden jeweils in ein

Kugelröhrchen eingewogen (s. S. 205). Beide Röhrchen stellt man dann in ein kleines Schlenkgefäß (ca. 50 cm³), fügt 2–3 cm³ n-Pentanol zu, verschließt das Gefäß, sekuriert mehrmals und zerstört beide Röhrchen durch starkes Schütteln. Nach erfolgter Reaktion kann die Analyse ausgeführt werden.

Aus den ermittelten Flächenverhältnissen ist unter Einbeziehung entsprechender Korrekturfaktoren [3] die Menge an THF zu berechnen.

Reinheitskontrollen sind gaschromatographische Routineaufgaben. Wichtig ist es aber, bei zurückgewonnenen Lösungsmitteln **alle** durch die verschiedenen präparativen Schritte möglichen Verunreinigungen anzugeben. Die Zahl der Verunreinigungen sollte man von vornherein durch geeignete Wahl der präparativen Vorschrift gering halten oder das Abtrennen durch geschickte Lösungsmittelauswahl erleichtern (s. S. 212).

Als wiederverwendbar kann man ein Lösungsmittel ansehen, wenn seine Reinheit besser als 97% ist.

Magnetische Messungen

Zur Vorbereitung der Messung wird die Probe möglichst fein gepulvert. Das erfolgt bei luftempfindlichen Substanzen im Schlenkgefäß mit Hilfe eines unten abgerundeten dicken Glasstabes unter Schutzgas. Bei Substanzen, die an der Luft gehandhabt werden können, wird die Probe im Mörser zerkleinert.

Es werden etwa 100–150 mg Substanz benötigt, die in ein vorher an der magnetischen Waage geeichtes Röhrchen eingefüllt werden und zwar in der Weise, daß möglichst keine Hohlräume entstehen. Dazu wird mit einem Gummischlauch ständig an dem Röhrchen geklopft, oder das Röhrchen wird auf einer elastischen Unterlage aufgestaucht.

Das Einfüllen luftempfindlicher Substanzen erfolgt wie auf S. 205 beschrieben. Nach dem Einfüllen wird vorsichtig Vakuum angelegt, und das Röhrchen wird oben zugeschmolzen, wobei die Spitze so gebogen wird, daß sie an der Waage angehängt werden kann.

Lösungen können entweder mit Hilfe der Magnetischen Waage nach GOUY vermessen werden – Voraussetzung dafür ist allerdings eine möglichst hohe Konzentration – oder besser mit Hilfe der NMR-Spektroskopie. Dazu wird das Signal eines Protons (z. B. eines Lösungsmittels) in Hertz vermessen, anschließend wird eine abgewogene Menge einer paramagnetischen Substanz gelöst, und es wird erneut die Lage des Signals dieses Protons (in Hertz) gemessen. Aus der Differenz der gemessenen Frequenzen Δf ermittelt sich die Grammsuszeptibilität χ_g zu:

$$\chi_g = \Delta f \cdot c/m$$

(m: Konzentration der gelösten Substanzprobe in g/cm³; c: geräteabhängige Konstante, die durch Eichung mit einer paramagnetischen Substanz, deren χ_g-Wert bekannt ist, nach obiger Gleichung ermittelt wurde. Als Eichsubstanz kann z. B. Kaliumhexacyanoferrat(III) $K_3[Fe(CN)_6]$ in Wasser verwendet werden.)

IR-Messungen

Zur Probenpräparation wird die Substanz auf einer Glasscheibe mit dem Einbettungsmittel sehr fein verrieben. Dazu werden etwa 5–10 mg der Substanz mit drei Tropfen

Nujol vermischt. Nach dem Verreiben wird die Suspension, die keinerlei größere Partikel mehr enthalten darf, zwischen die Scheiben der Küvette als dünner Film aufgetragen. Dabei ist zu beachten, daß ein zusammenhängender Film entstehen muß, also keinerlei Löcher auftreten.

Die Mischung mit Kaliumbromid wird in einer speziellen Presse zu einer durchsichtigen Tablette verpreßt. Für den Fall, daß luftempfindliche Substanzen vermessen werden sollen, wird die auf S. 208 beschriebene Verfahrensweise angewendet.

Da die Küvetten aus Alkalihalogenid (KBr, NaCl) bestehen, muß sorgfältig darauf geachtet werden, daß keine wasserhaltigen oder wasserabgebenden Substanzen eingesetzt werden, da dadurch die Scheiben zerstört werden.

Lösungen von Substanzen in organischen Lösungsmitteln werden in speziellen Flüssigkeitsküvetten vermessen.

Die bei den einzelnen Präparaten angegebenen Daten sind:

Das Einbettungsmittel, die Angabe der Wellenzahl einer Schwingung in cm^{-1}, die Zuordnung dieser Schwingung. In der Regel werden nur ausgewählte charakteristische Schwingungsfrequenzen angegeben.

Es muß darauf hingewiesen werden, daß es zur Beurteilung der Qualität eines Syntheseprodukts vielfach darauf ankommt, aus der Abwesenheit bestimmter Banden auf die Abwesenheit von Verunreinigungen zu schließen. Das ist bei den in Frage kommenden Beispielen dann ausdrücklich vermerkt.

NMR-Messungen

Zur Probenpräparation wird folgende Verfahrensweise angewendet:

Einwaage der Substanz und Zugabe eines geeigneten Lösungsmittels. Als geeignet gelten Lösungsmittel, die keine Protonen besitzen (z. B. deuterierte Lösungsmittel) und möglichst viel Substanz lösen. Anzustreben sind Konzentrationen von 0,1 ml/l. Gewöhnlich werden etwa $2 cm^3$ Lösung zur Messung benötigt.

Zugabe eines Standards

Für die ^1H- und ^{13}C-NMR-Spektroskopie wird meist Tetramethylsilan $(CH_3)_4Si$ (TMS) gewählt, dessen Protonen bzw. ^{13}C-Kerne bei besonders hohem Feld Signale geben. Pro cm^3 Lösung werden etwa $50 mm^3$ TMS mittels einer Mikropipette zugegeben.

Filtration der Lösung

Nachdem sich die Substanz gelöst hat (mitunter wird dazu erwärmt), wird die Lösung durch eine kleine Stielfritte direkt in das Proberöhrchen filtriert, dessen Dimensionen geräteabhängig sind. Danach wird das Proberöhrchen mit einem speziellen Stopfen verschlossen.

Luftempfindliche Substanzen werden mit Hilfe der Schlenktechnik präpariert und abgefüllt (s. S. 207 und Bild 12.11).

Folgende Angaben zu den NMR-Spektren sind bei den einzelnen Präparaten angeführt:

Art des Kerns, der NMR-spektroskopisch vermessen wurde (z. B. ^1H-NMR, ^{13}C-NMR), verwendetes Solvens, δ-Werte bezogen auf TMS als Standard. Dabei wird für TMS $\delta = 0$ gesetzt, und die chemischen Verschiebungen der ^1H- oder ^{13}C-Signale der zu untersuchenden Substanz wird in ppm angegeben.

Bei ^{1}H-NMR in der Regel die Zahl der Protonen, die das jeweilige Signal ergeben (gemessen anhand der Fläche der Signale)

Feinaufspaltung der Signale. s: Singulett, d: Dublett, t: Triplett, q: Quartett, m: Multiplett (wenn eine eindeutige Zuordnung nicht möglich ist)

Zuordnung zu bestimmten Strukturelementen der untersuchten Verbindung.

UV/VIS-Messungen

UV/VIS-Messungen werden in der Mehrzahl der Fälle in Lösungen durchgeführt. Zu diesem Zweck wird eine abgewogene Menge der Probe in einem Lösungsmittel aufgenommen und gegebenenfalls filtriert. Ein Teil der Lösung wird in Glasküvetten bzw. bei Messungen, die auch den UV-Bereich erfassen, in Quarzküvetten übergeführt. Die Methoden zur Herstellung und zum Einfüllen von Probelösungen luftempfindlicher Substanzen sind auf S. 208 beschrieben.

Die Konzentrationen der Lösungen werden so gewählt, daß die Extinktion E, die nach dem LAMBERT-BEERSCHEN Gesetz gemäß

$$E = \varepsilon \cdot c \cdot d$$

proportional der Konzentration der Probelösung und der Schichtdicke d der Küvette ist, zwischen 0,1 und 1,5 zu liegen kommt. Durch die Wahl von Küvetten unterschiedlicher Schichtdicke d bzw. die Änderung der Konzentration c läßt sich das problemlos erreichen. Der molare Extinktionskoeffizient ist dann genügend genau berechenbar. Häufig kommt es vor, daß Absorptionsbanden ganz unterschiedlicher Intensität vermessen werden müssen. Vor allem im UV-Bereich sind ε-Werte über 30000 nicht selten, während im Sichtbaren teilweise ε-Werte, die kleiner als 50 sind, erfaßt werden müssen. In diesem Fall ist es zweckmäßig, zwei Probelösungen ganz unterschiedlicher Konzentration, etwa 10^{-4} mol/l und 0,1 mol/l herzustellen.

Die verwendeten Lösungsmittel – es sind prinzipiell alle organischen und anorganischen Lösungsmittel – sofern sie mit der Substanz nicht reagieren, einsetzbar, müssen extrem sauber sein, insbesondere im UV-Bereich werden durch Verunreinigungen häufig stark störende Fremdabsorptionen erzeugt. Andererseits sind manche Absorptionsbanden stark lösungsmittelabhängig, so daß auch aus diesem Grunde Verunreinigungen, etwa Wasser in Ethanol, stören.

Sofern keine im Handel erhältlichen speziell für UV-Messungen gereinigte Lösungsmittel verwendet werden, müssen daher aufwendige Reinigungsoperationen selbst durchgeführt werden. Für die Messung luftempfindlicher Substanzen gilt das im besonderen Maße, da Spuren von Sauerstoff und Wasser bereits einen großen Teil der zu vermessenden Substanz zersetzen können.

Die bei den einzelnen Präparaten angegebenen Daten sind folgende:

Verwendetes Lösungsmittel, Maxima der Absorptionsbanden in cm^{-1}, in Klammern stehende Werte der molaren Extinktionskoeffizienten. Da in vielen Fällen eine zweifelsfreie Zuordnung zu bestimmten Elektronenübergängen nicht möglich ist, wurde in der Regel darauf verzichtet, eine solche Zuordnung anzugeben.

Massenspektren

Im Vakuum flüchtige Substanzen lassen sich mit Hilfe der Massenspektroskopie untersuchen. Dazu wird die Probe im gasförmigen Zustand ionisiert und gespalten („fragmentiert"), und die einzelnen Ionen werden, nach Trennen in einem magnetischen Feld, registriert.

In der Regel werden positive Ionen der Masse m erzeugt. Da eine gegebene Substanz in ganz charakteristische Bruchstücke m/e (in Masse/Ladung) zerfällt, können aus den registrierten Fragmenten oft sehr detaillierte Informationen über Strukturelemente in der Substanz gewonnen werden, zumal bei modernen Geräten auch die Bruttoformeln dieser Bruchstücke errechnet werden. Die Registrierung der Peaks für das Ion des kompletten Moleküls („Molpeak" M) erlaubt darüber hinaus die Bestimmung der Molmasse.

Da anorganische Substanzen mit stark ionischer Bindung nicht flüchtig sind, beschränkt sich der Anwendungsbereich der Massenspektroskopie auf Verbindungen mit kovalenten Bindungen, Koordinationsverbindungen und Metallorganoverbindungen.

Für die Messungen werden 0,1–3 mg Substanz benötigt, die im Falle luftempfindlicher Verbindungen in ein kleines Röhrchen vom Durchmesser 0,3–0,6 mm (abhängig von der verwendeten Einfüllvorrichtung des Gerätes) gefüllt werden. Die Röhrchenlänge kann variabel sein. Die Einzelheiten der notwendigen Operationen sind auf S. 205 beschrieben. Nach dem Einfüllen wird das Röhrchen mit einem kleinen Bunsenbrenner zugeschmolzen.

Bei den einzelnen Präparaten sind angegeben: die Massenzahl der einzelnen Peaks m/e und die ermittelten Bruttoformeln bzw. die Formel des Bruchstücks, das aus dem Molekülion M^+ abgespalten wurde.

Es muß darauf hingewiesen werden, daß die Beobachtung eines Molpeaks keine sichere Aussage darüber gestattet, in welchem Umfang sich die erwünschte Substanz gebildet hat. Das Auftreten oder die Abwesenheit von Molpeaks anderer Substanzen ist aber ein Hinweis darauf, ob und welche Verbindungen als Verunreinigungen enthalten sind. Allerdings sind dazu meist nur qualitative Angaben möglich.

15 Hinweise zur ökonomischen Bewertung der Synthesen

Anliegen einer Beurteilung der Synthesen nach ökonomischen Kriterien ist es, eine rationelle Arbeitsweise in dem Sinne zu fördern, daß der gesamte Arbeitsablauf von der Syntheseplanung über die Durchführung bis zur Nachbereitung auch unter ökonomischen Gesichtspunkten optimiert wird. Dafür ist es notwendig, z.B. über die Ermittlung direkt beeinflußbarer Kosten qualitativ abzuschätzen, an welchen Stellen der Aufwand am ehesten reduziert werden kann.

Es soll besonders betont werden, daß es nicht das Ziel einer solchen Bewertung sein kann, den Preis für ein Syntheseprodukt möglichst exakt zu ermitteln. Das setzt die Kenntnis einer Vielzahl von Parametern voraus, die nur durch hohen Aufwand zu gewinnen wären. Vielmehr sollten folgende Probleme im Vordergrund stehen:

Welche Synthesevariante ist in bezug auf die Chemikalienkosten und/oder den Arbeitszeitaufwand am ökonomischsten?

Welcher Aufwand muß für bestimmte Verfahren zum Recycling betrieben werden und welcher Nutzen ist dem gegenüber zu stellen?

Wie hoch ist der Gesamtaufwand für den Anteil Entsorgung/Recycling am Gesamtaufwand der Synthese?

Wie sinnvoll ist es, die Ausbeute eines Produkts zu erhöhen in Relation zu den zusätzlichen Kosten die dabei entstehen?

Welche Maßstabsveränderungen (Vergrößerungen oder Verringerungen) sind bis zu welchem Maße im Labormaßstab vertretbar?

Bei diesen Fragestellungen wird deutlich, daß es unterschiedliche Antworten gibt, die von Synthese zu Synthese in weiten Grenzen variieren können und die komplexer Natur sind. Selbst auf die Gefahr, daß vielfach stark vereinfachende Annahmen getroffen werden müssen, vermitteln Überlegungen zu ökonomischen Fragestellungen sicher viele wertvolle Anregungen über einzuschlagende Verfahrenswege und deren Modifizierung. Daß sich das insgesamt kostendämpfend auswirkt, ist ein erwünschter Nebeneffekt des Integrierten Praktikums.

Im einzelnen sind folgende Kostenarten in die Betrachtung einzubeziehen:

1. Chemikalienkosten

Es kann davon ausgegangen werden, daß ungeachtet bestimmter Preisschwankungen bei einzelnen Lieferfirmen die in den Katalogen bekannter Firmen angegebenen Preise für die Grundchemikalien repräsentativ sind, so daß damit operiert werden kann, zumal bereits eine Abschätzung der relativen Kostenanteile in vielen Fällen genügt, um Entscheidungen treffen zu können.

2. Energiekosten

Typische präparative Operationen wie Destillieren, Sublimieren, Kochen am Rückfluß, Erhitzen im elektrischen Ofen, Trocknen im Ölpumpenvakuum usw. sind
energieverbrauchende Prozesse. In der großen Mehrzahl der Fälle wird Elektroenergie
verwendet, so daß die ungefähre Bestimmung der Energiekosten meist einfach möglich
ist.

3. Arbeitsaufwand

Der Aufwand wird zunächst in Arbeitsstunden ermittelt, die tatsächlich für die Arbeit
an der Synthese notwendig waren. Eine direkte Umrechnung in Geldwert ist in den
meisten Fällen nicht besonders sinnvoll, aber auch meist nicht nötig, weil eine
Rationalisierung von Synthesewegen auch über die Minimierung des Arbeitszeitauf-
wandes erreicht werden kann und uns, wie bereits erwähnt, eher an einer qualitativen
ökonomischen Bewertung gelegen ist.

Sachverzeichnis

Printed in the United States
by Baker & Taylor Publisher Services